Modelli Matematici in Biologia

T0253994

Giuseppe Gaeta

Modelli Matematici in Biologia

 Springer

GIUSEPPE GAETA

Dipartimento di Matematica
Università degli Studi di Milano

ISBN 978-88-470-0691-1

Springer fa parte di Springer Science+Business Media
springer.com
© Springer-Verlag Italia, Milano 2007

Quest'opera è protetta dalla legge sul diritto d'autore. Tutti i diritti, in particolare quelli relativi alla traduzione, alla ristampa, all'uso di illustrazioni e tabelle, alla citazione orale, alla trasmissione radiofonica o televisiva, alla registrazione su microfilm o in database, o alla riproduzione in qualsiasi altra forma (stampata o elettronica) rimangono riservati anche nel caso di utilizzo parziale. La riproduzione di quest'opera, anche se parziale, è ammessa solo ed esclusivamente nei limiti stabiliti dalla legge sul diritto d'autore, ed è soggetta all'autorizzazione dell'editore. La violazione delle norme comporta le sanzioni previste dalla legge.

L'utilizzo in questa pubblicazione di denominazioni generiche, nomi commerciali, marchi registrati, ecc. anche se non specificatamente identificati, non implica che tali denominazioni o marchi non siano protetti dalle relative leggi e regolamenti.

Riprodotto da copia camera-ready fornita dall'Autore
Progetto grafico della copertina: Simona Colombo, Milano
Stampa: Grafiche Porpora, Segrate, Milano

Immagine di copertina: "Nautilus", di Franco Valoti, ospitata in "Immagini per la matematica" (http://www.matematita.it/materiale/), del Centro "matematita", Centro Interuniversitario di Ricerca per la Comunicazione e l'Apprendimento Informale della Matematica

Stampato in Italia
Springer-Verlag Italia s.r.l., Via Decembrio, 28, I - 20137 Milano

Prefazione

In molti corsi di Laurea di secondo livello in Biologia di Università italiane è oramai attivo (a volte sotto questo nome, a volte sotto nomi simili) e spesso obbligatorio un corso di *"Modelli Matematici in Biologia"*. Altri corsi non dissimili sono impartiti nei corsi di Laurea specialistica in Scienze Naturali o Scienze della Vita. A questa diffusione del corso non corrisponde una adeguata disponibilità di strumenti didattici, in particolare libri di testo, ancor meno in Italiano.

I non molti testi esistenti, infatti, spesso si limitano a considerare ognuno un solo aspetto della Biologia, ad esempio la dinamica delle popolazioni o la diffusione di malattie infettive. (Non si considerano qui i testi di Biomatematica – ad esempio quello di Murray – molto al di là delle possibilità dei nostri studenti in Biologia, Scienze Naturali o Medicina per quanto riguarda il livello degli strumenti matematici utilizzati.)

D'altra parte, i corsi di base di Matematica impartiti agli studenti in Biologia nella laurea triennale spesso si limitano alla trattazione del calcolo differenziale in una dimensione.

Nel progettare il corso di "Modelli Matematici in Biologia" per le lauree magistrali della classe di Biologia dell'Università di Milano[1], da cui si è sviluppato questo testo, ho dovuto dunque affrontare diversi problemi tra loro correlati: (1) Determinare una serie di argomenti che potessero essere di interesse generale ed effettivo per gli studenti in Biologia; (2) Allo stesso tempo, selezionare argomenti biologici che potessero essere trattati in modo efficace con degli strumenti matematici non troppo dissimili tra di loro, non troppo avanzati, ed in buona parte da introdurre nel corso stesso; (3) Offrire (anche) degli esempi in cui la modellizzazione matematica non si limiti a descrivere in modo più astratto una situazione già ben compresa biologicamente, ma in cui lo strumento matematico possa offrire una comprensione ulteriore e delle capacità di predizione; (4) Evitare di svolgere in effetti un corso di "Metodi

---

[1] In questo caso si tratta di tre lauree: Biologia Evoluzionistica, Biologia Molecolare e Biologia Applicata alla Ricerca Biomedica.

Matematici" (come purtroppo a volte succede, con conseguente scarso interesse da parte degli studenti) anziché di "Modelli Matematici in Biologia".

La soluzione che ho cercato (al lettore giudicare con quanto successo) consiste nel selezionare problemi diversi tra loro, da affrontare con metodi matematici abbastanza simili allo scopo di non richiedere troppo sforzo "tecnico" da parte dello studente.

In effetti, buona parte dei modelli considerati in questo volume sono formulati in termini di semplici equazioni differenziali ordinarie del primo o secondo ordine, o sistemi di queste; si è fatto solo un breve cenno a problemi da trattare con (semplici) equazioni alle derivate parziali. Un capitolo è dedicato a problemi con ritardo, non eludibili nelle Scienze della Vita; e nella parte di teoria dell'Evoluzione – e in un capitolo nella parte di Epidemiologia – si è fatto ricorso ad alcuni semplici strumenti di teoria della Probabilità, che dovrebbero essere in parte già noti allo studente dai corsi di Statistica.

Per quanto riguarda gli argomenti trattati, oltre agli argomenti classici (dinamica delle popolazioni, modelli epidemiologici, semplici modelli fisiologici), ho tenuto ad inserire una parte relativamente ampia dedicata alla formulazione matematica della teoria dell'evoluzione.

Si è cercato di mostrare in quasi ogni caso come il modello matematico permetta nelle situazioni concrete considerate vuoi una migliore comprensione dei meccanismi biologici soggiacenti, vuoi la formulazione di predizioni *quantitative* – e non solo qualitative – sul comportamento del sistema biologico.

Così, per fare solo alcuni esempi, il corso comincia con una Introduzione dedicata al semplicissimo modello di Ho sull'AIDS e come questo abbia portato ad un completo stravolgimento delle teorie all'epoca accettate sullo sviluppo della malattia nel tempo (e dunque aperto la strada allo studio di terapie efficaci per ritardare lo sviluppo della malattia). Nella parte dedicata alla dinamica delle popolazioni, si insiste sulla capacità dei modelli di predire dei cambiamenti qualitativi nella dinamica quando la situazione esistente viene perturbata al di là di certe soglie. Nella parte dedicata alla dinamica delle epidemie si discutono le strategie di vaccinazione e la possibilità di predire i picchi delle epidemie e la loro estensione temporale. Nella parte di selezione/evoluzione si discute come dei cambiamenti dei parametri fenomenologici (ossia delle condizioni biologiche che questi descrivono) possano in determinati casi portare a cambiamenti sostanziali.

A partire dall'anno 2004, il contenuto del corso è stato incluso in dispense fornite agli studenti di Biologia e Scienze Naturali. Il volume che il lettore ha in mano rappresenta l'evoluzione di queste dipense, sperimentate "sul campo" (o meglio, trattandosi di Biologia, "in vivo") dagli studenti dell'Università di Milano negli anni accademici 2004-2005, 2005-2006 e 2006-2007.

Nella concreta realizzazione del volume, le parti dedicate agli strumenti matematici sono state separate dalla discussione principale e vengono presentate sotto forma di "complementi matematici"; ciò al fine di non interrompere la discussione dei modelli biologici con capitoli di natura matematica, di rendere più attraente il volume per degli studenti di Biologia o di Scienze Naturali, ed anche di rendere più facile ad ogni lettore, studente o docente ritagliarsi un suo percorso all'interno del testo.

Nella scrittura del volume ho abbondato con diagrammi ed illustrazioni, che credo aiutino molto la comprensione degli argomenti trattati.

Spero che questo volume sia di qualche utilità per gli studenti impegnati nell'apprendimento (ed i docenti impegnati nell'insegnamento) dei *Modelli Matematici in Biologia* (o più in generale in Scienze della Vita), e soprattutto riesca ad illustrare come un ragionevole sforzo di apprendimento di strumenti matematici appena più avanzati di quelli studiati nei corsi di base permetta di trattare dei problemi di reale interesse biologico.

Nella trasformazione da dispense a volume, come spesso accade, ho aggiunto alcuni capitoli con la discussione di argomenti che avrei voluto affrontare con gli studenti se al corso fosse stato dedicato un maggior numero di ore, o che ho affrontato in lezioni dedicate agli studenti del Corso di Laurea in Matematica per le Applicazioni. Alcuni di questi argomenti e capitoli (che il lettore non avrà difficoltà ad identificare) richiedono una Matematica leggermente più avanzata degli altri.

Il risultato di queste aggiunte è che questo testo contiene troppo materiale per un corso di Modelli Matematici della (troppo breve) durata di quelli abitualmente impartiti agli studenti di Biologia o Scienze Naturali nelle Università italiane; spero d'altra parte che questa sovrabbondanza permetta ad ogni docente, studente o lettore di estrarre dal testo la parte più corrispondente alle sue priorità ed al tempo che intende dedicare allo studio di questi argomenti. In vista di questa caratteristica, ho cercato di rendere i capitoli abbastanza indipendenti; naturalmente, ciò ha portato inevitabilmente alla presenza di alcune ripetizioni, spero non eccessive nè fastidiose per il lettore.

Il volume è diviso in quattro parti: la prima di carattere "generale", compreso un capitolo dedicato a problemi che richiedono una modellizzazione in termini di equazioni differenziali alle derivate parziali[2]; la seconda a modelli epidemiologici, e la terza su temi e modelli evoluzionistici.

Inoltre una quarta parte è costituita dai "complementi matematici", in cui è stata relegata l'esposizione delle tecniche matematiche; naturalmente questi vanno usati in parallelo con il testo principale.

Non c'è dubbio che un certo – spero non troppo grande – numero di errori, imprecisioni ed incongruenze sia rimasto nel testo nonostante tutto; ringrazio in anticipo tutti coloro che me li segnaleranno.

---

[2] Introdotte nel capitolo 9 e non nei complementi matematici per sottolineare come si tratti di strumenti non necessari per le altre parti del testo.

Ringraziamenti

Molte persone hanno collaborato, più o meno volontariamente, alla preparazione di questo libro, e molte vorrei ringraziare.

Prima di tutto, gli studenti dei corsi di Laurea Specialistica in Biologia (BIOEVO, BARB e BMC) dell'Università degli Studi di Milano che hanno seguito il mio corso negli anni accademici 2004-2005, 2005-2006 e 2006-2007, nonchè quelli del corso di Laurea Specialistica in Analisi e Gestione degli Ambienti Naturali per l'anno 2006-2007, che hanno funto da cavie per le successive stesure delle dispense da cui questo libro è nato; e che mi hanno segnalato un gran numero di errori, imprecisioni e spiegazioni poco chiare oltre alla necessità di integrare la prima versione delle dispense con altro materiale. Essi hanno inoltre sopportato le ore settimanali di Matematica – spesso poco amata dagli studenti di Biologia o Scienze Naturali – con una notevole dose di buonumore, cosa di cui sono loro particolarmente grato.

Devo anche ringraziare i miei colleghi del Dipartimento di Matematica dell'Università di Milano, che mi hanno spinto ad impartire questo corso a partire dal 2004; ed i colleghi dei Corsi di laurea in Biologia per aver cercato di farmi comprendere le esigenze degli studenti a cui le lezioni erano concretamente rivolte.

E' doveroso riconoscere anche qui (oltre che in molte note al testo) il debito che questo volume ha verso il trattato di J.D. Murray, *Mathematical Biology*, pubblicato da Springer; alcuni capitoli del volume che avete in mano possono in effetti essere visti come una introduzione alla trattazione che dei corrispondenti argomenti fa Murray, ad un livello matematico più elevato – il che rende forse ostica la sua lettura a degli studenti di Biologia – e con uno stile impareggiabile. La sua lettura è molto consigliabile a qualsiasi lettore di questo libro; ciò vale anche per i lettori non propensi a seguire discussioni matematiche più avanzate, grazie alle introduzioni qualitative e storiche ai vari argomenti.

Infine, un ringraziamento particolare va a Luca Peliti, che è in molti modi all'origine di questo volume; sia per aver sollecitato e tenuto desto a vari stadi il mio interesse verso tematiche di ordine biologico, che per avermi aiutato a comprendere alcuni degli argomenti che qui cerco a mia volta di esporre ai lettori; e non ultimo per avermi incoraggiato in questo progetto.

Milano, aprile 2007   *Giuseppe Gaeta*

Indice

Complementi Matematici

Indici e Riferimenti

Introduzione. Un modello semplicissimo per l'AIDS e sua utilità

La prima domanda a cui un corso di "modelli matematici in Biologia" deve rispondere è, naturalmente: "a che servono i modelli matematici per un biologo"?

Purtroppo, al di là di considerazioni generali ed astratte – vere ma poco convincenti senza pratica – questa è una domanda a cui si può rispondere solo analizzando veramente dei modelli ed estraendone delle informazioni utili.

Vorrei però dare immediatamente un esempio di modello matematico che da una parte è estremamente semplice (veramente al confine del banale); ma dall'altra ha giocato storicamente un ruolo essenziale per lo sviluppo delle cure dell'AIDS, aiutando a comprendere che le idee che si avevano all'epoca sui meccanismi con cui la malattia si sviluppa erano sbagliate, e non di poco.

Spero che questo esempio possa convincere il lettore, ed in particolare lo studente, dell'utilità dei modelli matematici; se non in assoluto, almeno quanto basta a seguire le pagine del libro (e, per lo studente, le ore del corso) pensando che in esso vi sia qualcosa di utile anche per un "biologo generale", e non solo per chi si sente più portato all'astrazione.

0.1 Brevi richiami sui meccanismi dell'AIDS

Il virus HIV (*Human Immunodeficiency Virus*) porta allo sviluppo dell'AIDS (*Acquired ImmunoDeficiency Syndrome*; detta anche "SIDA" nei paesi di lingua francese e spagnola). In effetti, l'HIV è un retrovirus, e quindi si replica solo nelle cellule che si stanno dividendo.

Il tasso di crescita dell'HIV *in vivo* è molto alto, ma ciononostante il sistema immunitario può contrastare la progressione del virus per un periodo estremamente lungo, anche 5 o 10 anni (ma non eliminare l'infezione); in altri casi, invece, la morte può sopravvenire anche a pochi mesi dall'infezione.[3]

---

[3] Secondo il programma dell'ONU dedicato all'AIDS (UNAIDS), in Africa il 50 % dei bambini nascono con l'infezione da HIV; in Zimbabwe il 20 % degli adulti sono HIV-positivi, ed in Botswana si arriva al 35 % (dati del 1997).

Il virus HIV attacca principalmente una classe di linfociti (CD4 T-cells) molto importanti nel funzionamento del sistema immunitario, ma infetta anche altri tipi di cellule. Quando la concentrazione delle CD4, che è normalmente di $1000/\mu\ell$, scende a $200/\mu\ell$, il paziente è classificato come malato di AIDS.[4]

Il meccanismo che porta alla rarefazione delle cellule CD4 non è compreso in dettaglio. Il ricambio dei linfociti è usualmente molto rapido; dunque l'infezione potrebbe operare intaccando la sorgente delle cellule, o ridurre la vita media delle cellule infette (o ambedue).

In un primo tempo, si pensava che il lunghissimo periodo che intercorre tra l'infezione di HIV e lo sviluppo dell'AIDS vero e proprio, fosse un periodo di latenza del virus; ed inoltre, essendo in presenza di una dinamica così lenta per lo sviluppo dell'infezione, si riteneva che tutti i meccanismi coinvolti fossero ugualmente lenti.

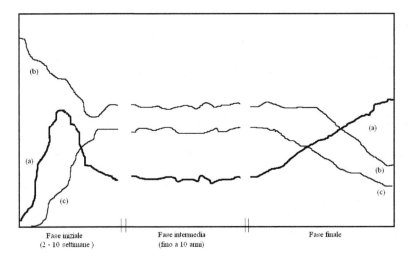

Figura 0.1. Andamento tipico in funzione del tempo della concentrazione di cellule virali (a), linfociti T CD4 (b), ed anticorpi HIV (c) in un paziente. Sono mostrate, con scale temporali molto diverse, la fase iniziale in cui si hanno rapidi cambiamenti originati dall'ingresso del virus nell'organismo; quella intermedia in cui si ha un sostanziale equilibrio; e quella finale in cui le difese immunitarie cedono ed il virus dilaga.

In effetti non è così, ed oggi sappiamo che nello sviluppo dell'infezione da HIV sono presenti un'enorme varietà di scale di tempo (ossia, i meccanismi all'opera si sviluppano su scale di tempo estremamente differenti): minuti, ore, giorni, mesi ed anni.

---

[4] Stiamo semplificando eccessivamente una storia notevolmente più complicata: naturalmente, si usano anche altri indicatori e criteri.

La comprensione della dinamica dell'infezione ha completamente cambiato il modo in cui sono curati i pazienti, ed ha portato a dei periodi di sopravvivenza dei malati molto più lunghi.

Vediamo ora quale è stato il primo passo nella comprensione della dinamica dell'infezione.

0.2 Il modello di Ho

Nel periodo di pseudo-latenza[5] la concentrazione del virus e degli anticorpi è sostanzialmente costante, mentre si ha una lenta diminuzione della concentrazione delle cellule CD4.

Si pensava dunque che il virus fosse in uno stato di latenza, così come succede ad esempio per il virus dell'herpes nel periodo tra due fasi acute.

Un modo per capire se il virus è o meno attivo è di perturbare la sua attività nel periodo in cui non si presentano sintomi dell'infezione. Nel 1994, il gruppo di D. Ho sperimentò la somministrazione di un inibitore della proteasi (*ritonavir*) su 20 pazienti, con risultati eccellenti; nella figura 1 sono riportati i dati per due di questi pazienti.[6]

Per analizzare i dati sperimentali, e capire cosa questi ci dicono riguardo alla velocità di replicazione del virus, è necessario un modello. Ho ed i suoi collaboratori usarono un modello estremamente semplice.

Chiamiamo $V(t)$ la popolazione del virus al tempo t. Il suo cambiamento nel tempo è originato da una sorgente di peptidi virali, e contrastato da vari processi di eliminazione: l'azione del sistema immunitario, ma anche la morte delle cellule infette. Denotiamo con P il numero di cellule virali prodotto per unità di tempo, e con c il tasso di eliminazione dei virus (ossia la percentuale di cellule virali che viene eliminata in un dato intervallo di tempo).

Notiamo che qui stiamo assumendo implicitamente che questo tasso sia indipendente dalla popolazione virale complessiva; in realtà questa assunzione non è per niente irragionevole, dato che, come abbiamo visto, nel periodo di pseudolatenza la popolazione è sostanzialmente costante: è dunque sufficiente che c sia costante in queste condizioni (perché queste saranno le condizioni in cui applicheremo il nostro modello).

Notiamo anche che, naturalmente, il numero P di nuove cellule virali per unità di tempo dipenderà dalla popolazione virale; ma non abbiamo bisogno di preoccuparci di questa dipendenza, né della sua forma dettagliata.

---

[5] Naturalmente, capire cosa succede in questo periodo è essenziale per la cura.

[6] Il lavoro fu pubblicato, e può essere consultato, in: D. Ho et al., *Nature* **373** (1995), 123-126. Per il trattamento modellistico e matematico dei risultati di questo esperimento (e per altri modelli dell'AIDS), si veda A.S. Perelson and P.W. Nelson, "Mathematical models of HIV-1 dynamics in vivo", *SIAM Rev.* **41** (1999), 3-44. Può essere interessante, ed incoraggiante per gli studenti, sapere che questo lavoro è basato in parte sulla tesi di dottorato di P.W. Nelson (sostenuta a Seattle nel 1998).

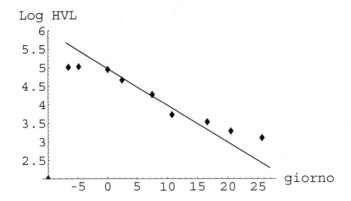

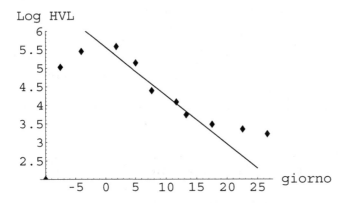

Figura 0.2. Diminuzione della concentrazione di cellule virali $V(t)$ durante il trattamento con inibitore della proteasi (in scala semilogaritmica, dunque viene graficato il logaritmo di $V(t)$ in funzione di t) per due diversi pazienti nell'esperimento di Ho; il tempo è misurato in giorni a partire dall'inizio del trattamento. La linea continua rappresenta il fit con una diminuzione esponenziale.

Scriviamo quindi:
$$\frac{dV}{dt} = P - cV .\qquad(1)$$

Questa è un'equazione differenziale del primo ordine, la cui soluzione è stata probabilmente appresa nel corso di Matematica[7], e sarà comunque discussa più avanti in questo testo; ma non dobbiamo neanche far la fatica di risolverla completamente.

All'equilibrio – ossia nella fase di pseudolatenza – deve essere $dV/dt = 0$, e dunque (indicando con V_e la popolazione virale all'equilibrio).

---

[7] La sua soluzione generale è $V(t) = (P/c) + e^{-c(t-t_0)}V_0$, dove V_0 è la popolazione al tempo iniziale $t = t_0$.

$$V_e = P/c \,. \tag{2}$$

D'altra parte, nell'esperimento di Ho la proteasi è bloccata. Facciamo l'ipotesi che il farmaco inibitore sia completamente efficace, e sia somministrato a partire dal tempo $t = 0$; avremo allora, per $t > 0$, $P = 0$. Dunque l'equazione che descrive l'andamento di $V(t)$ durante il trattamento è ancora più semplice della (1): per $t > 0$ abbiamo

$$\frac{\mathrm{d}V}{\mathrm{d}t} = -cV \,, \tag{3}$$

la cui soluzione è

$$V(t) = V_e\, e^{-ct} \,. \tag{4}$$

In questa abbiamo posto $t = 0$ per l'inizio del trattamento, ed usato l'informazione che quindi $V(0) = V_e$, dato che l'esperimento inizia in situazione di equilibrio, e dunque con popolazione virale V_e.

Dato che $V(t)$ è misurata nell'esperimento, possiamo usare la (3) per convertire la misura di $V(t)$ in una misura[8] di c. In effetti, le rette riportate nei grafici della figura 1 (che è in scala semilogaritmica) sono i fit dei dati sperimentali con funzioni del tipo (4).

Il valore di c sarà naturalmente diverso per diversi pazienti, cosicché dovremo fare una media per i diversi pazienti; e sarà importante anche sapere qual è la variabilità di questa misura da paziente a paziente (la *dispersione* dei dati, ovvero la *deviazione standard* rispetto alla media, come si è visto nei corsi di Statistica e/o Probabilità).

Nel caso dell'esperimento di Ho, i dati sperimentali fornirono il tempo di dimezzamento

$$t_* = 2.1 \pm 0.4 \text{ giorni}$$

(ossia una media di 2.1 giorni, con una deviazione standard di 0.4 giorni), che corrisponde per c al valore

$$c = 0.33 \pm 0.06 \text{ (giorno)}^{-1} \,.$$

Possiamo finalmente valutare P nella fase di pseudolatenza: avremo, dalla (2) e ricordando che prima del trattamento $V = V_e$,

$$P = c\, V_e \,. \tag{5}$$

---

[8] Nel caso di una relazione di decadimento esponenziale, come è anche chiamata la (4), il valore di c può essere ricavato dal tempo di dimezzamento t_* di $V(t)$: per definizione, t_* è il tempo per cui $V(t_*) = (1/2)V(t_0)$, con t_0 il tempo iniziale. Nel nostro caso, $t_0 = 0$, $V(t_0) = V_e$, e $V(t) = e^{-ct}V_e$. Dalla definizione sopra riportata, $V(t_*) = V_e e^{-ct_*} = (1/2)V_e$, ovvero $e^{-ct_*} = 1/2$ (come sempre per un decadimento esponenziale). Ricordando le proprietà di esponenziali e logaritmi, abbiamo quindi $ct_* = \log(2)$, ossia $c = [\log(2)]/t_*$.

Se ora tornate alla figura 1 ed osservate la scala verticale (che corrisponde al numero di particelle virali per mL), vedete che V_e è dell'ordine di $10^6 - 10^7$ per cm^3; dunque

$$P \simeq (1/3) \cdot (10^6 - 10^7) \text{ cellule}/(m\ell \cdot \text{giorno}) \ :$$

il virus non è affatto quiescente, ma si riproduce ad un tasso dell'ordine del milione di cellule per millilitro per giorno !

Questa scoperta ha cambiato completamente la nostra comprensione dei meccanismi dell'infezione dell'AIDS, ed anche le terapie messe in atto per prolungare la vita dei pazienti.

Ora però, anziché continuare a descrivere l'AIDS ed i suoi modelli[9], vorrei fare alcune considerazioni sia su questo modello che sui modelli in generale.

0.3 Qualche considerazione

La prima cosa da dire è che il modello considerato non è per niente realistico. Infatti abbiamo fatto delle assunzioni non del tutto ragionevoli, ed anzi piuttosto assurde:

- Abbiamo assunto che l'inibitore della proteasi avesse un'efficacia del 100%, il che è ovviamente impossibile;
- Abbiamo assunto che nella fase di pseudolatenza il numero delle particelle virali fosse esattamente costante, il che è completamente falso ed assurdo;
- Abbiamo altresì assunto, sempre nella fase di pseudolatenza, una produzione di virus costante nel tempo;
- Abbiamo ipotizzato che l'attività di rimozione del virus sia esattamente proporzionale al numero di particelle virali, trascurando inoltre ogni dipendenza dall'ambiente in cui le cellule infette ed il sistema immunitario evolvono;
- Più in generale, abbiamo trascurato qualunque interazione col mondo esterno – che significa anche le cellule non infette presenti nell'organismo.

In effetti, se avessimo considerato queste manchevolezze del modello prima di usarlo per l'analisi dei dati, probabilmente avremmo deciso che era così diverso da qualunque modellizzazione realistica, che era inutile utilizzarlo.

D'altra parte, come capite facilmente, il pregio del modello è proprio nella sua semplicità: siamo interessati in una valutazione di P, ed abbiamo gettato alle ortiche qualunque dettaglio non essenziale... anche cose che sarebbe difficile definire come "dettagli".

Questo è esattamente ciò che un modello deve fare: analizzare un dato fenomeno o processo comprendendo quali sono i meccanismi essenziali per quel

---

[9] Lo studente interessato può consultare a questo scopo il testo di J.D. Murray, *Mathematical Biology. I: An Introduction*, Springer (Berlino) 2002 (terza edizione), in particolare il cap.X.

fenomeno o processo; il successo del modello dimostra che abbiamo guardato agli oggetti giusti, ossia ai "veri protagonisti" del processo.

Naturalmente, una volta sicuri di essere sulla buona strada, possiamo sempre (e spesso dobbiamo) provare a raffinare il nostro modello, inserendo altri dettagli e cercando di avere un accordo più stretto con i dati sperimentali.

Un'altra lezione importante da estrarre da questo esempio è che a volte non bisogna essere troppo esigenti: se tornate alla figura 1, vedete che per leggere nella sequenza dei dati sperimentali – i cerchietti nelle figure – un andamento esponenziale, ossia una linea retta nella scala semilogaritmica usata per questi grafici, è necessaria una notevole dose di ottimismo.

In effetti, date tutte le approssimazioni brutali che abbiamo fatto (quelle della lista qui sopra, e non solo), sarebbe ben strano che il modello rendesse conto dei dati sperimentali in modo troppo efficace!

La stessa osservazione sulla necessità di non essere troppo esigenti si applica alla misura che il modello permette di estrarre dai dati sperimentali: il nostro margine di errore su t_0 era del 20%, e quello su P risulta ancora maggiore (bisogna aggiungere l'errore sulla misura di V_e), ma ciononostante l'aumento della nostra conoscenza su P è risultato enorme: siamo passati da $P \simeq 0$ a $P \simeq 10^6$!

Questo è naturalmente il criterio fondamentale per decidere della validità di un modello: il modello deve rendere conto ragionevolmente bene[10] dei dati sperimentali, e soprattutto insegnarci qualcosa sui meccanismi alla base del fenomeno.

Un modello più complicato riuscirà in generale (se corretto) a riprodurre più fedelmente i risultati sperimentali, ma a volte questo avviene – in particolare se il modello complicato è usato prematuramente – a spese della nostra comprensione: un modello più semplice e meno efficace dal punto di vista "quantitativo" può essere molto superiore dal punto di vista "qualitativo", nel senso che ci permette di focalizzare la nostra attenzione su meno aspetti del problema, e se funziona ci permette di distinguere meglio gli aspetti più importanti da quelli meno importanti.

D'altra parte, una volta raggiunta una comprensione dei meccanismi fondamentali, un modello dettagliato sarà senz'altro più utile: per sapere quali sono le forze che permettono ad un aereoplano di stare in aria, il modello di un'ala dritta e uniforme (senza fusoliera) in un flusso d'aria esterno va benissimo, ma poi per costruire un jumbo jet è necessario scendere più in dettaglio.[11]

---

[10] Cosa voglia dire "ragionevolmente bene" dipende naturalmente da quello che vogliamo, e anche da quello che sappiamo prima di usare il modello.

[11] La rispondenza possibile con i dati sperimentali dipende anche dalla natura del sistema: per un sistema complesso come un sistema biologico un errore del 10% può essere molto soddisfacente, mentre nella fisica delle particelle elementari si arriva ad errori di $10^{-7} - 10^{-8}$.

1

Il modello logistico (discreto)

Consideriamo la crescita di una popolazione di batteri, o la replicazione di cellule, o più in generale di una popolazione, campionando il numero di elementi $p(t)$ a tempi $t_n = t_0 + n\tau$; scriviamo per semplicità $p(t_n) = p_n$.

Sappiamo che "in assenza di problemi" per ogni intervallo di tempo τ una certa percentuale α (dipendente sia dalle caratteristiche della popolazione che dal tempo di campionamento τ che abbiamo scelto) della popolazione si riprodurrà, ed una percentuale β della popolazione morrà; se ogni individuo che si riproduce produce k nuovi individui, abbiamo che

$$p_{n+1} = p_n + k\alpha p_n - \beta p_n = (1 + k\alpha - \beta)\, p_n \ . \tag{1}$$

La costante $\mu = (1 + k\alpha - \beta)$ sarà anche detta *tasso netto (relativo) di variazione* della popolazione; se μ è positiva si tratta di un tasso netto (relativo) di crescita, se negativa di un tasso netto (relativo) di decrescita.

La soluzione della legge di accrescimento (1) è banalmente

$$p_n = \mu^n\, p_0 \equiv (1 + k\alpha - \beta)^n\, p_0 \ . \tag{2}$$

Questo modello (accrescimento Malthusiano) è più o meno ragionevole su tempi brevi, ma vediamo immediatamente dalla (2) che su tempi lunghi la popolazione cresce oltre ogni limite. Arriveremo dunque inevitabilmente ad un punto in cui l'ambiente non riesce più a sostenere la crescita descritta dalla (2).

1.1 L'equazione logistica

Ad esempio, se stiamo osservando la crescita di batteri in un disco di Petri, non ci sarà abbastanza spazio né nutriente per la formazione di un numero troppo elevato di nuovi batteri; in modo simile, se abbiamo a che fare con un processo di replicazione cellulare, questo può avvenire solo se sono presenti i componenti necessari alla formazione di nuove cellule, e la nascita di nuovi animali richiede la disponibilità di cibo per sostenere i genitori in vita ed in gravidanza.

Tutti questi meccanismi (ed altri che il lettore può facilmente immaginare) fanno sì che la legge (1) non sia realistica in presenza di competizione tra gli individui o comunque di risorse disponibili non infinite (ad esempio, spazio o cibo in quantità finita): qualunque ambiente avrà un numero massimo – che indichiamo con p_M – di individui che può sostenere stabilmente.[1]

Possiamo modellizzare questo effetto supponendo che i tassi di natalità α e mortalità β non siano costanti ma dipendano dalla popolazione p.

Ad esempio, supponiamo che

$$\alpha = \alpha_0 - ap \; ; \; \beta = \beta_0 + bp \; . \tag{3}$$

Abbiamo dunque inserito un cambiamento minimale: la natalità decresce linearmente con al taglia della popolazione, mentre la mortalità aumenta linearmente con la taglia della popolazione.

Quanto al tasso netto di variazione μ, esso risulta uguale a

$$\mu = (1 + \alpha_0 k - \beta_0) - (ak - b)p \; .$$

Indicheremo con p_M la quantità

$$p_M = \frac{\alpha_0 k - \beta_0}{ak - b} \; ;$$

se $p > p_M$, la costante μ è minore di uno e quindi la popolazione diminuisce, mentre se $p < p_M$ la costante μ è maggiore di uno, e la popolazione aumenta.

Il significato di p_M è quindi, come anticipato poc'anzi, quello della massima popolazione che l'ambiente può sostentare in modo permanente ovvero, come si usa dire ora, con un uso sostenibile delle risorse. Quando la popolazione supera p_M, non ci sono più risorse per ulteriori aumenti di popolazione, ed anzi si comincia ad intaccare la possibilità di vita degli individui esistenti: in un certo senso, stiamo consumando più del possibile, ossia intaccando le risorse delle generazioni successive.

Notiamo inoltre che in questo modello, per $p = [(1 + \alpha_0 k - \beta_0)/(ak - b)]$ si ha una catastrofe, con l'estinzione immediata (tutte le risorse sono state consumate).

Inserendo la (3) nella (1), abbiamo

$$
\begin{aligned}
p_{n+1} &= p_n + [k(\alpha_0 - ap_n) - (\beta_0 + p_n)] \, p_n \\
&= (1 + k\alpha_0 - \beta_0) \, p_n - (ka + b) \, p_n^2 \; .
\end{aligned}
\tag{4}
$$

L'equazione risulta più semplice se scriviamo

$$p_n = \frac{1 + k\alpha_0 - \beta_0}{ka + b} \, x_n \; , \tag{5'}$$

---

[1] In inglese, p_M è detta essere la *carrying capacity* dell'ambiente.

ossia se introduciamo la "popolazione riscalata"[2]

$$x_n \;=\; \frac{ka+b}{1+k\alpha_0-\beta_0}\; p_n \;.$$ (5″)

Infatti, in queste unità la (4) si legge come

$$x_{n+1} \;=\; A\,x_n\,(1-x_n) \;:=\; f_A(x_n)\;;$$ (6)

abbiamo naturalmente scritto[3]

$$A \;:=\; 1+k\alpha_0-\beta_0\;.$$

Possiamo farci facilmente un'idea del comportamento della funzione f_A al variare del parametro A studiando il suo grafico. Si tratta di una parabola rovesciata, e $f_A(x) > 0$ per $0 < x < 1$. Il massimo della funzione (ossia il vertice della parabola) si trova in $x = 1/2$, ove la funzione assume il valore $F_a(1/2) = A/4$. Questo implica che dobbiamo richiedere $0 < A \leq 4$: infatti per $A > 4$ la dinamica produrrebbe, partendo da un numero di individui $x_0 \simeq 1/2$, un $x_1 > 1$ (non accettabile, si veda la nota 1), e quindi un $x_2 < 0$.

Per $0 \leq A \leq 4$, l'applicazione $f : \mathbf{R} \to \mathbf{R}$ è una *mappa dell'intervallo* $[0,1]$ in sé stesso.

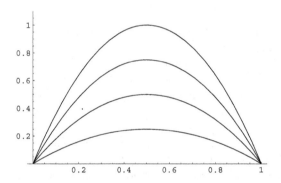

Figura 1.1. La funzione $y = f_A(x)$ per (dal basso verso l'alto) $A = 1, 2, 3, 4$.

1.2 Popolazione di equilibrio

Possiamo porci una domanda piuttosto naturale: esiste una popolazione di equilibrio? Con ciò intendiamo chiederci se esiste un valore p_* tale che se

---

[2] Il significato della quantità x è il seguente: la catastrofe menzionata sopra corrisponde a $x = 1$. Pertanto, dobbiamo avere $x \in [0,1]$.

[3] Notiamo che $p = p_M$ implica che $x = x_M = ((ka+b)/A)p_M$. Notiamo anche che $A > 0$ è una condizione necessaria per avere una popolazione non negativa, ossia perché il modello abbia senso.

$p_n = p_*$ anche $p_{n+1} = p_n = p_*$ (e quindi anche ogni successivo p_{n+k} sarà uguale a p_*); questo significa, in termini della mappa f_A, chiederci se esiste un x_* per cui $f_A(x_*) = x_*$. Naturalmente questo si verifica quando le nascite e le morti sono in equilibrio, ossia per $\beta = k\alpha$; ovvero, ricordando la (3), per

$$\beta_0 + b p_* = k(\alpha_0 - a p_*) .$$

E' facile vedere che questa equazione è soddisfatta per

$$p_* = \frac{k\alpha_0 - \beta_0}{ka + b} = p_M :$$

la popolazione di equilibrio è proprio la popolazione massima sostenibile con le risorse a disposizione.[4]

In termini della equazione logistica (6), richiedere l'equilibrio significa richiedere $x_{n+1} = x_n$, ovvero

$$x = A\,x\,(1 - x) .$$

questa equazione (di secondo grado) ha due soluzioni, date da

$$x_0 = 0 , \quad x_e = \frac{A - 1}{A} = 1 - 1/A . \qquad (7)$$

La soluzione x_0 corrisponde ad una popolazione estinta, mentre x_e rappresenta una situazione più interessante.

Notiamo che per A troppo piccolo, la soluzione x_e sarà negativa e quindi non accettabile. Richiedere che $x_e \geq 0$ significa richiedere che $A > 1$.

Abbiamo quindi raggiunto una prima conclusione significativa: *nei limiti di validità del modello logistico, si ha una popolazione di equilibrio non nulla se e solo se $1 < A \leq 4$.*

Graficamente, la popolazione di equilibrio si ottiene intersecando il grafico della funzione $f_a(x)$ con quello della funzione x, v. la figura 2.

Questa costruzione fornisce anche un modo di studiare graficamente la mappa $x_{n+1} = f_A(x_n)$: partendo da un punto x_0, ci alziamo in verticale fino ad incontrare il grafico della funzione $f_A(x)$ nel punto $(x_0, f_A(x_0))$. Muovendoci ora in orizzontale fino ad incontrare la retta $y = x$, giungeremo nel punto $(f_A(x_0), f_A(x_0))$. Dato che $x_1 = f_A(x_0)$, siamo sulla verticale del punto x_1, e muovendoci lungo questa verticale fino ad incontrare il grafico di $y = f_A(x)$ determineremo il valore di $x_2 = f_A(x_1)$, e così via[5]

Problema 1. Mostrare, sia matematicamente che graficamente, che per $A < 1$ si ha $x_n \to 0$.

---

[4] Quest'ultima non va confusa col massimo della funzione f_A, che rappresenta il massimo valore che la popolazione puo' assumere in modo non permanente (valore di picco).

[5] Questa procedura è detta in inglese *cobwebbing*. Non conosco una traduzione italiana di questo termine; userò, seguendo R. Rascel, il termine "zigo-zago".

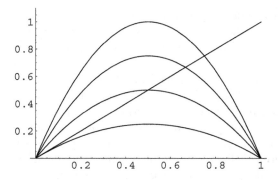

Figura 1.2. Intercetta della funzione $y = f_A(x)$ con $y = x$ per $A = 1, 2, 3, 4$.

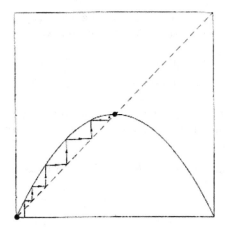

Figura 1.3. La procedura grafica per studiare le iterate di una mappa dell'intervallo in sé; vedi testo.

Problema 2. Mostrare, sia matematicamente che graficamente, che per $A > 1$ un dato iniziale prossimo a zero, $x_0 = \varepsilon \simeq 0$, evolve inizialmente verso degli $x_k > x_0$.

1.3 Stabilità

Abbiamo trovato i valori di equilibrio (x_0 e, per $A > 1$, x_e) della popolazione[6] nel modello logistico.

---

[6] Va da sé che stiamo parlando della popolazione nelle unità definite da (5"), mentre per la vera popolazione dovremmo passare ad una p_e usando la (5'). In seguito useremo senza complessi questo abuso di terminologia.

Ciò però non significa che partendo da un dato iniziale qualsiasi arriveremo ad una situazione di equilibrio. In effetti, non sappiamo neanche se partendo da una situazione vicina a quella di equilibrio andremo verso l'equilibrio o se succederà qualcosa d'altro.

Naturalmente questo problema non è solo una curiosità matematica, ma è la condizione perché la soluzione di equilibrio abbia un vero significato dal punto di vista biologico: se partendo vicino all'equilibrio il sistema se ne allontana, la situazione di equilibrio non sarà mai osservata in pratica. Inoltre, se anche fossimo inizialmente in una situazione di equilibrio, sappiamo bene che il modello logistico è molto idealizzato, cosicché avremo delle deviazioni da questo, che possiamo modellizzare come delle *fluttuazioni*: si pone il problema se queste saranno "riassorbite" dalla dinamica, o se invece saranno "amplificate" dalla stessa.

Questa problematica è comune a tutti i modelli in qualunque scienza sperimentale: solo le soluzioni stabili per piccole perturbazioni[7] sono effettivamente osservabili e significative.[8]

Per studiare la stabilità di un punto di equilibrio dobbiamo prima di tutto definire esattamente cosa intendiamo per stabilità. Procediamo a farlo nel quadro delle mappe $x_{n+1} = f(x_n)$.

Per cominciare, un punto x per cui si ha $f(x) = x$, sarà detto essere un *punto fisso* per la mappa f. Con f^n intendiamo la mappa F iterata n volte; così, ad esempio, $f^2(x)$ significa $f[f(x)]$.

Definizione. Il punto fisso x_0 della mappa f è *stabile* (per f) se esistono dei numeri $\varepsilon > 0$ e $\delta > 0$ tali che, $\forall n > 1$,

$$|f^n(x) - x_0| \leq \delta \quad \forall |x - x_0| < \varepsilon . \tag{8}$$

Definizione. Se esiste un numero $\varepsilon > 0$ tale che

$$|f(x) - x_0| < |x - x_0| \quad \forall |x - x_0| < \varepsilon , \tag{9}$$

(ad eccezione del punto $x = x_0$, per cui vale il segno di uguaglianza) diciamo che x_0 è *asintoticamente stabile*, o *attrattivo*.

In parole povere, x_0 è stabile se partendo abbastanza vicino ad x_0 restiamo vicini ad x_0, ed attrattivo se la distanza diminuisce ad ogni passo. La

---

[7] Con ciò si intende che siano stabili *almeno* per piccole perturbazioni. Naturalmente, nelle applicazioni sarà necessario che la soglia di stabilità non corrisponda ad una perturbazione eccessivamente piccola!

[8] Lo stesso tipo di considerazioni può essere fatto sul modello stesso: solo i modelli che hanno un comportamento simile a quello di modelli "vicini" sono significativi, dato che ogni modello è necessariamente approssimato. Questa nozione, che qui viene enunciata in modo alquanto goffo ed impreciso, può essere posta e studiata in termini rigorosi, ed è nota in matematica come *stabilità strutturale*.

stabilità asintotica implica la stabilità ordinaria, ma il viceversa non è vero[9]. Nel seguito, useremo spesso (ed impropriamente) "stabile" per intendere "attrattivo".

La definizione fornisce anche implicitamente un metodo per lo studio della stabilità, come vedremo tra breve.

1.4 Stabilità della soluzione nulla

Cominciamo con lo studiare la stabilità del punto $x_0 = 0$; ora $|x - x_0| = x$, e d'altra parte $|f_A(x) - x_0| = f_A(x) = Ax(1 - x)$. Dunque (scrivendo $f(x)$ anziché $f_A(x)$ per semplicità di notazione) $|f(x) - x_0| < |x - x_0|$ purché $Ax(1 - x) < x$, ossia $x - Ax(1 - x) > 0$, ovvero

$$x\,[Ax - (A - 1)] > 0 ; \tag{10}$$

dato che x non è mai negativo, ci basta considerare il termine in parentesi quadre, ed abbiamo che (10) è soddisfatta purché sia

$$x > 1 - 1/A . \tag{10'}$$

Questa condizione deve essere soddisfatta (per avere la stabilità di x_0) per tutti i punti con $0 < x < \varepsilon$: dunque, dato che la (10') deve valere per x positivo arbitrariamente piccolo, x_0 è stabile purché

$$1 - 1/A < 0 , \quad \text{ossia } A < 1 .$$

Notiamo anche che in questo caso la (10') è soddisfatta per tutte le x positive – dunque in particolare per tutte le x nell'intervallo [0,1] – e dunque il bacino di attrazione[10] di x_0 è tutto l'intervallo.

Questo ci permette di trarre un'altra conclusione significativa: *nei limiti di validità del modello logistico, una popolazione la cui evoluzione è descritta da parametri per cui $A < 1$ è condannata all'estinzione.*

Naturalmente, da un punto di vista applicativo questa conclusione è interessante sopratutto nel caso in cui si abbia una popolazione inizialmente stabile per cui i parametri fondamentali vengono a cambiare (ad esempio a causa di cambiamenti in fattori ambientali).

1.5 Stabilità della soluzione x_e

Passiamo ora ad analizzare la stabilità della soluzione $x_e = 1 - 1/A$; ricordiamo che questa esiste solo per $A > 1$, e che in generale dobbiamo avere $A \leq 4$, quindi supporremo di avere $1 < A \leq 4$.

---

[9] Come si vede facilmente considerando la mappa $f(x) = -x$, ed il punto fisso $x_0 = 0$, che è stabile ma non asintoticamente stabile.

[10] Cioè gli x per cui $f^n(x)$, al crescere di n, si avvicina indefinitamente ad x_0.

Risulta comodo scrivere $x = x_e + \xi$, e limitarci a considerare $|\xi| < \varepsilon$ con ε piccolo. In questo modo abbiamo, ricordando il significato della derivata (e ricordando che $f(x_e) = x_e$ per definizione),

$$f(x) = f(x_e + \xi) = f(x_e) + f'(x_e)\,\xi + o(\varepsilon) = x_e + f'(x_e)\,\xi + o(\varepsilon) \ .$$

Da questa ricaviamo che per $x = x_e + \xi$,

$$|f(x) - x_e| = |f'(x_e)|\,|\xi| + o(\varepsilon) \ . \tag{11}$$

Dato che ovviamente $|x - x_e| = |\xi|$, ne segue che il punto x_e è stabile (scegliendo ε abbastanza piccolo) se e solo se

$$|f'(x_e)| < 1 \ . \tag{12}$$

Questa condizione ha un'interpretazione naturale in termini dei grafici delle funzioni: essa significa che nel punto in cui il grafico di $y = f(x)$ e quello di $y = x$ si incontrano, la pendenza della tangente del primo grafico deve avere modulo minore di uno.

Dobbiamo ora vedere cosa la condizione (12) significhi in termini di A (dunque, alla fin fine, in termini dei tassi di mortalità e natalità per la specie che stiamo considerando). Ricordiamo che $f(x) \equiv f_A(x) = Ax(1 - x)$, e dunque

$$f'(x) = A - 2Ax \ .$$

Questa quantità va calcolata nel punto $x = x_e = 1 - 1/A$: abbiamo perciò

$$f'(x_e) = A - 2A(1 - 1/A) = 2 - A$$

e la (12) diventa $|2 - A| < 1$, che è soddisfatta[11] per

$$A < 3 \ . \tag{13}$$

Lo stesso argomento permette anche di ricavare che per $A > 3$ la soluzione $x_n = x_e$ esiste, ma è instabile: delle piccole deviazioni verranno amplificate dalla dinamica (il lettore è caldamente invitato a controllare questa affermazione).

Dunque abbiamo un'altra conclusione: *nei limiti di validità del modello logistico, una popolazione di equilibrio non nulla e stabile esiste se e solo se la dinamica è descritta da parametri per cui* $1 < A < 3$.

Problema 3. Analizzare l'intorno del punto di intersezione tra la retta $y = x$ e la curva $y = f(x)$ attraverso la tecnica dello zigo-zago, e convincersi dell'ovvietà della condizione (12) per la stabilità di x_e.

Problema 4. Analizzare numericamente la dinamica $x_{n+1} = f_A(x_n)$ per $A = 3 + \varepsilon$. *Suggerimento:* per ε abbastanza piccolo si hanno delle soluzioni periodiche, in cui x_n varia ciclicamente tra due o più valori.

---

[11] Ricordiamo che qui stiamo supponendo $A > 1$: per $A < 1$, x_e non esiste!

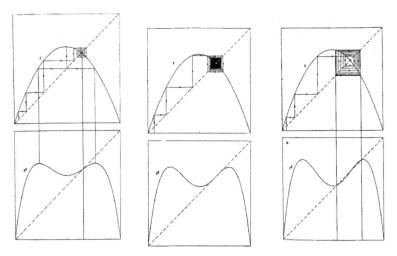

Figura 1.4. La perdita di stabilità della soluzione stazionaria e l'apparire di una soluzione periodica stabile studiate graficamente: in alto, la mappa $f_A(x)$; in basso, la mappa $f_A^2(x)$. Da sinistra a destra, $A = 2.80$ (soluzione stazionaria stabile), $A = 3.00$ (la soluzione stazionaria sta perdendo stabilità, $f'(x_e) = 1$), e $A = 3.14$ (la soluzione di periodo due è stabile).

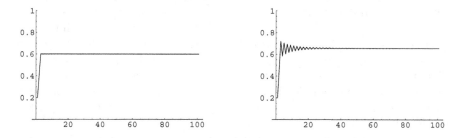

Figura 1.5. Approccio all'equilibrio: mostriamo i punti x_k ottenuti a partire da $x_0 = 0.2$ (con $k \leq 100$) per $A = 2.5$ (a sinistra) e per $A = 2.9$ (a destra). Il grafico e' mostrato unendo i punti in sequenza per facilitare la lettura della successione temporale.

1.6 Al di là della dinamica di equilibrio

E' interessante[12] cercare di capire cosa succede per $3 < A < 4$. La risposta è molto sorprendente.

---

[12] L'interesse è dovuto anche al fatto che i fenomeni che si osservano per questo semplicissimo modello sono in realtà universali, ossia si verificheranno anche per ogni altro modello unidimensionale con delle caratteristiche "ragionevoli".

Cominciamo con lo studiare cosa succede per A di poco superiore a 3. In questo caso, sebbene x_e sia instabile, esiste una soluzione stabile per $f_A^2(x) = x$: ossia, esiste una dinamica per cui $x_{2k} = x_0$ e $x_{2k+1} = x_1 = f_A(x_0)$.

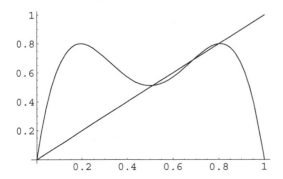

Figura 1.6. La funzione $y = f_A^2(x) = f_A[f_A(x)]$ per $A = 3.2$.

Al crescere di A, questa soluzione diventerà a sua volta instabile, dando origine ad un ciclo di periodo 4 (v. figura 4 e figura 6). Si può pensare, ed in effetti tutti pensavano fino ai lavori di May (un biomatematico!) che questa catena di "raddoppi di periodo" (in inglese, *period doubling*; le transizioni in cui si ha un raddoppio di periodo sono delle *biforcazioni*) continui all'infinito, ma non è proprio così: i valori di A per cui si ha una transizione da periodo 2^k a periodo 2^{k+1} divengono sempre più vicini, ed a partire da un certo valore A_* la dinamica diviene *caotica*: i punti x_n esplorano virtualmente tutto l'intervallo $[0,1]$ in modo imprevedibile; dati iniziali vicini divergono molto rapidamente, ed una piccola incertezza sul dato iniziale conduce in breve ad una perdita totale dell'informazione.

Cosa vuol dire questo dal punto di vista della modellizzazione biologica ? Per $A > A_*$ la dinamica diventa imprevedibile, e dunque la taglia della popolazione oscillerà in modo, appunto caotico. Però dobbiamo anche ricordare che in realtà se un dato x_n è minore di un valore di soglia

$$x_m = k\alpha_0/A$$

[si veda la (5)] allora $p_n < 1$, ossia la popolazione è estinta. D'altra parte, se la dinamica percorre tutto l'intervallo $[0,1]$, essa giungerà sicuramente a toccare l'intervallo $[0, x_m]$. Dunque un grande valore di A conduce anch'esso necessariamente all'estinzione della popolazione.

1.7 Punti fissi della mappa iterata e loro stabilità

Nella sezione precedente, abbiamo affermato senza dimostrazione alcune proprietà delle mappe iterate, in relazioni ai loro punti fissi ed alle relative pro-

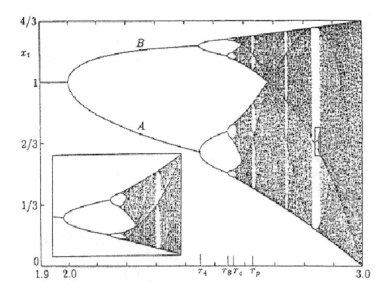

Figura 1.7. Le biforcazioni di $x_{n+1} = Ax(1 - x)$ al variare di A. L'inserto è un ingrandimento della regione nel rettangolo della figura principale.

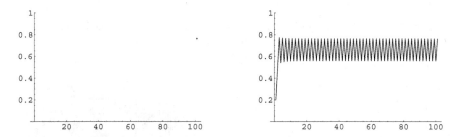

Figura 1.8. Dinamica periodica (di periodo due): mostriamo i punti x_k ottenuti a partire da $x_0 = 0.2$ (con $k \leq 100$) per $A = 3.1$ sia come successione di punti (a sinistra) che unendo i punti successivi con una linea continua (a destra).

prietà di stabilità. Una discussione dettagliata di quanto affermato in questa occasione richiederebbe una discussione che esula dai limiti di questo testo (si vedano le note alla fine del capitolo), ma vogliamo mostrare in questa sezione come ci si può sincerare della veridicità almeno della più semplice tra leaffermazioni della sezione precedente, ossia che per $A = 3 + \varepsilon$ esistono dei punti fissi stabili della funzione f_A^2, pur non essendovi punti fissi stabili della funzione f_A.

Per vedere che questo è il caso, dobbiamo innanzitutto considerare i punti fissi della funzione f_A^2, ossia le soluzioni di $f_A^2(x) = x$. Queste sono date da

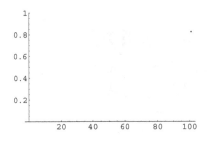
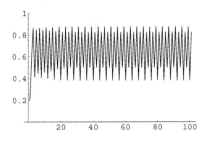

Figura 1.9. Dinamica periodica (di periodo quattro): mostriamo i punti x_k ottenuti a partire da $x_0 = 0.2$ (con $k \leq 100$) per $A = 3.5$ sia come successione di punti (a sinistra) che unendo i punti successivi con una linea continua (a destra).

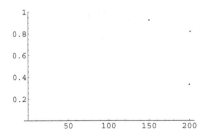
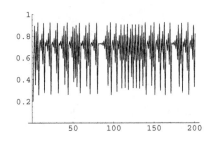

Figura 1.10. Dinamica caotica: mostriamo i punti x_k ottenuti a partire da $x_0 = 0.2$ (con $k \leq 200$) per $A = 3.7$ sia come successione di punti (a sinistra) che unendo i punti successivi con una linea continua (a destra).

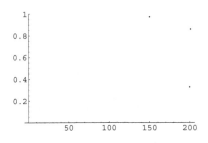
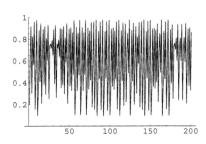

Figura 1.11. Dinamica caotica: mostriamo i punti x_k ottenuti a partire da $x_0 = 0.2$ (con $k \leq 200$) per $A = 3.9$ sia come successione di punti (a sinistra) che unendo i punti successivi con una linea continua (a destra).

$$x_0 = 0 \ , \qquad\qquad\qquad\qquad x_1 = 1 - 1/A \ ,$$
$$x_2 = (1 + A - \sqrt{A^2 - 2A - 3})/(2A) \ , \quad x_3 = (1 + A + \sqrt{A^2 - 2A - 3})/(2A) \ .$$
$$\tag{14}$$

Evidentemente x_0 e x_1 sono sempre accettabili per $A > 3$ (ed in effetti per $A > 1$). Notiamo che x_2 ed x_3 sono accettabili a condizione di essere reali e di appartenere all'intervallo $[0, 1]$. La condizione di realtà è semplicemente

$$A^2 - 2A - 3 \ \geq \ 0$$

, che è sempre soddisfatta per $A \geq 3$. E' anche evidente che $0 < x_2 < x_3$ per $A > 3$; dunque ci basta mostrare che $x_3 \leq 1$. Questa condizione si scrive

$$1 + A + \sqrt{A^2 - 2A - 3} \ \leq \ 2A \ ;$$

ovvero, spostando a destra tutti i termini tranne quello con la radice,

$$\sqrt{A^2 - 2A - 3} \ \leq \ A - 1 \ .$$

Prendendo ora il quadrato di ambo i membri, otteniamo

$$A^2 - 2A - 3 \ \leq \ (A - 1)^2 \ = \ A^2 - 2A + 1 \ ,$$

che è banalmente sempre vera, riducendosi a $4 > 0$.

Avendo accertato che la (14) individua effettivamente dei punti fissi di f_A^2 appartenenti all'intervallo $[0, 1]$, passiamo a considerare la loro stabilità. Questa può essere determinata con il metodo generale discusso in precedenza (e nel complemento matematico D).

Scriviamo per semplicità di notazione $F(x) := f_A^2(x)$; dobbiamo quindi studiare $F'(x)$ per $x = x_i$, dove x_i sono i punti fissi identificati dalla (14). In generale, abbiamo (con calcoli elementari che non riportiamo)

$$F'(x) \ = \ -A^2(-1 + 2x)[1 + 2A(-1 + x)x] \ . \tag{15}$$

Per $x = x_0 = 0$, la (15) fornisce immediatamente

$$F'(x_0) \ = \ A^2 \ > \ 9 \ ,$$

e ne deduciamo che x_0 e' sempre instabile per F (così come per f, del resto[13]) quando $A > 3$; ed in effetti per $A > 1$. Allo stesso modo, per $x = x_1 = 1 - 1/A$ otteniamo

$$F'(x_1) \ = \ (A - 2)^2 \ > \ 1 \ ;$$

dunque anche x_1 è sempre instabile per F quando $A > 3$.

Veniamo ora a considerare i punti fissi di F che non sono punti fissi di f, cioè x_2 ed x_3. In questo caso la (15) fornisce

---

[13] E' evidente che i punti fissi di F che sono anche punti fissi instabili di f, saranno instabili anche per F.

$$F'(x_2) = F'(x_3) = 4 + 2A - A^2 = [A - (1 - \sqrt{5})][A - (1 + \sqrt{5})] ;$$

dunque la condizione $|F'(x_i)| < 1$ è verificata per $i = 2, 3$ quando

$$3 < A < 1 + \sqrt{6} \simeq 3.44949 .$$

In quest'intervallo i punti fissi x_2 ed x_3 sono stabili. E' immediato verificare che, in effetti, $f_A(x_2) = x_3$, $f_A(x_3) = x_2$, cosicché si ha un'orbita periodica (stabile, per quanto testé mostrato) di periodo 2 per f_A, che rappresenta un punto fisso (stabile) per $F = f_A^2$.

1.8 Un esempio concreto

Una situazione in cui si incontra effettivamente la situazione descritta dal modello logistico è data da un allevamento ittico. Qui la mortalità β è essenzialmente dovuta al prelevamento di pesci per la vendita, e si può agire (entro certi limiti) sul parametro α variando la quantità di cibo disponibile. Dunque, il parametro A può essere in parte controllato[14]. Il nostro modello dice che per avere un buon rendimento dall'allevamento *non* bisogna cercare di avere un A il più alto possibile, ma che esso va tenuto alto facendo però attenzione a non entrare nella regione caotica.

Allo stesso modo, il modello rende conto della possibilità di estinzione improvvisa di una specie a causa di condizioni "troppo favorevoli", ossia troppo vicine al limite. Dal punto di vista biologico, il meccanismo all'opera è chiaro: una popolazione troppo vicina al valore di soglia esaurisce troppo rapidamente le risorse ambientali. Il semplicissimo modello che abbiamo studiato permette di dare un significato quantitativo al concetto di "troppo vicina al valore di soglia". (Naturalmente, è ben più difficile capire quando si è troppo vicini al valore di soglia in una situazione reale!)

Un meccanismo diverso per arrivare all'estinzione si ha anche con il cosiddetto "effetto Allee": se la parte inferiore della curva $f(x)$ è concava ($f''(x) > 0$), allora una popolazione che scende sotto un certo valore critico è condannata all'estinzione.

È opportuno notare che questo meccanismo può essere assai insidioso: nel caso in figura 7, che si riferisce ad un modello diverso da quello che abbiamo studiato, una soluzione vicina al punto fisso può, a seguito di una fluttuazione casuale, cadere nel dominio di attrazione dello zero, ossia una popolazione apparentemente in buona salute può estinguersi per l'effetto di piccole variazioni che innescano un meccanismo insito nella dinamica del modello.

---

[14] In effetti, questo controllo non è facile: sappiamo qual è la quantità di pesce estratto dall'allevamento, ma non che percentuale questa rappresenta rispetto ai pesci presenti: conosciamo βp_n, ma non abbiamo accesso a p_n (salvo svuotare l'allevamento e contare i pesci!) e quindi a β, e pertanto non sappiamo come stiamo variando A. Questo fatto apparentemente banale è fonte di una serie di problemi (matematici e gestionali) niente affatto banali.

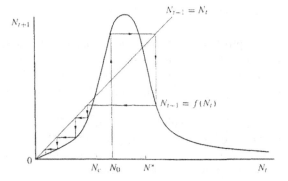

Figura 1.12. Il cosiddetto effetto Allee: esiste una soglia critica N_c tale che se la popolazione diventa ad un qualsiasi momento inferiore ad N_c, allora si estingue.

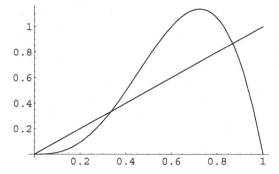

Figura 1.13. Per $f(x) = Ax^3(e^{-x} - e^{-1})$, si ha l'effetto Allee.

1.9 Note

La comprensione della dinamica del modello logistico in tempo discreto ha origine del lavoro di Robert May; si veda il suo articolo di rassegna "Simple mathematical models with very complicated dynamics" (pubblicato su *Nature* **261** (1976), pp. 459-467), che fornisce un ottimo resoconto dell'argomento.[15]

---

[15] Mi permetto di citare qui quasi tutto il sunto del suo articolo, che fornisce in effetti un sunto del punto chiave dell'argomento: *"First-order difference equations arise in many contexts in the biological, economic and social sciences. Such equations, even though simple and deterministic, can exhibit a surprising array of dynamical behaviour, from stable points, to a bifurcating hierarchy of stable cycles, to apparently random fluctuations. There are consequently many fascinating problems, some concerned with delicate mathematical aspects of the fine structure of the trajectories, and some concerned with the practical implications and applications".*

Una discussione più approfondita del modello logistico in tempo discreto è fornita nel capitolo 2 del testo di J.D. Murray, *Biomathematics. I: An Introduction* (Springer).

La discussione di questo capitolo ci ha portato ad incontrare il fenomeno del *caos*. Si tratta di un concetto che ha affascinato un pubblico ampio, e non solo scientifico, in particolare negli ultimi anni. Ad esso sono dedicate varie esposizioni in libri di ogni livello, da quello puramente divulgativo a quello più tecnico.

Tra i testi dedicati ad un pubblico "generale" segnaliamo in particolare quello di James Gleick, *Caos* (ne esiste una edizione italiana di Rizzoli).

Ad un livello lievemente più avanzato, ossia facendo un qualche uso di formule, il che porta anche ad una migliore comprensione da parte del lettore di quanto discusso, esistono alcuni libri di divulgazione di grandissima qualità; ne segnalerò solo tre, i miei preferiti: David Ruelle, *Caso e Caos* (Boringhieri); Angelo Vulpiani, *Determinismo e Caos* (Carocci); Ivar Ekeland, *A caso. La sorte, la scienza e il mondo* (Boringhieri).

Una discussione del caos ad un livello più dettagliato è fornita in italiano nel testo *Fisica Matematica Discreta* (Springer Italia) di S. Graffi e M. Degli Esposti, ed in moltissimi testi (solitamente in inglese) dedicati ai "sistemi dinamici", nonché in molti articoli di rassegna; tra questi segnalerò, oltre a quello di R. May citato in precedenza, quello di E. Ott, "Strange attractors and chaotic motions of dynamical systems", pubblicato su *Reviews of Modern Physics* vol. **53** (1981), pp. 655-671; ed anche quello, piu' tecnico, di J.P. Eckmann e D. Ruelle, "Ergodic theory of chaos and strange attractors", *Reviews of Modern Physics*, **57** (1985), 617-656 (con un *addendum* a pag. 1115).

2

Il modello ed i numeri di Fibonacci

Un famoso modello per la dinamica di una popolazione risale al 1202 ed è dovuto a Leonardo da Pisa, noto anche come *Fibonacci*.

Si tratta della crescita di una popolazione di animali da allevamento, tradizionalmente identificati con conigli.

2.1 Il modello di Fibonacci

Dividiamo il tempo in intervalli di lunghezza T; in questo caso (dei conigli) T corrisponde a circa un mese. Nel modello ignoriamo tutte le differenze tra individuo ed individuo, consideriamo popolazioni in cui il numero di maschi e di femmine sia uguale, e facciamo le seguenti assunzioni[1] (anche se la prima è poco coerente con la seconda):

- (i) Un individuo diventa riproduttivamente maturo ad età T;
- (ii) Ogni individuo (femmina) ha una gravidanza completa ogni tempo T;
- (iii) Da ogni gravidanza nel primo e secondo ciclo riproduttivo nascono rispettivamente κ_1 e κ_2 coppie di individui (un maschio ed una femmina);
- (iv) Gli animali vengono rimossi (ossia mangiati o venduti) al termine di due cicli riproduttivi.

Detta P_n la popolazione al tempo $t = nT$, vorremmo sapere come cresce P_n al succedersi delle generazioni, ovvero in funzione di n (e dunque di t).

E' opportuno distinguere tra:

- (A) animali di età non superiore a T,
- (B) animali di età tra T e $2T$ e quindi al primo ciclo riproduttivo,
- (C) animali di età compresa tra $2T$ e $3T$, e quindi al secondo ciclo riproduttivo.

---

[1] Fibonacci ha considerato il caso $\kappa_1 = \kappa_2 = 1$. Noi consideriamo – pur riproducendo la sua discussione – un caso leggermente più generale.

Gli animali "rimossi" verranno indicati con R. Ovviamente ogni individuo segue il cammino $A \to B \to C \to R$.

Dato che gli individui nella classe B e C danno vita ad individui nella classe A, abbiamo:

$$\begin{cases} A_{n+1} = \kappa_1 B_n + \kappa_2 C_n \\ B_{n+1} = A_n \\ C_{n+1} = B_n \\ R_{n+1} = C_n \end{cases} \tag{1}$$

Notiamo che in questo modello basta conoscere la sequenza dei numeri A_n (coppie di animali nati in un certo mese) per conoscere anche le sequenze dei numeri B_n, C_n e R_n.

Dato che $B_n = A_{n-1}$, possiamo anche scrivere la prima delle (1) come

$$A_n = \kappa_1 A_{n-1} + \kappa_2 A_{n-2} \ ,$$

che nel caso di Fibonacci (ossia per $\kappa_1 = \kappa_2 = 1$) diviene semplicemente

$$A_{n+1} = A_n + A_{n-1} \ . \tag{3}$$

Partendo dai dati iniziali $A_1 = 1$, $A_2 = 1$, è facile vedere che i primi *numeri di Fibonacci* sono

$$A_n = 1, \ 1, \ 2, \ 3, \ 5, \ 8, \ 13, \ 21, \ 34, \ 55, \ ..... $$

Possiamo naturalmente calcolare esplicitamente questa sequenza fino a qualsiasi ordine, compatibilmente con i nostri strumenti di calcolo e la nostra pazienza. I numeri A_n crescono molto rapidamente, si veda la figura 1.

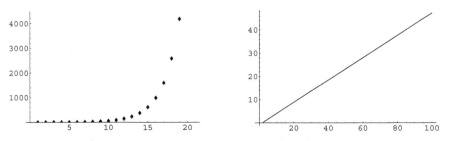

Figura 2.1. Grafico dei primi numeri di Fibonacci. A sinistra, i numeri di Fibonacci A_k in scala lineare, per $k = 1, ..., 20$; a destra, i numeri di Fibonacci A_k in scala logaritmica (ossia viene graficato il logaritmo di A_k), per $k = 1, ..., 100$.

Possiamo però anche utilizzare dei procedimenti matematici (e non meramente numerici) per ottenere delle informazioni utili sulla sequenza A_n.

Prima di fare questo, però, è bene menzionare che i numeri di Fibonacci non appaiono solo in questo modellino per la crescita di una popolazione di animali (conigli): sorprendentemente, appaiono in una grande varietà di situazioni naturali.

Ad esempio, nella *phyllotaxis* – ossia nello studio della disposizione delle foglie di una pianta – osserviamo che in molte piante la disposizione delle foglie si dipana lungo un'elica che si svolge lungo l'asse della pianta; questa disposizione si ripete dopo un certo periodo, e può essere caratterizzata da due numeri interi m ed n, cioè il numero di giri intorno all'asse ed il numero di foglie in un periodo. Questi numeri sono quasi sempre numeri di Fibonacci. Lo stesso avviene per il numero di subunità dei fiori composti.[2]

Problema 1. Scrivere un programma (nel linguaggio preferito) per far calcolare ad un computer la sequenza dei numeri di Fibonacci; calcolare con questo il numero A_{123}. [*Soluzione*: $A_{123} = 3672674070550577925589443$.]

2.2 Proprietà del modello di Fibonacci. Sezione aurea

Torniamo all'analisi matematica della legge di evoluzione (3). Dividiamo la (3) per A_n, ed indichiamo con b_n il rapporto A_n/A_{n-1} (e dunque $b_{n+1} = A_{n+1}/A_n$): abbiamo

$$b_{n+1} = 1 + (b_n)^{-1} \ . \tag{4}$$

La grandezza b_n rappresenta il rapporto tra le nascite in due periodi di tempo (di lunghezza T) successivi, ossia il suo logaritmo rappresenta il tasso di incremento della popolazione.

Dalla (4) è evidente che se b soddisfa l'equazione

$$b = 1 + 1/b \tag{5'}$$

e $b_n = b$, allora $b_m = b$ per ogni $m \geq n$. La (5') si scrive anche come

$$b^2 - b - 1 = 0 \ ; \tag{5''}$$

questa è un'equazione di secondo grado con soluzione

$$b_\pm = (1 \pm \sqrt{5})/2 \ .$$

Notiamo che per la determinazione negativa della radice otteniamo un numero negativo: questa soluzione non è quindi biologicamente accettabile (il numero delle coppie è sempre positivo o nullo, quindi il loro rapporto non può essere negativo); abbiamo quindi la sola soluzione

$$b = \frac{1 + \sqrt{5}}{2} \ . \tag{6}$$

---

[2] E' forse bene precisare che qui si parla di numero medio, in quanto le fluttuazioni sono sempre presenti nei sistemi – le piante od i fiori in questo caso – reali.

Questo numero è noto anche come *sezione aurea* (in inglese questa è nota come *golden mean*) ed ha un ruolo fondamentale in molti campi, ivi compresa l'architettura (ed i quadri di Mondrian).

La formula (6) ci dà un'informazione utile: per n abbastanza grande (ossia, al di là di un certo transiente iniziale) il numero di conigli in una generazione è ben descritto[3] da

$$P_n = c_0 \, b^n$$

con c_0 che dipende dalle condizioni iniziali; questa costante può essere misurata osservando P_n in almeno due diverse generazioni. Dunque questa formula ci permette di prevedere in modo semplice l'andamento della produzione dell'allevamento.

Problema 2. Consideriamo una retta AB di lunghezza unitaria. Determinare la posizione $x \in [0,1]$ di un punto C tale che AB:AC = AC:CB.

Problema 3. Sia $b_\pm = (1 \pm \sqrt{5})/2$. Mostrare che i numeri di Fibonacci A_n sono espressi dalla formula $A_n = (b_+^n - b_-^n)/\sqrt{5}$.
Suggerimento: si può procedere per induzione. Cioè, è sufficiente verificare che se questa proprietà è verificata da A_n, allora vale anche per A_{n+1}, e controllare che valga per qualche n piccolo.

Problema 4. Si è visto che per grandi n, $P_n = c_0 \, b^n$. Determinare il valore della costante c_0 a partire dalla formula la cui validità è stata verificata nell'esercizio precedente.

2.3 Modello di Fibonacci ed operazioni matriciali

La dinamica descritta da (1) può anche essere espressa in forma matriciale (si veda il complemento matematico G) come

$$\begin{pmatrix} A_n \\ B_n \\ C_n \\ R_n \end{pmatrix} = \begin{pmatrix} 0 & \kappa_1 & \kappa_2 & 0 \\ 1 & 0 & 0 & 0 \\ 0 & 1 & 0 & 0 \\ 0 & 0 & 1 & 0 \end{pmatrix} \begin{pmatrix} A_{n-1} \\ B_{n-1} \\ C_{n-1} \\ R_{n-1} \end{pmatrix} .$$

Possiamo studiare questo semplice modello usando delle proprietà delle matrici, che qui supporremo note. Il lettore che non conosca il linguaggio dei vettori e delle matrici può ignorare questa sezione.

In effetti, non è necessario considerare una matrice di dimensione quattro: sarà sufficente (e più semplice, dunque preferibile) operare con vettori e matrici di dimensione due.

---

[3] Naturalmente questa affermazione è vera a condizione che il punto fisso $x = b$ per la mappa $f(x) = 1 - 1/x$ sia attrattivo, ed anzi il suo bacino di attrazione sia l'intera semiretta positiva $\mathbf{R}_+ = \{x > 0\}$. Si veda per questo la sezione successiva.

Iniziamo con lo scrivere i numeri $(A_n, B_n = A_{n-1})$ come componenti di un vettore bidimensionale

$$\xi_n = \begin{pmatrix} A_n \\ B_n \end{pmatrix} .$$

L'equazione (3) si scrive allora

$$\xi_{n+1} = M\,\xi_n \qquad (7)$$

dove abbiamo indicato

$$M = \begin{pmatrix} 1 & 1 \\ 1 & 0 \end{pmatrix} .$$

Indicando con ξ_0 il dato iniziale, otteniamo la soluzione

$$\xi_n = M^n\,\xi_0 . \qquad (8)$$

Dunque per risolvere il problema di Fibonacci è sufficiente saper calcolare le potenze di una matrice (o almeno della matrice M).

Per calcolare dette potenze, è conveniente passare (attraverso la procedura discussa nel complemento matematico G) ad una base η in cui la matrice M assume la forma diagonale D. Scrivendo $\xi = \Lambda\eta$, con Λ invertibile[4], la (7) diviene $\Lambda\eta_{n+1} = M\Lambda\eta_n$, e dunque

$$\eta_{n+1} = \Lambda^{-1} M \Lambda\, \eta_n := D\eta_n . \qquad (9)$$

Può essere utile in questo contesto ricordare che se

$$\Lambda = \begin{pmatrix} a & b \\ c & d \end{pmatrix} ,$$

allora la matrice inversa è data da

$$\Lambda^{-1} = \frac{1}{(ad - bc)} \begin{pmatrix} d & -b \\ -c & a \end{pmatrix} .$$

Naturalmente la (9) è di per sé equivalente alla (8); ma mentre M è fissata, ora la D dipende dalla nostra scelta di Λ. Possiamo quindi scegliere opportunamente Λ, cosicché D risulti semplice e sia possibile calcolarne in modo facile le potenze.

Notiamo che se

$$D = \begin{pmatrix} \lambda_1 & 0 \\ 0 & \lambda_2 \end{pmatrix} ,$$

è immediato calcolare che

$$D^n = \begin{pmatrix} \lambda_1^n & 0 \\ 0 & \lambda_2^n \end{pmatrix} .$$

---

[4] Ricordiamo che questo significa semplicemente che il determinante della matrice Λ è diverso da zero; si veda ancora il complemento matematico G.

Abbiamo, dalla (9), $\eta_n = D^n\eta_0$; ovvero, tornando ai vettori ξ_n, abbiamo $\xi_n = (\Lambda D^n \Lambda^{-1})\xi_0$. Dunque, pur di conoscere la Λ opportuna (quella che porta ad una forma diagonale per D), abbiamo immediatamente

$$\xi_n = \Lambda\,\eta_n = \left(\Lambda\, D^n\, \Lambda^{-1}\right)\xi_0\;.$$

Naturalmente, ciò che abbiamo dimostrato è che la potenza n-ima di M si esprime come $M^n = \Lambda D^n \Lambda^{-1}$.

Quello descritto sopra è un metodo di calcolo efficiente, ma anche un'illustrazione di proprietà generali delle matrici, e del significato di alcuni concetti generali.

Infatti, la base in cui la matrice assume forma diagonale non è altro che una base composta di *autovettori* della matrice (ricordiamo che l'autovettore u corrispondente all'autovalore λ è il vettore che risolve l'equazione $Mu = \lambda u$). Dunque la matrice Λ è collegata agli autovettori di M. Più precisamente, Λ è costruita scrivendo gli autovettori di modulo uno corrispondenti ai diversi autovalori[5] come colonne di Λ.

Nel caso che ci interessa, conformemente alla regola generale, per calcolare gli autovalori di M dobbiamo risolvere l'equazione $\det(M - \lambda I) = 0$, che è semplicemente

$$\lambda^2 - \lambda - 1 = 0\;; \tag{10}$$

questa non è altro che la (5') vista in precedenza. Notiamo inoltre che, ricordando $\xi = (A, B)$, l'equazione $M\xi = \lambda\xi$ diventa

$$A + B = \lambda A \quad, \quad A = \lambda B\;;$$

dunque la "formula magica" $A_n = [(b_+^n - b_-^n)/\sqrt{5}]$ enunciata in precedenza si ottiene facilmente proprio in questo modo, e $P_n = c_0 b^n$ esprime semplicemente la dinamica nella base "naturale" degli autovettori: infatti $|b_-| = 0.618 < 1$, dunque $b_-^n \to 0$.

Problema 5. Usando l'approccio esposto in questa sezione (o quello usato nella sezione precedente), studiare il "modello di Fibonacci generalizzato", ossia quello in cui κ_1 e κ_2 sono numeri interi positivi arbitrari.

Problema 6. Se lasciamo che l'attività riproduttiva di una coppia di animali si svolga per k generazioni, avremo $A_n = A_{n-1} + A_{n-2} + ... + A_{n-k}$; come cambiano i risultati ottenuti qui per il modello di Fibonacci (per cui si ha $k = 2$) nel caso $k = 3$?

Problema 7. Abbiamo mostrato che $M^n = \Lambda D \Lambda^{-1}$. Si chiede di mostrare questo fatto direttamente, cioè esprimendo in forma adeguata il prodotto M^n. *Suggerimento*: invertire la relazione $D = \Lambda^{-1}M\Lambda$ ed esprimere M in termini di D.[6]

---

[5] Nel caso di autovalori multipli, si sceglieranno autovettori indipendenti in numero pari alla molteplicità dell'autovalore.

[6] *Soluzione.* Notando che se $M = \Lambda D \Lambda^{-1}$, allora $M^n = (\Lambda D \Lambda^{-1})(\Lambda D \Lambda^{-1})...(\Lambda D \Lambda^{-1})$ con n fattori. Dato che $\Lambda^{-1}\Lambda = I$, tutti i fattori $\Lambda^{-1}\Lambda$ in posizione intermedia si semplificano e resta $M^n = \Lambda D^n \Lambda^{-1}$.

3

Il modello logistico (continuo)

Il modello logistico che abbiamo considerato nel capitolo 1,

$$x_{n+1} = \lambda x_n (1 - x_n)$$

trae origine da una equazione differenziale continua, introdotta da Verhulst nel secolo XIX. In effetti, la popolazione non evolve a passi discreti: nuovi individui nascono, e vecchi muoiono (o vengono rimossi nel caso di allevamenti) ad ogni istante.

In questo capitolo consideriamo modelli di dinamica delle popolazioni in tempo continuo; consideriamo dapprima brevemente il modello Malthusiano, che come sappiamo porta a conclusioni non accettabili realisticamente, e poi il modello logistico.

3.1 Accrescimento Malthusiano in tempo continuo

Cominciamo col ricordare brevemente cosa succede quando le risorse sono sovrabbondanti, e dunque non si ha competizione tra i membri di una popolazione: come nel caso discreto, per ogni intervallo di tempo τ una certa percentuale α (dipendente sia dalle caratteristiche della popolazione che dal tempo di campionamento τ che abbiamo scelto) della popolazione si riprodurrà, ed una percentuale β della popolazione morrà; dato che ora τ è un qualsiasi intervallo di tempo, è naturale supporre che, quando l'intervallo di campionamento τ tende a zero, o comunque per τ abbastanza piccolo, queste percentuali siano proporzionali a τ stesso. Scriviamo quindi

$$\alpha = a\tau \, , \, \beta = b\tau \, .$$

Avremo quindi (se ogni individuo che si riproduce produce k nuovi individui) che

$$
\begin{aligned}
p(t + \tau) &= p(t) + kap(t)\tau - bp(t)\tau + O(\tau^2) \\
&= [1 + (ka - b)\tau]\, p(t) + O(\tau^2) \, .
\end{aligned}
$$

Questa si riscrive anche come

$$p(t + \tau) - p(t) = (ka - b)\, p(t)\, \tau + O(\tau^2)\; ;$$

e dividendo per τ otteniamo

$$\frac{p(t + \tau) - p(t)}{\tau} = (ka - b)\, p(t) + O(\tau)\; .$$

Scriveremo anche $(ka - b) = \lambda$.

Per $\tau = \delta t \ll 1$ trascuriamo il termine infinitesimo $O(\delta t)$, ed inoltre il termine di sinistra è, nel limite $\tau \to 0$, proprio la derivata di $p(t)$ rispetto a t: abbiamo così ottenuto (per $\tau = \delta t \to 0$)

$$\frac{dp(t)}{dt} = \lambda\, p(t)\; .$$

La soluzione di questa legge di accrescimento è

$$p(t) = e^{\lambda t}\, p(0)\; ,$$

dunque una crescita esponenziale.

Come già detto nel caso discreto, questo modello è più o meno ragionevole su tempi brevi, ma non credibile su tempi lunghi, in quanto prevede che la popolazione cresca in modo esponenziale, cosicché vi sarà sicuramente un tempo a cui l'ambiente non riesce più a sostenere la crescita. Passeremo quindi a considerare dei modelli più realistici.

3.2 Il modello logistico continuo

Resta vero che durante un piccolo intervallo di tempo δt ci sarà una percentuale $\alpha \delta t$ della popolazione che dà alla luce nuovi individui (diciamo in media k per parto), ed una percentuale $\beta \delta t$ che muore.

Questo assomiglia molto a quanto discusso per giustificare l'introduzione del modello logistico discreto, con una lieve differenza: in quel caso l'unità di tempo era fissata a priori, ora invece stiamo permettendo di cambiare.

Le ipotesi che il tasso di natalità e di mortalità nell'intervallo δt siano proporzionali a δt sono molto naturali; l'ipotesi soggiacente è che i parti (e le morti) di individui diversi siano eventi indipendenti[1]. Avremo quindi per la popolazione $p(t)$ al tempo t

$$p(t + \delta t) = p(t) + [(k\alpha - \beta)\delta t]\, p(t)\; .$$

Portando $p(t)$ al primo membro e dividendo per δt abbiamo

---

[1] Dunque questo modello può funzionare finché non ci sono eventi eccezionali, ad esempio una grande siccità in un lago, un incendio in una foresta, etc. etc.

$$\frac{p(t + \delta t) - p(t)}{\delta t} = (k\alpha - \beta) \, p(t) \; . \tag{1}$$

Dal corso di Matematica, sappiamo che per δt che tende a zero, il membro a sinistra rappresenta la *derivata* della funzione $p(t)$ rispetto al tempo, ossia nel limite $\delta t \to 0$ la (1) diviene

$$\frac{dp(t)}{dt} = k\alpha - \beta \; . \tag{2}$$

(Abbiamo finora ripetuto la discussione condotta nel caso Malthusiano.)

Notiamo che α e β (ed in realtà anche k) potrebbero dipendere da p, e forse anche da t se le condizioni esterne (ad esempio, il cibo e/o lo spazio disponibile per la popolazione) cambiano nel tempo.

Supponiamo comunque che le condizioni esterne siano costanti, ed inseriamo nel modello (2) la stessa dipendenza del tasso di natalità dalla popolazione considerata nel caso del modello discreto, ossia $\alpha = \alpha_0 - \alpha_1 p$; supponiamo inoltre, per semplicità di discussione, che k e β siano costanti non solo in t ma anche al variare di $p(t)$. In questo caso la (2) diviene

$$\frac{dp(t)}{dt} = (k\alpha_0 - \beta) \, p(t) - \alpha_1 p^2(t) \; . \tag{3}$$

Procedendo ad un cambio di variabili esattamente analogo a quello considerato nel caso discreto[2], possiamo trasformare l'equazione nella

$$\frac{dx}{dt} = \lambda \, x \, (1 - x) \; . \tag{4}$$

Contrariamente a quanto ci si potrebbe attendere, le soluzioni della (4) *non* sono simili[3] alle soluzioni del corrispondente modello discreto studiato nel capitolo 1.

3.3 Soluzione dell'equazione logistica

L'equazione differenziale (4) può essere integrata per *separazione di variabili* (si veda il relativo complemento matematico) come segue. Iniziamo con lo scriverla nella forma

$$\frac{1}{x(1 - x)} \, dx = \lambda \, dt \; ,$$

ed integriamo ambo i membri. L'integrazione a destra è elementare, mentre quella a sinistra può richiedere l'uso di una tavola degli integrali:

---

[2] Esercizio: effettuare questo cambio di variabili, ossia esprimere x in termini di p.

[3] La ragione di ciò è che il nostro modello è "troppo povero": per equazioni continue indipendenti dal tempo, il caos può apparire solo per dimensione superiore a due.

$$\int \lambda dt = \lambda t + k_1 \ ; \quad \int \frac{1}{x(1-x)} \, dx = \log(x) - \log(x-1) + k_2 \ . \qquad (5)$$

Naturalmente, questi sono integrali indefiniti; noi abbiamo invece bisogno di integrali definiti tra il tempo t_0 (a cui è assegnata la condizione iniziale $x(t_0) = x_0$) ed il tempo t arbitrario.

Dobbiamo quindi scrivere

$$\int_{x_0}^{x} \frac{1}{x'(1-x')} \, dx' \ = \ \int_{t_0}^{t} \lambda \, dt' \ .$$

Usiamo ora gli integrali dati nella (5): l'equazione si riscrive come

$$[\log(x') - \log(x'-1)]_{x_0}^{x} \ = \ [\lambda t']_{t_0}^{t}$$

vale a dire, sostituendo i valori estremali degli intervalli di integrazione,

$$(\log(x) - \log(x-1)) - (\log(x_0) - \log(x_0-1)) \ = \ \lambda(t - t_0) \ . \qquad (6)$$

Notiamo che, essendo x_0 e t_0 delle costanti, i termini $\log(x_0)$, $\log(x_0 - 1)$ e λt_0 sono anch'essi costanti; scriveremo quindi

$$\log(x_0) - \log(x_0 - 1) + \lambda t_0 \ = \ -c_0 \ .$$

In questo modo, la scrittura della (6) diviene più semplice:

$$(\log(x) - \log(x-1)) \ = \ \lambda t + c_0 \ . \qquad (6')$$

Possiamo ora esponenziare ambedue i membri[4], ottenendo

$$e^{(\log(x) - \log(x-1))} \ = \ e^{\lambda t + c_0} \ ;$$

usando le proprietà degli esponenziali e dei logaritmi (e scrivendo per semplicità $c_1 = e^{c_0}$), questa si semplifica:

$$\frac{x}{x-1} \ = \ c_1 \, e^{\lambda t} \ .$$

Ora moltiplichiamo ambo i membri per $(x-1)$, raccogliamo i termini in x e dividiamo per il loro coefficiente; otteniamo così

$$x \ = \ \frac{c_1 \, e^{\lambda t}}{c_1 \, e^{\lambda t} \ - \ 1} \ .$$

Scrivendo $c_2 = c_1^{-1}$ otteniamo infine la soluzione dell'equazione logistica, che risulta essere

$$x(t) \ = \ \frac{1}{1 - c_2 e^{-\lambda t}} \ \equiv \ (1 - c_2 e^{-\lambda t})^{-1} \ . \qquad (7)$$

---

[4] Se $a = b$, allora necessariamente $e^a = e^b$.

Questa può essere descritta anche in un altro modo: esplicitando questa equazione rispetto alla costante c_2, abbiamo che

$$c_2 = e^{\lambda t} [1 - 1/x] .$$

Questo permette di costruire le soluzioni chiedendo che la funzione a destra sia costante.

Notiamo ora che non c'è ragione di ricostruire il valore della costante c_2 seguendo i passaggi fatti finora: possiamo semplicemente notare che conosciamo i valori iniziali di x e di t, dunque deve essere

$$c_2 = e^{\lambda t_0} [1 - 1/x_0] .$$

Se poniamo $t_0 = 0$, l'esponenziale dà semplicemente $e^0 = 1$, e $c_2 = 1 - 1/x_0$. La soluzione può essere scritta anche direttamente in termini di x_0 e λ_0, sostituendo l'espressione per c_2 nella (7):

$$x(t) = \frac{1}{1 - (1 - 1/x_0) \exp[-\lambda(t - t_0)]} . \qquad (8)$$

Si capisce da questa forma che al cambiare di λ non ci saranno veri cambiamenti: aumentare λ è come "far scorrere il tempo più in fretta", dunque semplicemente avremo una dinamica più veloce, ma senza cambiamenti qualitativi. Questo è anche evidenziato dal grafico della soluzione, mostrato nelle figure 1 e 2.

La differenza qualitativa si ha solo a seconda del dato iniziale x_0, in particolare per dati iniziali maggiori o minori di $1/2$; essa però si riduce alla presenza o meno di un punto di flesso, v. la figura 1.

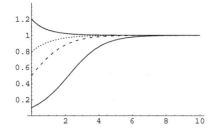
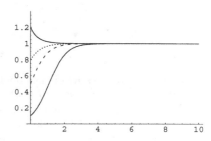

Figura 3.1. Grafico della soluzione (8), con diversi dati iniziali (rispettivamente, $x_0 = 0.1, 0.5, 0.8, 1.2$) per $\lambda = 1$ (sinistra) e per $\lambda = 2$ (destra)

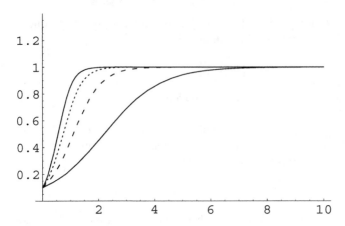

Figura 3.2. Grafico della soluzione (8) con $x_0 = 0.1$ per diversi valori di λ (dal basso in alto, $\lambda = 1, 2, 3, 4$).

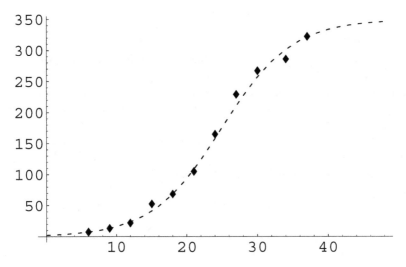

Figura 3.3. Crescita di una popolazione di *Drosophila*; elaborazione grafica a partire da A.J. Lotka, *Elements of Mathematical Biology*, Dover 1956. I punti rappresentano i dati sperimentali; la curva tratteggiata è un fit con la legge di crescita logistica $p(t) = \alpha/(1 - \beta e^{-\lambda t})$ in cui i valori dei parametri (scelti in corrispondenza del miglior fit) sono $\alpha \simeq 349.33$, $\beta \simeq -158.73$, $\lambda \simeq 0.203$.

4

Altre applicazioni della crescita esponenziale

La crescita (o decrescita) esponenziale, governata da equazioni del tipo

$$\frac{dx}{dt} = \pm k\,x + P\,,$$

si presenta in una enorme varietà e quantità di fenomeni.

In questo capitolo consideriamo tre semplici applicazioni; un'altra applicazione (un modello per l'AIDS) era stata considerata nell'Introduzione.

4.1 Il Carbonio 14

Il carbonio è un costituente essenziale dell'atmosfera; di solito esso si presenta nella forma C_{12}, ma una piccola percentuale del carbonio presente nell'atmosfera è nella forma[1] radioattiva C_{14}.

Con la respirazione (per gli animali) o la fotosintesi clorofilliana (per i vegetali), questa viene fissata nei viventi, con una concentrazione x_0 di circa una parte su 750 miliardi, vale a dire

$$x_0 = 1.33 \cdot 10^{-12}\,.$$

Alla morte dell'animale o della pianta, la fissazione di C_{14} nei tessuti si arresta. Come tutti gli elementi radioattivi, il C_{14} decade spontaneamente nell'isotopo stabile, in questo caso C_{12}, con una frequenza caratteristica. La concentrazione $x(t)$ di C_{14} in un tessuto organico non più vivente segue la legge

$$x(t) = e^{-k(t-t_0)}\,x(t_0) \tag{1}$$

---

[1] Gli atomi dell'isotopo C_{14} si creano a seguito del bombardamento di raggi cosmici a cui è sottoposta l'atmosfera; si ritiene che il flusso di raggi cosmici – e dunque il tasso di creazione di C_{14}, e la percentuale di C_{14} nell'atmosfera – si possa considerare costante, per lo meno sulla scala di tempi a cui siamo interessati.

dove t_0 rappresenta il tempo della morte dell'animale o della pianta; ed è noto che il tempo di dimezzamento, che denoteremo con t_*, per il C_{14} è di circa 5570 anni.

Vogliamo innanzitutto valutare k a partire da questo dato. Il tempo t_* è quello per cui $x(t_*) = (1/2)x(t_0)$; dalla (1),

$$x(t_*) \ = \ e^{-kt_*} x_0 \ = \ (1/2)x_0 \ .$$

Dunque $\exp(-kt_*) = 1/2$, ovvero

$$k\,t_* \ = \ \log(2) \ \simeq \ 0.693 \ .$$

Da questa segue che nel caso in esame

$$k = \log(2)/t_* \simeq 0.693/5570 = 1.24 \cdot 10^{-4} \ (\text{anno})^{-1} \ .$$

Questa proprietà del Carbonio è usata per datare dei materiali di origine biologica (ad esempio, i papiri o le bende delle mummie egiziane; il fasciame di navi; scheletri di sepolture preistoriche, etc. etc.).

Supponiamo infatti di aver determinato che la concentrazione attuale (tempo t_1) di C_{14} in un tessuto sia x_1. Dalla (1) sappiamo che

$$x_1 \ = \ e^{-k(t_1-t_0)} \, x(t_0)$$

ovvero che

$$t_1 - t_0 \ = \ \frac{\log(x_0/x_1)}{k} \ . \tag{2}$$

Questa relazione determina il tempo $t_1 - t_0$ passato dalla produzione del tessuto.[2]

4.2 Livello di glucosio

Passiamo ora ad una applicazione di tipo assai diverso. Consideriamo un paziente a cui viene somministrato glucosio attraverso una fleboclisi, ed indichiamo con $x(t)$ la concentrazione di glucosio nel sangue del paziente al tempo t.

Attraverso la fleboclisi giungono nel sangue del paziente R mg per secondo per litro di sangue.

Il glucosio viene metabolizzato – o comunque eliminato dal sangue – con una velocità proporzionale alla sua concentrazione x, ossia per ogni unità di tempo viene eliminata una quantità Kx di glucosio, proporzionale alla concentrazione attraverso una costante K.

---

[2] Ad esempio, se $x_1 = 10^{-12}$, abbiamo $t_1 - t_0 = k^{-1}\log(1.33) = (0.285/1.24) \cdot 10^4$ anni $\simeq 2.300$ anni.

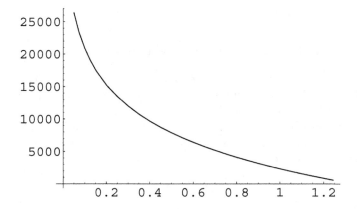

Figura 4.1. Metodo del Carbonio 14. Grafico della funzione (2); questa fornisce l'età (in anni) del campione in funzione della concentrazione di C_{14} (qui fornita in unità di 10^{-12}).

Scriviamo quindi l'equazione per la variazione temporale di $x(t)$ nella forma

$$\frac{dx}{dt} = R - K x \, . \qquad (3)$$

Vogliamo ora determinare l'andamento di x in funzione di t, sapendo che all'istante $t = 0$ in cui inizia la fleboclisi il livello era $x(0) = x_0$.

Per fare ciò, usiamo la soluzione generale della (3), che è una equazione lineare con termine omogeneo costante: dunque, come discusso nel complemento matematico E (e come il lettore è invitato a verificare per esercizio),

$$x(t) = c_0 \, e^{-Kt} + (R/K) \, .$$

Al tempo $t = 0$, abbiamo

$$x(0) = c_0 + R/K = x_0$$

e quindi la costante c_0 vale

$$c_0 = x_0 - R/K \, .$$

In altre parole, la soluzione della (3) che soddisfa la condizione iniziale $x(0) = x_0$ è

$$x(t) = x_0 \, e^{-Kt} + \frac{R}{K} \left(1 - e^{-Kt} \right) \, . \qquad (4)$$

Per $t \to \infty$, gli esponenziali vanno a zero ed avremmo[3]

---

[3] Naturalmente l'equazione (3) è valida finché dura la fleboclisi; parlare di limite per $t \to \infty$ in questo caso significa estrapolare la soluzione oltre il tempo per cui l'equazione può essere valida per descrivere la situazione che stiamo considerando.

$$\lim_{t \to \infty} x(t) = R/K \ .$$

Raggiungimento di un livello di glucosio determinato

Poniamoci ora un problema pratico: se il paziente ha un livello di glucosio x_0 ed il medico vuole portare questo ad un livello $x_m > x_0$, per quanto tempo è necessario tenere il paziente sotto fleboclisi (per R e K date)?

Per rispondere, basta utilizzare la (4): dobbiamo richiedere qual è t_* tale che $x(t_*) = x_m$ (ricordiamo che nella (4) il tempo $t = 0$ rappresenta l'inizio della fleboclisi). Dunque, dobbiamo risolvere

$$(x_0 - R/K)\,e^{-Kt} + R/K = x_m$$

vista come una equazione per t. Questa naturalmente si riscrive anche, con successivi passaggi, come

$$(x_0 - R/K)\,e^{-Kt} = x_m - R/K \ ,$$
$$e^{-Kt} = [(x_m - R/K)/(x_0 - R/K)] \ ,$$
$$-Kt = \log[(x_m - R/K)/(x_0 - R/K)] = [\log(x_m - R/K) - \log(x_0 - R/K)] \ ,$$
$$t = (1/K)\,[\log(x_0 - R/K) - \log(x_m - R/K)] \ .$$

La risposta è dunque

$$t_* = \frac{1}{K}\,\log\left[\frac{x_0 - R/K}{x_m - R/K}\right] \ .$$

Ritorno al livello iniziale

Poniamoci ora un altro problema pratico: se il paziente di cui sopra viene sottoposto a fleboclisi per un tempo T, quanto tempo impiega il suo livello di glucosio, dopo il termine della fleboclisi, a tornare al livello che aveva quando si è iniziata la somministrazione?

Indichiamo con x_1 il livello del glucosio quando termina la fleboclisi. Dalla soluzione generale (4), al tempo T avremo

$$x(T) = x_1 = x_0\,e^{-KT} + \frac{R}{K}\,(1 - e^{-KT}) \ .$$

a partire da questo tempo, cessa la somministrazione di glucosio, e quindi dobbiamo porre $R = 0$ nella (3), che così diviene semplicemente

$$dx/dt = -Kx \qquad\qquad (3')$$

la cui soluzione sarà (ricordiamo che $t > T$)

$$x(t) = c_1 e^{-Kt} \ .$$

Richiedendo ora che $x(T) = x_1$, avremo

$$x(t) = x(T) e^{-K(t-T)} . \tag{5}$$

Quindi, riassumendo,

$$x(t) = \begin{cases} x_0 e^{-Kt} + \frac{R}{K} \left(1 - e^{-Kt}\right) & \text{per } 0 < t < T , \\ x(T) e^{-K(t-T)} & \text{per } t > T . \end{cases}$$

Per rispondere alla nostra domanda, dobbiamo trovare qual è $t > T$ tale che $x(t) = x_0$, ossia risolvere (per t) l'equazione

$$x(T) e^{-K(t-T)} = x_0 .$$

Ricordando che $x(T) = x_1$, riscriviamo questa come

$$e^{-K(t-T)} = x_0/x_1 ,$$

e procedendo come al solito all'estrazione dei logaritmi abbiamo

$$(t - T) = -(1/K) \log(x_0/x_1) ,$$

ossia

$$t = T + (1/K) \log(x_1/x_0) . \tag{6}$$

Ricordiamo che x_1 è un numero che è stato calcolato in precedenza; è più comodo esprimere la risposta come sopra, ma è possibile inglobare in questa l'espressione per x_1. In questo modo otteniamo

$$t = (1/K) \left[\log\left(1 + (R/(Kx_0))\right) + \log\left(e^{KT} - 1\right)\right] . \tag{7}$$

Notiamo infine che avremmo potuto anche sostituire l'espressione per x_1 direttamente nella (5), come facciamo ora (per esercizio). Riscrivendo $x(T)$ come

$$x(T) = x_0 e^{-KT} \left[1 + \frac{R}{Kx_0} \left(e^{KT} - 1\right)\right] ,$$

la (12) diviene

$$x_0 e^{-KT} \left[1 + \frac{R}{Kx_0} \left(e^{KT} - 1\right)\right] = e^{K(t-T)} x_0 ,$$
$$\left[1 + (R/(Kx_0)) \left(e^{KT} - 1\right)\right] = e^{Kt} ,$$
$$Kt = \log\left[1 + (R/(Kx_0)) \left(e^{KT} - 1\right)\right] ,$$
$$t = (1/K) \log\left[1 + (R/(Kx_0)) \left(e^{KT} - 1\right)\right] .$$

In conclusione, come già detto, il tempo richiesto è fornito dalla (7).

Problema 1. Nelle figure 1 e 2 sono mostrati i grafici di $x(t)$ per differenti valori di K ed R, normalizzati in modo che $x = 1$ corrisponda all'equilibrio (soluzione della (4) per $t \to \infty$) e con dato iniziale corrispondente al 20 per cento del valore di equilibrio. Come varia il rapporto tra velocità di salita del glucosio e velocità della sua diminuzione a fleboclisi terminata ?

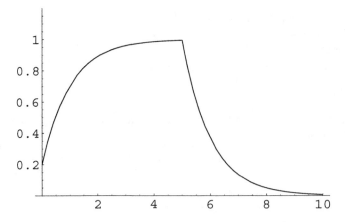

Figura 4.2. Livello di glucosio. Grafico di $x(t)$ con $K = R = 1$, $x_0 = 0.2$. La fleboclisi è mantenuta per un tempo $T = 5$; in questo periodo $x(t)$ è descritta dalla (4). Successivamente, il livello decade esponenzialmente come descritto dalla (5).

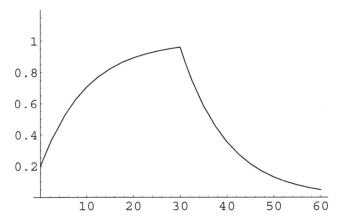

Figura 4.3. Livello di glucosio. Grafico di $x(t)$ con $K = 0.1$ e $R = 1$, con $x_0 = 2$. Il grafico è normalizzato in modo da avere l'equilibrio per $x = 1$. La fleboclisi è mantenuta per un tempo $T = 30$.

4.3 Digestione nei ruminanti

Abbiamo considerato fenomeni descritti da una singola equazione lineare; è anche possibile avere sistemi descritti da più equazioni differenziali lineari accoppiate.

Nel problema che consideriamo ora vi sono due equazioni accoppiate; è dunque il nostro primo incontro con un sistema di equazioni differenziali. Però, in questo semplice caso possiamo risolverle una alla volta, dunque senza nessuna difficoltà aggiuntiva rispetto ai casi fin qui considerati.

Consideriamo il sistema digestivo di un ruminante, che scomponiamo in tre parti: *rumine, abomaso* ed *intestino*. Indichiamo rispettivamente con $r(t)$, $u(t)$ e $j(t)$ la quantità di cibo presente in ognuno di questi al tempo t.

Quando il cibo è stato tutto ingerito, ma il processo digestivo non è ancora iniziato (indichiamo il momento dell'inizio della digestione con $t_0 = 0$), abbiamo $r(0) = r_0$, $u(0) = j(0) = 0$.

Supponiamo che, una volta iniziato il processo digestivo, la velocità a cui il cibo è estratto dal rumine sia proporzionale alla quantità di cibo presente nel rumine stesso, ossia

$$dr/dt \ = \ -kr \ .$$

Nella seconda parte del sistema digestivo, l'abomaso, entra il cibo estratto dal rumine, dunque kr; d'altra parte, il cibo ne viene estratto (per essere trasferito all'intestino) in una quantità che supporremo proporzionale ad $u(t)$ con una costante di proporzionalità $q \neq k$, per unità di tempo. Abbiamo quindi

$$du/dt \ = \ kr - qu \ .$$

L'intestino riceve la stessa quantità di cibo che lascia l'abomaso, ossia

$$dj/dt = qu \ .$$

Ovviamente, la quantità totale di cibo è costante[4], cosicché una volta conosciuti $r(t)$ ed $u(t)$ conosciamo anche $j(t)$: possiamo quindi limitarci a considerare le prime due equazioni, vale a dire il sistema

$$\begin{cases} dr/dt \ = \ -kr \ , \\ du/dt \ = \ kr - qu \ . \end{cases} \tag{8}$$

La prima di queste non dipende dal valore di u, ed ha soluzione

$$r(t) \ = \ r_0 \, e^{-kt} \ . \tag{9}$$

Introducendo questa nella seconda delle (8), otteniamo una equazione lineare a coefficienti costanti con un termine non autonomo:

$$\frac{du}{dt} \ = \ kr_0 e^{-kt} - qu \ . \tag{10}$$

Secondo la nostra regola generale (si veda il complemento matematico E), la soluzione di questa sarà della forma

$$u(t) \ = \ c_0 \, e^{-qt} \ + \ v(t) \ ,$$

dove c_0 è una costante arbitraria e $v(t)$ è una soluzione particolare della (10). Cerchiamo questa nella stessa forma del termine non omogeneo, ossia poniamo

$$v(t) \ = \ v_0 \, e^{-kt} \ .$$

---

[4] In effetti, possiamo controllare che $r' + u' + j' = 0$ nelle nostre equazioni.

Inserendo questa espressione nella (10), otteniamo

$$-kv_0\, e^{-kt}\;=\;kr_0\, e^{-kt}\;-\;qv_0\, e^{-kt}\;.$$

Eliminando l'esponenziale (e ricordando che abbiamo supposto $q \neq k$), questa si riduce con passaggi successivi a

$$-kv_0\;=\;kr_0 - qv_0\;,$$
$$(q - k)\, v_0\;=\;kr_0\;,$$
$$v_0\;=\;k\, r_0\, /\, (q - k)\;.$$

Quindi la soluzione della (10) è

$$u(t)\;=\;c_0\, e^{-qt}\;+\;\frac{kr_0}{(q - k)}\, e^{-kt}\;. \tag{11}$$

Notiamo ancora che da $u(0) = 0$ segue che

$$u(0)\;=\;c_0\;+\;\frac{kr_0}{(q - k)}\;=\;0$$

e quindi $c_0 = -kr_0/(q - k)$. In conclusione, inserendo questa nella (11),

$$u(t)\;=\;\frac{kr_0}{(q - k)}\left(e^{-kt} - e^{-qt}\right)\;. \tag{12}$$

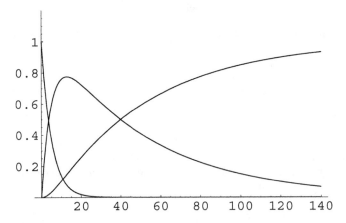

Figura 4.4. Digestione nei ruminanti. Andamento delle curve $r(t)$, $u(t)$ ed $I(t)$ normalizzate con $r_0 = 1$ al variare di t per $k = 0.2$, $q = 0.07$.

Problema 2. Identificare, nella figura 4, quale curva si riferisce a $r(t)$, quale ad $u(t)$, e quale ad $I(t)$.

Problema 3. Ci interessa sapere qual è la quantità massima di cibo $U = \beta r_0$ (o meglio quale percentuale massima β di r_0) che viene a trovarsi nell'abomaso nel corso del processo. Determinare questa in funzione dei parametri del modello. [*Suggerimento*: Si ricorda che il punto di massimo per $u(t)$ è identificato dalla condizione $u'(t) = 0$]

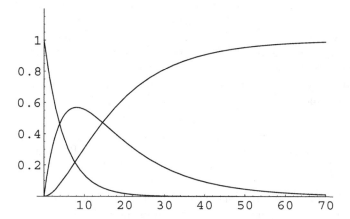

Figura 4.5. Come la figura 4, ma ora con $k = 0.2$, $q = 0.02$.

4.4 Altre applicazioni

Proponiamo al lettori delle altre applicazioni della crescita esponenziale, sotto forma di problemi che si risolvono formulando un modello non dissimile da quelli considerati in questo capitolo.

Le soluzioni sono riportate nel seguito, ma il lettore è molto caldamente invitato a non consultarle prima di aver tentato di trovare la soluzione per suo conto.

Problema 4. Consideriamo un processo di accrescimento cellulare, che descriveremo come segue: al tempo iniziale t_0 la cellula ha massa $m_0 = M/2$; in seguito essa crsce secondo la legge

$$\frac{dm}{dt} = \alpha \, m(t) \tag{13}$$

fino a raggiungere la massa $m(t) = M$; a questo punto la cellula si suddivide in due cellule (impiegando in questo processo un tempo T_r); ognuna delle due cellule segue un processo di accrescimento descritto ancora dalla (13). Si chiede di calcolare la massa totale delle cellule originate dalla cellula iniziale ad un tempo $t > 0$ nei seguenti casi: (*a*) Per $t < T_0$, dove T_0 è il tempo della prima scissione cellulare (si richiede anche di calcolare detto T_0); (b) Per $t > 0$ arbitrario, assumendo per semplicità di poter considerare l'approssimazione $T_r = 0$; (c) Per $t > 0$ arbitrario, tenendo conto che T_0 è positivo.

Problema 5. Consideriamo un tessuto vivente esposto all'azione di radiazioni ionizzanti. Supponiamo che al tempo iniziale t_0 vi siano n_0 cellule (sane) nel tessuto, e che il flusso di radiazioni corrisponda a D particelle ionizzanti per secondo. Una cellula che interagisca con una particella ionizzante muore con una probabilità p, e la probabilità che una particella ionizzante abbia interazione con una qualche cellula nell'attraversare il tessuto è k, cosicché la probabilità che una cellula muoia per questo effetto in una unità di tempo è proporzionale al numero di cellule tramite un fattore di proporzionalità $\beta = kp$. Abbiamo dunque

$$\frac{dn}{dt} = -\beta n(t) \ . \tag{14}$$

Si chiede di calcolare: (a) Il valore di $n(t)$ dopo un tempo t; (b) Il tempo t_1 dopo cui $n(t) = n_0/2$; (c) Il tempo t_2 dopo cui $n(t) = n_0/16$.

Problema 6. Una popolazione evolve sia attraverso processi di nascita e morte che attraverso fenomeni di migrazione. Assumiamo che vi sia un tasso di natalità α ed un tasso di mortalità β (indipendenti dalla taglia della popolazione), ed un tasso migratorio (individui che giungono nella popolazione dall'esterno per unità di tempo) ν, cosicché

$$\frac{dp}{dt} = \alpha p - \beta p + \nu \ . \tag{15}$$

Determinare la taglia $p(t)$ della popolazione al tempo t in funzione della popolazione p_0 al tempo iniziale t_0.

Problema 7. Un corpo a temperatura T in contatto con un ambiente esterno a temperatura T_0 modifica la sua temperatura secondo la legge

$$\frac{dT}{dt} = -k \ (T - T_0) \ . \tag{16}$$

Consideriamo due tazzine di caffé a temperatura $T = 60C$ in un bar a temperatura $T_0 = 20C$. Per una, attendiamo un tempo δ e poi provvediamo a zuccherarla; per l'altra provvediamo immediatamente a zuccherarla e poi attendiamo un tempo δt. Quale delle due avrà la temperatura più alta ?
[NB: Lo scioglimento dello zucchero assorbe una certa quantità di calore, e porta quindi ad un cambiamento di temperatura ΔT, che si assume essere indipendente dalla temperatura a cui si trova il caffé.]

Soluzioni

Soluzione del Problema 4. L'equazione (13) ha soluzione

$$m(t) = e^{\alpha t} m_0 . \qquad (17)$$

Questa permette di rispondere alle varie questioni. (a) Il tempo T_0 si ottiene chiedendo che $m(T_0) = M = 2m_0$, ossia $2 = \exp(\alpha T_0)$. Questa significa $\alpha T_0 = \log(2)$, ovvero $T_0 = (1/\alpha)\log(2)$. Per $t < T_0$ abbiamo, dalla (17) e dal dato iniziale, $m(t) = (M/2)e^{\alpha t}$ (per $0 \le t \le T_0$). (b) Se il tempo di divisione è nullo, al tempo t la cellula si sarà divisa e replicata $N = [t/T_0]$ volte, dove le parentesi quadre indicano la parte intera. Inoltre, l'ultima divisione si sarà prodotta al tempo NT_0, e dunque al tempo t è passato un tempo $\tau = t - [t/T_0]T_0$ dall'ultima divisione. Vi sono dunque 2^N cellule, ognuna delle quali ha una massa m data dalla (17) con $t = \tau$, ovvero

$$m_{tot}(t) = 2^{[t/T_0]} \left(\frac{M}{2} \right) \exp(-\alpha\tau) .$$

(c) Se il tempo di divisione non è nullo, si può procedere come sopra. Ora avremo $T_1 = T_0 + T_r$, e per la singola cellula vale

$$\mu(t) = \begin{cases} (M/2)\exp(-\alpha t) & 0 \le t \le T_0 \ , \\ M & T_0 \le t \le T_1 \ . \end{cases}$$

Vi sono $N = [t/T_1]$ cellule, ed è passato un tempo $\tau = t - NT_1$ dall'ultima divisione, quindi

$$m_{tot} = 2^N (M/2)\,\mu(t) .$$

Soluzione del Problema 5. Si tratta di un problema elementare. (a) L'equazione per $n(t)$ ha soluzione $n(t) = e^{-\beta t} n_0$. (b) E' il tempo per cui $e^{-\beta t} = 1/2$, ossia $t_1 = -(1/\beta)\log(1/2) = (1/\beta)\log(2)$. (c) Come sopra: è il tempo per cui $e^{-\beta t} = 1/16 = 1/2^4$, ossia $t_2 = -(1/\beta)\log(1/2^4) = (1/\beta)\log(2^4) = 4t_1$.

Soluzione del Problema 6. Scriviamo $k = \alpha - \beta$, cosicché l'equazione per $p(t)$ si riscrive $dp/dt = kp + \nu$. Una soluzione particolare è data da $p(t) = \hat{p} := -\nu/k$. L'omogenea associata ha soluzione generale $p(t) = e^{kt} c_0$, e dunque la più generale soluzione dell'equazione completa sarà $p(t) = e^{kt} c_0 - \nu/k$. Al tempo $t = t_0$ abbiamo $p(t_0) = c_0 - \nu/k$, ossia $c_0 = p_0 + \nu/k$; dunque

$$p(t) = e^{k(t-t_0)}(p_0 + \nu/k) - \nu/k .$$

Soluzione del Problema 7. Scriviamo $\theta := (T - T_0)$; l'equazione $dT/dt = -k(T - T_0)$ si riscrive come $d\theta/dt = -k\theta$, che ha soluzione

$$\theta(t) = e^{-kt}\theta_0 .$$

Questa si può anche riscrivere in termini di T (attenzione a non fare confusione tra $T(0)$, temperatura del corpo al tempo iniziale, e T_0, temperatura dell'ambiente esterno !) come

$$T(t) \;=\; T_0 \;+\; e^{-kt}\left(T(0) - T_0\right) .$$

Nel primo caso (raffreddamento e poi zuccheramento) abbiamo che la temperatura scende fino a $T(\delta)$ e poi ulteriormente di ΔT, dunque raggiungiamo una temperatura

$$T_1 \;=\; T_0 \;+\; e^{-k\delta}\left(T(0) - T_0\right) \;-\; \Delta T .$$

Nel secondo caso (zuccheramento e poi raffreddamento) il processo di raffreddamento inizia ad una temperatura $\widehat{T}(0) = T(0) - \Delta T$, e dunque abbiamo

$$T_2 \;=\; T_0 \;+\; e^{-k\delta}\left(T(0) - \Delta T - T_0\right) .$$

Eliminando i termini identici nelle due formule, risulta che

$$T_2 - T_1 \;=\; \left(1 - e^{-k\delta}\right)\Delta T \;;$$

dato che k e δ sono ambedue positivi, l'esponenziale è sempre minore di uno, ossia $T_2 - T_1 > 0$: la tazzina subito zuccherata ha una temperatura maggiore. (Ricordiamo che questo è vero solo quando anche l'altra tazzina viene zuccherata).

5

Altre applicazioni semplici del modello logistico

Come succede spesso nelle scienze, le stesse equazioni si prestano a descrivere modelli che appaiono in ambiti piuttosto diversi; ciò vale non solo per la legge esponenziale. In questo capitolo descriveremo alcuni modelli per cui appaiono nuovamente le stesse equazioni che abbiamo esaminato come modello continuo di crescita (logistica) di una popolazione, o una loro leggera generalizzazione.

5.1 Diffusione di una infezione

Consideriamo un primo modello, molto semplice, per la diffusione di una malattia infettiva in una popolazione chiusa composta da N individui.

Faremo varie ipotesi semplificatrici:

- Tutti gli individui sono egualmente esposti all'infezione;
- Tutti gli individui infetti sono egualmente contagiosi;
- La malattia si trasmette per contagio diretto con una certa probabilità μ ad ogni contatto tra un infetto ed un non-infetto;
- Una volta infettato, un individuo è immediatamente contagioso e resta infetto – e dunque contagioso – per tutta la durata di tempo in cui studiamo il fenomeno;
- Il fatto di essere infetto non modifica le abitudini dei portatori, ed in particolare non riduce oltre misura la frequenza dei contatti con i non-infetti.

Dunque, il nostro modello si applica ad esempio ad una infezione asintomatica (per lo meno per il tempo T su cui studiamo la diffusione dell'infezione); o ad una infezione che lo sia almeno per un tempo sufficente a trasmetterla (come avviene ad esempio per la varicella; o anche per malattie ben più gravi).

Segue dalla descrizione precedente che il numero di nuovi infetti per unità di tempo sarà proporzionale (attraverso la costante μ) al numero di contatti tra portatori e non-portatori dell'infezione.

Se indichiamo con $p(t)$ il numero di infetti e con $q(t)$ il numero di non infetti (ovviamente, $p + q = N$), il numero ν di contatti tra infetti e non-infetti per unità di tempo sarà proporzionale al prodotto pq con una costante di proporzionalità k, cioè $\nu = kpq$.

Ogni contatto tra un infetto ed un non infetto porta al contagio di quest'ultimo con una probabilità μ.

Avremo dunque (con $\alpha = k\mu$)

$$\frac{dp}{dt} = k\mu\, p\, q := \alpha\, p\, q\ .$$

Dato che $p + q = N$, possiamo scrivere $q(t) = N - p(t)$, e dunque l'equazione precedente diventa

$$\frac{dp}{dt} = \alpha\, p\, (N - p)\ . \tag{1}$$

E' conveniente considerare, anziché p (il numero di infetti), la quantità $x = p/N$, che rappresenta la percentuale di infetti nella popolazione. Ciò significa scrivere

$$p(t) = N\, x(t)\ ,$$

col che la nostra equazione diviene (ricordando che N è costante, e che la derivata di una costante è zero)

$$N\frac{dx}{dt} = \alpha\, N\, x\, (N - Nx) = \alpha N^2\, x\, (1 - x)\ .$$

Dividendo ambo i membri per N, e scrivendo $A = \alpha N$, abbiamo dunque

$$\frac{dx}{dt} = A\, x\, (1 - x)\ ; \tag{2}$$

questa è proprio l'equazione logistica studiata nel capitolo 3.

La curva logistica descrive in questo caso la percentiale di infetti al variare del tempo: vediamo che quando quasi tutta la popolazione è infetta, il numero di nuovi infetti cresce molto lentamente (così come quando pochissimi sono gli infetti). Ciò è dovuto alla bassa probabilità di incontro tra infetti e non infetti: quando quasi tutta la popolazione è infetta, quasi tutti gli incontri avverranno tra infetti (e quando quasi tutta la popolazione è non infetta, quasi tutti gli incontri saranno tra non infetti).

Ricordiamo che la soluzione generale della (2), come visto nel capitolo 3, è data da

$$x(t) = \frac{1}{1 + c_0 \exp(-At)} \tag{3}$$

con c_0 una costante arbitraria. In termini di $x(0)$, abbiamo $(1 + c_0)x_0 = 1$, e dunque

$$c_0 = (x_0)^{-1} - 1\ :$$

pertanto, la (3) si riscrive come

$$x(t) = \frac{e^{At}x_0}{(1 - x_0) + e^{At}x_0} \cdot \tag{4}$$

Se supponiamo che al tempo $t = 0$ vi sia un solo individuo infetto, ossia $x(0) = 1/N$, otteniamo

$$x(t) = \frac{e^{At}}{(N - 1) + e^{At}} = \frac{1}{1 + (N - 1)e^{-At}} \cdot \tag{5}$$

Predizione dello sviluppo dell'epidemia

Immaginiamo che l'esistenza della malattia diventi nota quando essa raggiunge il 5% della popolazione; possiamo predirre lo sviluppo dell'epidemia, ad esempio sapere quando il 50% della popolazione sarà infetto, o quando il 90% lo sarà ?

No, a meno di non sapere quando il primo infetto è apparso. Se però abbiamo due misure dell'infezione – ad esempio sappiamo che l'infezione ha raggiunto il 5% della popolazione ad un tempo τ_0 ed il 10% ad un tempo τ_1, conosciamo esattamente la soluzione (5).

Infatti, non sappiamo quanto vale τ_1 ponendo l'origine dei tempi a $t = 0$, ma conosciamo la differenza $\tau_2 - \tau_1$.

Invertendo la (5), ossia usandola per esprimere t in funzione di x, abbiamo

$$x \left[1 + (N - 1)e^{-At}\right] = 1 \ ,$$
$$(N - 1)\, e^{-At} = (1/x) - 1 = \frac{1-x}{x} \ ,$$
$$e^{-At} = \frac{1-x}{(N-1)x} \ ,$$
$$-At = \log\left[1 - x/((N - 1)x)\right] \ ,$$
$$t = \left[\log((N - 1)x) - \log(1 - x)\right]/A \ .$$

Notiamo che N è nota, ma A – che misura la velocità di contagio – va determinata da un'indagine epidemiologica.

Per fissare le idee, supponiamo che $N = 10.000$. Dunque, per $x = 0.05$ e $x = 0.10$, sarà

$$t(0.05) = A^{-1}6.2658 \ ; \ \ t(0.10) = A^{-1}7.01302 \ .$$

Dato che $t(0.10) - t(0.05) = \tau_2 - \tau_1 = \delta\tau$ è una quantità nota, possiamo scrivere

$$A^{-1}(7.01302 - 6.2658) = \delta\tau \ ,$$

vale a dire

$$A = \frac{0.7472}{\delta\tau} \cdot$$

Avendo determinato A (dall'osservazione di "dati sperimentali"; in realtà dalla stima di risultati epidemiologici), possiamo applicare la formula

$$t = \left[\frac{\log((N - 1)x) - \log(1 - x)}{A}\right]$$

per sapere quando sarà $x = 0.5$ o $x = 0.9$. Abbiamo infatti (sempre per $N = 10.000$)

$$t(0.5) = \frac{9.2102}{A} \simeq 12.33\,(\delta\tau) \quad ; \quad t(0.9) = \frac{11.4075}{A} \simeq 15.27\,(\delta\tau)\ .$$

5.2 Autocatalisi

Come ben noto, in alcune reazioni chimiche si ha il fenomeno della *autocatalisi*: il prodotto della reazione agisce come catalizzatore della reazione stessa. Vale a dire che abbiamo ad esempio, per A che agisce come catalizzatore nella trasformazione $B \to A + C$,

$$A + B \to 2A + C\ .$$

Denotiamo con $y(t)$ la concentrazione di A al tempo t (con $y(t_0) = a \neq 0$ per poter iniziare la reazione), e sia $\beta(t)$ la concentrazione di B, con $\beta(t_0) = b$.

Ovviamente, dato che per produrre una molecola di A dobbiamo usare una molecola di B, avremo che

$$y(t) + \beta(t) = \text{costante} = a + b = c\ .$$

La velocità di reazione sarà proporzionale alla concentrazione di A ed alla concentrazione di B, ossia avremo

$$\frac{dy}{dt} = k\,y\,\beta\ ;$$

usando la relazione precedente, scriviamo $\beta = c - y$ e quindi

$$\frac{dy}{dt} = k\,y\,(c - y)\ .$$

Passando alla variabile $x = y/c$ (che rappresenta la frazione di $y(t)$ rispetto alla quantità totale dei reagenti presente inizialmente – che ovviamente è anche la massima quantità di A che sarà ottenibile dalla reazione), ossia scrivendo

$$y = cx$$

l'equazione per y si riscrive come equazione per x nella forma della equazione logistica:

$$\frac{dx}{dt} = k\,x\,(1 - x)\ .$$

Ricordiamo che la soluzione di questa con dato iniziale $x(0) = x_0$ è

$$x(t) = \frac{e^{kt}x_0}{(1 - x_0) + e^{kt}x_0}\ . \tag{6}$$

Nel nostro caso, $x_0 = y_0/c = a/(a+b)$, e dunque la soluzione (6) si scrive

$$x(t) = \frac{a\,e^{kt}}{(a+b)\left(1 - \frac{a}{a+b} + \frac{a\,e^{kt}}{a+b}\right)} = \frac{a\,e^{kt}}{b + a\,e^{kt}}$$

che si scrive anche come

$$x(t) = \frac{1}{1 + (b/a)e^{-kt}}.$$

Per ottenere la $y(t)$, basta ricordare che $y(t) = cx(t) = (a+b)x(t)$:

$$y(t) = \frac{a+b}{1 + (b/a)e^{-kt}}.$$

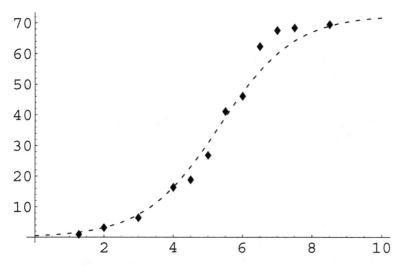

Figura 5.1. Attivazione autocatalitica del tripsinogeno cristallino, elaborazione grafica da J.H. Northrop, M. Kunitz and R.M. Herriot, *Crystalline enzymes*, Cambridge UP 1948. I punti rappresentano le misure sperimentali; la curva tratteggiata è un fit con una curva logistica $y = \alpha/(1 - \beta e^{-\lambda t})$ dove $\alpha \simeq 72.56$, $\beta \simeq -193.94$, e $\lambda = 0.933$ (il tempo è misurato in ore).

5.3 Un'estensione dell'equazione logistica

Il modello logistico continuo è descritto dall'equazione differenziale (1), (2). Vediamo ora una leggera generalizzazione di questa, ossia l'equazione[1]

---

[1] Che può essere trasformata nell'equazione logistica attraverso il cambio di variabili $y = x + \lambda$; vogliamo comunque considerare questa forma più generale per completezza.

$$\frac{dy}{dt} = K\,(\lambda - y)\,(\mu - y) \tag{7}$$

in cui supponiamo[2] $\lambda \neq \mu$.

Seguendo la procedura generale per integrare equazioni separabili, riscriviamo la (7) come

$$\frac{dy}{(\lambda - y)(\mu - y)} = K\,dt \ . \tag{7'}$$

Dalle tavole degli integrali otteniamo che

$$\int \frac{1}{(\lambda - y)(\mu - y)}\,dy = \frac{\log(y - \lambda) - \log(y - \mu)}{\lambda - \mu}$$

e dunque la soluzione della (7) si scriverà come

$$y(t) = \lambda \left(1 + \frac{\mu - \lambda}{\lambda - \mu \exp[K(\mu - \lambda)t]}\right) \ . \tag{8}$$

Infatti, integrando la (7') e poi usando le proprietà dei logaritmi, abbiamo[3] con successivi passaggi

$$[\log(y - \lambda) - \log(y - \mu)]/(\lambda - \mu) = Kt + c_0 \ ,$$
$$\log\left[(y - \lambda)/(y - \mu)\right] = (\lambda - \mu)Kt + \log c_1 \ ,$$
$$(y - \lambda)/(y - \mu) = c_1 \,\exp[(\lambda - \mu)Kt] \ ,$$
$$y - \lambda = (y - \mu)\,c_1 \,\exp[(\lambda - \mu)Kt] \ ,$$
$$y\,(1 - c_1 \,\exp[(\lambda - \mu)Kt]) = \lambda - \mu c_1 \,\exp[(\lambda - \mu)Kt] \ ,$$
$$y = \left(\lambda - \mu c_1 \,e^{(\lambda - \mu)Kt}\right) \Big/ \left(1 - c_1 \,e^{(\lambda - \mu)Kt}\right) \ .$$

5.4 Cinetica chimica

Vediamo ora come l'equazione (5) entra nella descrizione della cinetica chimica al di là delle reazioni auto-catalitiche. Consideriamo una reazione

$$A + B \rightarrow C + D$$

e siano λ e μ le concentrazioni iniziali dei reagenti A e B (con $\lambda \neq \mu$); poniamo uguale a zero la concentrazione iniziale dei prodotti C e D.

Durante la reazione, il numero di molecole di A e quello di B diminuisce esattamente della stessa quantità, dato che entrano a far parte dei prodotti della reazione combinandosi in numero uguale. Dunque, se $x(t)$ è la concentrazione dei prodotti C e D della reazione, le concentrazioni $\chi_A(t)$ e $\chi_B(t)$ sono date rispettivamente da

---

[2] Per $\lambda = \mu$ la soluzione è $y(t) = (K\lambda t - c_0 \lambda - 1)/(Kt - c_0)$, con c_0 una costante arbitraria.

[3] Qui c_0 è la costante arbitraria di integrazione, e dunque $c_1 = \exp[(\lambda - \mu)c_0]$ è anch'essa una costante arbitraria.

$$\chi_A(t) = \lambda - x(t) \; ; \quad \chi_B(t) = \mu - x(t) \, .$$

D'altra parte, il numero di molecole di C e D prodotte in una unità di tempo sarà proporzionale alla concentrazione di A ed alla concentrazione di B, ossia

$$\frac{dx}{dt} = k \, \chi_A(t) \, \chi_B(t) = k \, (\lambda - x)(\mu - x) \, .$$

Questa è della forma (7). Nella figura 2 abbiamo il grafico della soluzione (8) scegliendo concentrazioni iniziali $\chi_A = 0.5$, $\chi_B = 0.3$ oppure $\chi_A = 0.05$ e $\chi_B = 0.5$.

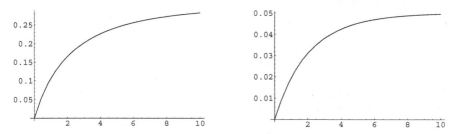

Figura 5.2. Cinetica chimica. Grafico della soluzione (8) per $K = 1$ con $\lambda = 0.5$, $\mu = 0.3$ (sinistra) e con $\lambda = 0.05$ e $\mu = 0.5$ (destra).

5.5 Crescita allometrica

Per terminare questo capitolo, considereremo un caso in cui le equazioni da applicare *non* si riducono a quelle studiate in precedenza; ciò allo scopo di sottolineare come le leggi di crescita che abbiamo considerato finora non siano certo le uniche possibili. Come esempio di legge assai diversa, consideriamo la cosiddetta *crescita allometrica*.

Consideriamo la crescita di parti diverse X ed Y di uno stesso organismo (ad esempio, la crescita delle gambe e dei piedi in un bambino; o la testa ed i tentacoli in un polipo), e denotiamo con $x(t)$ e $y(t)$ la loro taglia al tempo t.

Il tasso di crescita relativo è definito come l'aumento relativo della taglia nell'unità di tempo, ossia ad esempio $\alpha_x := x^{-1}(dx/dt)$.

Nella crescita allometrica, i tassi di crescita relativi di parti diverse sono proporzionali. In formule, abbiamo $\alpha_y = k\alpha_x$, ossia

$$\frac{1}{y} \frac{dy}{dt} = k \, \frac{1}{x} \frac{dx}{dt} \, .$$

Segue da questa relazione che

$$\frac{dy}{dx} = k\,\frac{y}{x}\,. \tag{9}$$

In questo modo, siamo in grado di studiare la relazione tra x e y senza occuparci della dinamica della crescita: non otteniamo la relazione tra x e t né quella tra y e t (che dipenderanno dai dettagli del processo di crescita), ma direttamente la relazione tra x ed y.

Questa è di nuovo una equazione separabile: per risolverla scriviamo

$$\frac{dy}{y} = k\,\frac{dx}{x}\,;$$

integrando abbiamo

$$\log(y) = k\,\log(x) + \log c_0$$
$$\log(y) = \log(x^k) + \log c_0$$
$$y = c_0 x^k$$

Dunque, avremo una relazione di tipo esponenziale (una retta in un grafico in scala logaritmica) tra x ed y.[4]

---

[4] Per maggiori dettagli riguardo alla crescita allometrica di parti del corpo, si veda G.J.M. Garcia and J. Kamphorst Leal da Silva, "Interspecific allometry of bone dimensions: A review of the theoretical models", *Physics of Life Reviews* **3** (2006), 188-209. Per altre applicazioni delle leggi allometriche, si veda J. Kamphorst Leal da Silva, G.J.M. Garcia and L.A. Barbosa, "Allometric scaling laws of metabolism", *Physics of Life Reviews* **3** (2006), 229-261.

6

Modelli con ritardo

Nelle equazioni fin qui considerate, la variazione di una certa quantità (ad esempio, la popolazione) in un dato istante di tempo dipende dallo stato del sistema nello stesso istante. In natura, molti sistemi mostrano un *ritardo* nel reagire alle condizioni esterne o più in generale allo stato del sistema. In questo capitolo vedremo un modo semplice per analizzare questo tipo di situazioni.

Nel quadro dei modelli di popolazione (quali quelli considerati nel capitolo 3), il ritardo corrisponde al periodo di gestazione: infatti nei modelli descritti finora i tassi di natalità α e mortalità β al tempo t risentono del livello raggiunto dalla popolazione allo stesso tempo t, ma se teniamo conto del periodo di gestazione T, allora il tasso di natalità al tempo t non dovrà tener conto del livello della popolazione $p(t)$ allo stesso tempo, ma piuttosto del livello della popolazione al tempo $t - T$ a cui sono stati concepiti gli individui che vengono alla luce al tempo t.

Per variare i modelli studiati, considereremo dapprima un modello originato da problemi di natura medica (seguendo Murray) anziché il problema di dinamica delle popolazioni appena menzionato; questo verrà considerato al termine di questo capitolo.

6.1 La sindrome respiratoria di Cheyne e Stokes

La sindrome respiratoria di Cheyne e Stokes si manifesta con delle alterazioni del regolare ritmo di respirazione: il malato alterna atti respiratori estremamente profondi a dei periodi di quasi-apnea.[1]

Il livello di CO_2 nelle arterie, che indicheremo con $y(t)$, è rilevato da dei recettori che a loro volta determinano il livello di ventilazione polmonare. Questi recettori si trovano in una posizione specifica (tronco encefalico; in inglese *brainstem*) nel cervello – e *non* nei polmoni – e quindi si accorgono

---

[1] La discussione in questa sezione segue la sezione 1.5 del libro di J.D. Murray, *Mathematical Biology* (vol.I), Springer 2002.

dell'aumento della concentrazione di CO_2 con un certo ritardo T: questo corrisponde al tempo necessario perché il sangue ipoventilato – cioè ipoossigenato – li raggiunga.

Si ritiene che il livello di ventilazione dipenda dal livello di CO_2 con una funzione della forma

$$V = V_M \frac{y^m}{a^m + y^m} := V_M W(y), \tag{1}$$

dove V_M è il livello massimo di ventilazione raggiungibile (che varia da individuo a individuo), a ed m sono parametri positivi, ed abbiamo definito per semplicità di notazione nel seguito la funzione

$$W(y) := \frac{y^m}{a^m + y^m} .$$

Per quanto detto prima, dovremmo scrivere più precisamente

$$V(t) = V_M W[y(t - T)] .$$

La rimozione $r(t)$ di CO_2 dal sangue al tempo t sarà proporzionale alla ventilazione ed al livello di CO_2, ossia della forma

$$r(t) = kV(t)y(t) ;$$

d'altra parte, il corpo produce CO_2 ad un ritmo che supponiamo costante, p. Dunque il livello $y(t)$ segue l'equazione

$$\frac{dy}{dt} = p - k V(t) y(t) = p - kV_M y(t) W[y(t - T)] . \tag{2}$$

E' conveniente, come sempre, passare ad unità adimensionali, ossia riscalare le variabili che appaiono nella nostra equazione. Scriviamo

$$y = ax , \quad p = qa ;$$

notiamo che ora

$$W(y) = \frac{y^m}{a^m + y^m} = \frac{x^m}{1 + x^m} := w(x) .$$

Ci riferiremo alla $w(x)$ nuovamente come livello di ventilazione, ed a $x(t)$ come livello di CO_2 (anche se in variabili riscalate).

In questo modo la (2) si riscrive come

$$a \frac{dx}{dt} = q a - kV_M a x(t) w[x(t - T)] . \tag{2'}$$

Possiamo ora raccogliere a nel membro di destra, ed eliminare la costante non nulla a da ambo i membri, e nuovamente per semplicità notazionale scrivere $K = kV_M$ e $q = KQ$; dunque infine la (2) si riscrive nella forma

$$\frac{dx}{dt} = K \ (Q \ - \ x(t) \ w[x(t-T)]) \ . \tag{3}$$

Evidentemente, x ha uno stato di equilibrio x_*, che si ottiene eguagliando a zero dx/dt; a questo corriponde un livello di ventilazione

$$w_* \ = \ w(x_*) \ = \ x_*^m/(1 + x_*^m) \ .$$

Dalla (3) risulta che x_* corrisponde a

$$Q \ = \ x_*^{m+1}/(1 + x_*^m) \ = \ x_* \ w_*$$

e dunque $Q/x_* = w_*$.

Notiamo che $w'(x) = mx^{m-1}/(1 + x^m)^2 > 0$, e pertanto la curva $w(x)$ è sempre crescente; inoltre $w(0) = 0$. D'altra parte Q/x è sempre decrescente ed ha limite infinito per $x \to 0$. Pertanto esiste sempre una ed una sola soluzione accettabile, cioè con $x_* > 0$.[2]

Avendo una soluzione stazionaria, possiamo e dobbiamo chiederci se essa è stabile o instabile. Scriviamo quindi $x(t) = x_* + \varepsilon u(t)$; naturalmente, essendo x_* una costante, la sua derivata è nulla, e dunque $dx/dt = \varepsilon du/dt$.

Sostituiamo questa espressione per x e la sua derivata nella (3): otteniamo

$$\varepsilon \frac{du}{dt} \ = \ K \ (Q \ - \ (x_* + \varepsilon u(t)) \ w[x_* + \varepsilon u(t-T)]) \ . \tag{4}$$

Ricordiamo ora che al primo ordine in ε

$$w[x_* + \varepsilon u(t-T)] \ = \ w(x_*) + [w'(x)]_{x=x_*} \cdot \varepsilon u(t-T) \ ;$$

sostituendo questa nella (4), e nuovamente limitandoci ai termini del primo ordine in ε, abbiamo

$$\varepsilon \frac{du}{dt} \ = \ K \ [(Q - x_* w_*)] \ - \ \varepsilon \ [K \ (x_* u(t-T) w'_* + u(t) w_*)] \ . \tag{4'}$$

Qui abbiamo raccolto i termini secondo il loro grado in ε, e scritto per semplicità

$$w'_* \ := \ [w'(x)]_{x=x_*} \ .$$

D'altra parte, x_* era proprio definita come la soluzione di $Q = x_* w(x_*)$, e dunque il termine di ordine zero in ε nella (4') si annulla identicamente. Otteniamo infine (semplificando la costante ε che ora appare a moltiplicatore in ambo i membri)

$$\frac{du}{dt} \ = \ - \ K \ (x_* u(t-T) w'_* + u(t) w_*) \ . \tag{5}$$

---

[2] Dei parametri fisiologici tipici sono dati da $y = 40 \mathrm{mm\,Hg}$, $p = 6 \mathrm{mm\,Hg/min}$, $V_* = 7\ell/\mathrm{min}$, $T = 0.25 \mathrm{min}$ (dove V_* è il livello di ventilazione che corrisponde a w_* nelle variabili originarie).

Sottolineamo che qui K è una costante positiva, mentre x_*, w_* e w'_* sono altre costanti reali (tutte e tre positive, si veda la discussione precedente riguardo $w'(x)$ per $x > 0$).

L'equazione si riduce quindi (dopo tanto lavoro!) ad una semplice equazione lineare,

$$\frac{du}{dt} = -\alpha\, u(t) - \beta\, u(t-T) \,, \tag{6}$$

in cui però nel membro di destra appaiono sia la funzione al tempo t che la funzione "ritardata", ossia al tempo $t - T$.

Naturalmente, le costanti α e β che appaiono nella (6) sono definite da $\alpha = K w_*$, $\beta = K x_* w'_*$; è evidente che si tratta di due costanti reali e positive.

6.2 Equazioni differenziali con ritardo

Dobbiamo dunque studiare la (6); lo faremo descrivendo un metodo che si applica in generale per le equazioni differenziali con ritardo[3]. In effetti, ci limiteremo a considerare le soluzioni stazionarie e la loro stabilità.

Considereremo il ritardo come un parametro, in linea di principio variabile, e lo indicheremo ora con ϑ (e non più con T) per sottolineare questo fatto.

Cerchiamo una soluzione nella forma (esponenziale) che avremmo se non ci fosse il ritardo, ossia come

$$u(t) = u_0\, e^{\lambda t} \,. \tag{7}$$

Questo implica che $u(t - \vartheta) = u_0\, e^{\lambda(t-\vartheta)} = e^{\lambda\vartheta}\, u(t)$.

Sostituendo queste nella (6) abbiamo (ricordiamo che sia α che β sono costanti reali positive)

$$\lambda u(t) = -\alpha u(t) - \beta\,[\exp(-\lambda\vartheta)]\, u(t) \,. \tag{8}$$

Abbiamo cioè usato la forma della u per determinare l'effetto del ritardo, anche se attraverso il parametro incognito λ.

Possiamo ora dividere l'equazione precedente per $u(t)$, ottenendo

$$\lambda = -\alpha - \beta \exp(-\lambda\vartheta) \,. \tag{9}$$

Se tutte le soluzioni di questa equazione per λ hanno parte reale negativa, la soluzione stazionaria $x(t) = x_*$ è stabile.

Purtroppo, la (9) è una equazione trascendente, e non possiamo risolverla in forma chiusa. Possiamo però ugualmente ottenere informazioni rilevanti da essa. Scriviamo

---

[3] O più precisamente per (sistemi di) tali equazioni del primo ordine; d'altro canto, come discusso nel complemento matematico K, le equazioni (o i sistemi di equazioni) differenziali di ordine superiore possono sempre riportarsi a sistemi di equazioni differenziali del primo ordine.

$$\lambda = \mu + i\omega \tag{10}$$

cosicché, ricordando $e^{\pm i\theta} = \cos\theta \pm i\sin\theta$ (si veda il complemento matematico C) e separando la parte reale e la parte immaginaria, la (9) si scinde in due equazioni:

$$\begin{cases} \mu = -\alpha - \beta e^{-\mu\vartheta}\cos(\omega\vartheta) \,, \\ \omega = \beta e^{-\mu\vartheta}\sin(\omega\vartheta) \,; \end{cases} \tag{11}$$

queste sono ancora trascendenti e quindi impossibili da risolvere.

D'altra parte, per determinare la stabilità di x_* non ci interessa risolvere le (11), cioè determinare esattamente λ. Ci è infatti sufficente sapere se μ è maggiore o minore di zero: ciò corrisponde a che la soluzione x_* sia instabile o stabile, rispettivamente.

Ponendo $\mu = 0$ determiniamo se e quando – cioè per che valore del ritardo ϑ – avviene il cambio di stabilità[4]. Ci riferiremo a quest'ultimo come ad una *biforcazione*.[5]

Con $\mu = 0$, la seconda equazione in (11) fornisce

$$\omega = \beta \sin(\omega\vartheta) \,; \tag{12}$$

questa deve essere vista come una equazione per ω dipendente dal parametro ϑ. Si ha sempre una soluzione banale $\omega = 0$ (e ϑ qualsiasi); si possono avere soluzioni non banali (cioè con $\omega \neq 0$) solo nella regione $|\omega| < \beta$ (ricordiamo ancora una volta che $\beta > 0$).

E' facile convincersi che si possono avere soluzioni non banali solo se il massimo della derivata (rispetto ad ω) del termine oscillante e' maggiore di uno. Infatti, tale derivata è pari a $\beta\vartheta\cos(\omega\vartheta)$ e dunque assume il suo massimo in $\omega = 2k\pi/\vartheta$, e in particolare si ha un massimo in $\omega = 0$. Se in questo punto la derivata è minore di uno (cioè se $\beta\vartheta < 1$), la curva $y_c(\omega) = \beta\sin(\omega\vartheta)$ si trova al di sotto della retta $y_r(\omega) = \omega$ per ω immediatamente a destra di $\omega = 0$; ed inoltre in tutti i punti con $\omega > 0$, in forza di un ben noto teorema dell'Analisi Matematica elementare (teorema del confronto). La discussione si ripete analogamente (con ovvie differenze di segno) per $\omega < 0$.

Notiamo inoltre che se si hanno punti $\omega \neq 0$ con $y_r(\omega) = y_c(\omega)$, allora esistono tali punti con $0 < \omega < \pi/\vartheta$: infatti $y_c(\omega)$ e' periodica di periodo $2\pi/\vartheta$, ed e' positiva nell'intervallo $0 < \omega < \pi/\vartheta$, mentre $y_r(\omega)$ è sempre crescente. Dunque se si ha un'intersezione con ad esempio $2\pi/\vartheta < \omega < 3\pi/vth$, necessariamente ve ne è una anche nell'intervallo $0 < \omega < \pi/\vartheta$ (si veda la figura 2).

Dunque, riassumendo, la (12) ammette soluzioni non banali solo se

$$\beta \vartheta > 1 \,; \tag{13}$$

---

[4] Notiamo che per $\vartheta = 0$ riotteniamo $\mu = -(\alpha + \beta)$ e $\omega = 0$; in particolare, x_* è stabile (come già detto) se non vi è ritardo – dunque per $\vartheta = 0$.

[5] Si vedano ad esempio i testi di Françoise, Glendinning e Verhulst citati in Bibliografia per la ragione di questo nome e per più dettagli su questo concetto.

dette soluzioni dovranno soddisfare $|\omega/\beta| < 1$, e se esistono soluzioni non banali, ve ne è una con $\omega\vartheta < \pi$ (ci possono essere più soluzioni, ma ci interessa solo la prima). Una tale soluzione può esistere solo per ϑ abbastanza grande, ossia per $\vartheta > 1/\beta$.

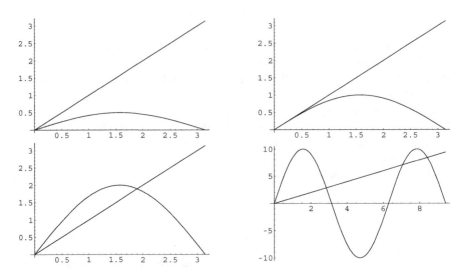

Figura 6.1. Le funzioni $\omega\vartheta$ e $B\vartheta\sin(\omega\vartheta)$ per $\vartheta = 1$ e tre diverse scelte di B: a partire dalla figura in alto a sinistra ed in senso orario, $B = 0.5$, $B = 1$, $B = 2$ e $B = 10$. Nelle prime tre figure, $\omega \in [0, \pi]$; nell'ultima figura abbiamo considerato $\omega \in [0, 3\pi]$ per mostrare come possano esserci svariate intersezioni (ma sempre in numero finito) tra i grafici delle due funzioni.

Ora, se $\sin(\omega\vartheta) = \omega/\beta$, avremo

$$\cos(\omega\vartheta) = \sqrt{1 - \sin^2(\omega\vartheta)} = \sqrt{(\beta^2 - \omega^2)/\beta^2} = \pm\left(\left|\sqrt{\beta^2 - \omega^2}\right|\right)/\beta . \quad (14)$$

Ricordiamo che per ipotesi $|\omega/\beta| < 1$, e dunque $\omega^2 < \beta^2$. Per $0 < \omega\vartheta < \pi/2$, si ha la determinazione positiva della radice, per $\pi/2 < \omega\vartheta < \pi$ abbiamo invece la determinazione negativa della radice.[6]

Quindi per μ abbiamo, dalla (11), $\mu = -\alpha \mp e^{-\mu\vartheta}\sqrt{(\beta^2 - \omega^2)}$, che dovrebbe essere verificata per $\mu = 0$ (abbiamo infatti determinato ω sotto questa ipotesi). Se $\mu = 0$, questa equazione diviene $\alpha = \mp\sqrt{\beta^2 - \omega^2}$ e dunque[7]

---

[6] E' facile convincersi (usando ancora il teorema del confronto, o contemplando la figura 2) che in effetti l'intersezione si ha sempre per $\pi/2 < \omega\vartheta < \pi$, e dunque la determinazione negativa della radice è quella rilevante; v. anche più sotto.

[7] Dato che $\alpha > 0$, dovremo usare la determinazione negativa della radice, che fornisce il segno positivo per α. Questo corrisponde anche, come detto nella nota a pie' di pagina precedente, ad avere $\pi/2 < \omega\vartheta < \pi$.

$$\alpha = \sqrt{(\beta^2 - \omega^2)} = \beta \sqrt{1 - \omega^2/\beta^2} \, . \tag{15}$$

In particolare, quindi, una soluzione può esistere solo se $\alpha < \beta$; in altre parole, se $\alpha > \beta$ *la soluzione stazionaria x_* è stabile.*

Se $\alpha < \beta$, la soluzione stazionaria può divenire instabile; nel punto di biforcazione avremo $\mu = 0$ e, dalla (15),

$$\omega_0 = \sqrt{\beta^2 - \alpha^2} \, . \tag{16}$$

Dunque, all'aumentare del ritardo ϑ (oltre il valore critico $\vartheta_0 := 1/\beta$) la soluzione stazionaria perde stabilità e si forma una nuova soluzione stabile, non più stazionaria, ma periodica con un periodo ω che per il valore critico del ritardo assume il valore ω_0 dato dalla (16).

Applicazione alla sindrome di Cheyne e Stokes

Torniamo ora a considerare la sindrome di Cheyne e Stokes, ossia l'equazione differenziale con ritardo (6) da cui abbiamo iniziato la nostra discussione.

In questo caso abbiamo visto in precedenza come x_* fosse soluzione di $x_* w(x_*) = Q$, dunque possiamo anche scrivere β come $\beta = KQ w'_*/w_*$, e la condizione di instabilità diviene in questo modo

$$\vartheta > \frac{1}{KQ} \frac{w_*}{w'_*} \tag{17}$$

ovvero, esprimendola in termini di w',

$$w'_* > \frac{1}{KQ\vartheta} w_* \, . \tag{18}$$

Dunque, si ha instabilità *quando la ventilazione reagisce troppo brusca- mente a variazioni del livello di CO_2* rispetto alla situazione di equilibrio.

6.3 Discussione

E' forse opportuno riassumere qual è stato il nostro approccio: abbiamo consi- derato una soluzione stazionaria x_0, e linearizzato la nostra equazione intorno ad essa. In altre parole siamo passati alla variabile $y(t) = x(t) - x_0$ (ossia $x = x_0 + y$) che misura lo scostamento dalla soluzione stazionaria.

Se x è governata dall'equazione $x' = f(x)$, in cui va notato che f dipende anche dal parametro ϑ, per y abbiamo

$$\frac{dy}{dt} = f(y + x_0) \tag{19}$$

e sappiamo che per $y = 0$ deve essere $f(x_0) = 0$, ossia $y = 0$ è una soluzione stazionaria. Per y piccolo, possiamo approssimare la (19) con

$$\frac{dy}{dt} = [f'(x_0)]\, y \; . \tag{20}$$

Notiamo che $f'(x_0)$ è un numero λ, che dipende dal parametro ϑ, cosicché la (20) avrà soluzione

$$y(t) = e^{\lambda t} y_0 \; .$$

Per sapere se y cresce o decresce, è sufficiente conoscere il segno della parte reale di $\lambda = \mu + i\omega$, e questo è ciò che abbiamo studiato. Più precisamente, ci siamo chiesti come varia μ (ed ω) al variare di ϑ, e qual è il valore del ritardo ϑ per cui μ diventa positiva, ossia la soluzione $y = 0$ diviene instabile.

6.4 Modello logistico per popolazioni con ritardo

Applichiamo ora lo stesso metodo di analisi al modello logistico per la dinamica di una popolazione. Questo tiene conto del fatto che l'influenza della taglia della popolazione sul tasso di natalità si manifesta con un certo ritardo (per lo meno il periodo di gestazione). Scriveremo quindi

$$\frac{dx}{dt} = A\, x(t)\, [1 - x(t - \vartheta)] \; . \tag{21}$$

La soluzione stazionaria (non banale) è fornita da $x(t) = 1$. Scriveremo quindi $x(t) = 1 + \xi(t)$ con $\xi_0 \ll 1$. La (21) si trasforma in

$$\frac{d\xi}{dt} = -A\, [1 + \xi(t)]\, \xi(t - \vartheta) = -A\,\xi(t - \vartheta) \; - \; A\xi(t)\xi(t - \vartheta) \; . \tag{22}$$

Se siamo interessati a soluzioni con $|\xi(t)| \ll 1$, possiamo eliminare il termine quadratico, e facendo ciò restiamo con

$$\frac{d\xi}{dt} = -A\,\xi(t - \vartheta) \; . \tag{23}$$

Cerchiamo ora soluzioni nella forma $\xi(t) = \alpha e^{\lambda t}$ con α e λ costanti: questo porta a riscrivere la (23) come

$$\lambda\, \alpha\, e^{\lambda t} = -A\alpha e^{\lambda(t - \vartheta)} = -[A e^{-\lambda\vartheta}]\,\alpha\, e^{\lambda t} \; ;$$

eliminando i fattori comuni α e $e^{\lambda t}$ (sempre diversi da zero) arriviamo a

$$\lambda = -A e^{\lambda\vartheta} \; . \tag{24}$$

Notiamo che il membro di destra ha sempre segno negativo (infatti A è una costante positiva): dunque la soluzione sarà necessariamente con λ negativo o complesso.

Se considerassimo solo λ reale, supponendo $\lambda = -\mu$, $\mu > 0$, avremmmo $\mu = A e^{-\mu\vartheta}$; una soluzione di questa sicuramente esiste. Notiamo anche che per $\vartheta = 0$ la (24) fornisce $\lambda = -A < 0$.

Scrivendo più in generale

$$\lambda = \beta + i\omega \, ,$$

la (24) si scinde in due equazioni (parte reale e parte immaginaria dei due membri devono essere separatamente uguali);

$$\begin{cases} \beta = -Ae^{\beta\vartheta}\cos(\omega\vartheta) \, , \\ \omega = -Ae^{\beta\vartheta}\sin(\omega\vartheta) \, . \end{cases} \qquad (25)$$

Per $\vartheta = 0$ abbiamo $\beta = -A$, $\omega = 0$.

Perché sia $\beta = 0$ (in questo punto la soluzione diventa instabile) deve essere, dalla prima delle (25), $\cos(\omega\vartheta) = 0$, cioè $\omega = \vartheta^{-1}(\pi/2 + n\pi)$; in questo punto $\sin(\omega\tau) = (-1)^n$. La seconda delle (25) richiede allora $\omega = (-1)^{n+1}A$, e quindi deve essere $\omega = \vartheta^{-1}(1/2 + n)\pi = (-1)^{n+1}A$, che richiede

$$\vartheta = (-1)^{n+1}(n + 1/2)\pi/A \, .$$

Il primo di questi punti con $\vartheta > 0$, corrispondente ad $n = 1$, si ha per

$$\vartheta_0 = \frac{3\pi}{2A} \, . \qquad (26)$$

Per questo valore del ritardo la soluzione stazionaria $x = 1$ diventa instabile, ed appare una soluzione periodica che oscilla intorno a questa con una frequenza

$$\omega_0 = A \, . \qquad (27)$$

Problema 1. Si consideri l'equazione differenziale con ritardo

$$\frac{dx(t)}{dt} = 2\, x(t - \tau)\, e^{-x(t)} - x(t) \, .$$

Se ne determinino le soluzioni stazionarie, e la loro stabilità al variare del ritardo $\tau > 0$.

Problema 2. Si consideri l'equazione differenziale

$$\frac{dx(t)}{dt} = -[x(t - \tau) - 1] \, .$$

Se ne determinino le soluzioni stazionarie, e la loro stabilità al variare del ritardo $\tau > 0$.

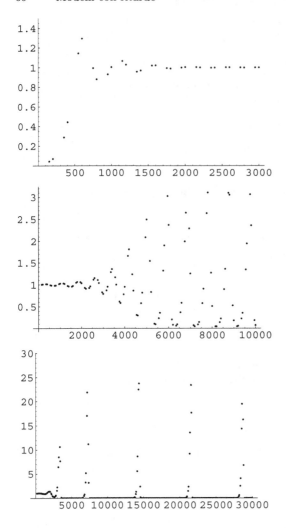

Figura 6.2. Integrazione numerica della equazione (21) che descrive la dinamica di una popolazione secondo il modello logistico con ritardo, per $A = 1$ e con diversi valori del ritardo ϑ. L'asse orizzontale misura il tempo in unità del passo $\delta t = 0.01$ usato per l'integrazione numerica. In alto, $\vartheta = \pi/3$ (con dato iniziale $x(t) = 0.01$ per $t < 0$); in questo caso l'equilibrio $x = 1$ è ancora stabile, ed il sistema si avvicina ad esso attraverso alcune oscillazioni smorzate. Al centro, $\vartheta = (2/3)\pi$ (con dato iniziale $x(t) = 0.99$ per $t < 0$); in questo caso l'equilibrio $x = 1$ è instabile, ed il sistema si allontana da esso raggiungendo una dinamica di oscillazione stabile. In basso, $\vartheta = (4/3)\pi$ (con dato iniziale $x(t) = 0.99$ per $t < 0$); in questo caso l'equilibrio $x = 1$ è ancora instabile, ed il sistema si allontana da esso raggiungendo una dinamica di oscillazione stabile con periodo (ed ampiezza di oscillazione) maggiore che nel caso precedente. In questo caso le oscillazioni sono evidentemente non armoniche.

Popolazioni interagenti

In precedenza, ci siamo occupati dell'evoluzione di una popolazione isolata; abbiamo in un primo tempo considerato una situazione in cui i tassi di natalità e mortalità non dipendono dalla taglia raggiunta dalla popolazione, il che ci ha portato a considerare equazioni del tipo

$$\frac{dp}{dt} = k\,p$$

dove $k = \alpha - \beta$, avendo indicato con α il tasso di natalità e con β quello di mortalità.

In seguito, abbiamo notato che questo modello è giustificato solo nel caso di risorse sovrabbondanti, in cui non si ha competizione. Abbiamo discusso un modello semplice che tiene conto degli effetti di competizione – e della quantità finita di risorse disponibili – vale a dire

$$\frac{dp}{dt} = A\,p\,(Q - p)\;;$$

abbiamo anche notato che con un semplice cambio di variabili questa si può portare nella forma

$$\frac{dx}{dt} = k\,x\,(1 - x)\;.$$

Naturalmente, in natura nessuna popolazione è isolata. Nel caso di due specie che condividono un ecosistema avremo competizione (o cooperazione) all'interno di ogni specie, ed anche competizione (o sinergia) tra una specie e l'altra.

Un "esperimento" molto famoso fu compiuto da D'Ancona negli anni intorno alla prima guerra mondiale: egli osservò i dati del mercato del pesce di Trieste prima e dopo la guerra (che aveva imposto la sospensione dell'attività dei pescherecci). Questi dati erano organizzati per tipo di specie, ma D'Ancona li raggruppò in due grandi categorie: *predatori* e *prede*, ed osservò come la sospensione dell'attività di pesca avesse favorito i predatori.

Naturalmente, questa osservazione si può spiegare abbastanza facilmente a livello qualitativo: la pesca colpisce indistintamente gli uni e gli altri, e se da una parte attacca le prede, queste hanno d'altra parte a che fare con un numero minore di predatori, mentre per questi ultimi la presenza dei pescatori è uno svantaggio da tutti i punti di vista. Ma i dati a disposizione di D'Ancona non erano solo qualitativi, ma anche *quantitativi*: era dunque possibile formulare dei modelli della competizione tra predatori e prede, e sottoporre le sue predizioni ad un confronto con i dati sperimentali.

Un'altra sorgente di dati simili – ossia organizzabili in "predatori e prede" è fornita dagli archivi della compagnia delle pelli operante nel Grande Nord canadese, che ha registrato per molti anni la quantità di animali di vario tipo abbattuti dai cacciatori – in anni in cui praticamente l'unica interazione con l'uomo era appunto quella con i cacciatori.

In ambedue i casi, l'idea è che l'attività di caccia o di pesca, che estrae ciò che trova dalla foresta o dal mare, funge da "rilevatore statistico" (considerando opportunamente il livello di intensità delle attività di caccia o pesca) della quantità di animali di un tipo o dell'altro presenti nell'ecosistema.

E' superfluo sottolineare che un modello di questo tipo, ossia con un raggruppamento così radicale delle diverse specie, è estremamente grezzo.[1]

D'altra parte, è necessario cominciare dai sistemi più semplici. Inoltre, dei meccanismi interessanti ed importanti sono già presenti in un modello così semplice.

7.1 Modello lineare

Consideriamo dapprima un modello ancor più semplificato. In primo luogo, supponiamo che i tassi di natalità e mortalità di ogni specie (in assenza di interazione con l'altra) siano indipendenti dalla popolazione raggiunta. Come sappiamo, questo è ragionevole solo in presenza di risorse abbondanti – come potrebbe essere il caso in mare o in una foresta sottopopolata. Notiamo che in assenza di prede, i predatori muoiono (di fame); d'altra parte, in assenza di predatori le prede si moltiplicano.

Indichiamo con $p(t)$ la popolazione delle prede, e con $q(t)$ quella dei predatori, al tempo t. Allora, trascurando le interazioni, le due specie evolveranno secondo le leggi

$$\frac{dp}{dt} \;=\; A\,p \;\; ; \;\; \frac{dq}{dt} \;=\; -D\,q \;.$$

---

[1] Ciononostante, sarebbe probabilmente stato sufficiente prendere più seriamente delle predizioni qualitative offerte da modelli del genere per evitare alcune catastrofi ecologiche, come quella del lago Vittoria conseguente all'introduzione (da parte dell'uomo, per "mettere a frutto" il lago con un'attività di pesca di tipo semi-industriale) di nuove specie ittiche, che hanno in pochi anni portato alla distruzione dell'ecosistema. La storia di questo disastro ecologico (ed umano, per le popolazioni stanziate sulle rive del lago) è descritta nel libro di Murray.

Qui A e D sono costanti positive, che rappresentano i tassi di accrescimento e decrescita.

Introduciamo ora l'interazione tra le specie. Per semplicità, supponiamo che i termini addizionali siano una diminuzione di p per unità di tempo proporzionale alla quantità di predatori presenti (ognuno mangerà un certo numero di prede), ed un aumento di q per unità di tempo proporzionale al numero di prede disponibili.[2] Avremo dunque due equazioni differenziali accoppiate (con A, B, C, D costanti positive):

$$\begin{cases} dp/dt = Ap - Bq \\ dq/dt = Cp - Dq \end{cases} . \tag{1}$$

Sappiamo che per $B = C = 0$ le soluzioni sarebbero degli esponenziali. Cerchiamo quindi le soluzioni delle (1) in forma esponenziale[3]:

$$p(t) = \alpha\, e^{\lambda t} \; ; \; q(t) = \beta\, e^{\lambda t} , \tag{2}$$

con α e β costanti non nulle (che rappresentano le popolazioni al tempo $t = 0$). Se ciò è vero, le derivate sono

$$p'(t) = \alpha\lambda e^{\lambda t} = \lambda p(t) \; ; \; q'(t) = \beta\lambda e^{\lambda t} = \lambda q(t) . \tag{3}$$

Sostituendo queste nelle (1), abbiamo

$$\begin{cases} \alpha\lambda e^{\lambda t} = A\alpha e^{\lambda t} - B\beta e^{\lambda t} \\ \beta\lambda e^{\lambda t} = C\alpha e^{\lambda t} - D\beta e^{\lambda t} \end{cases}$$

Naturalmente dividiamo per $e^{\lambda t}$ (il che è legittimo dato che $e^{\lambda t}$ è sempre diverso da zero), ed otteniamo le due equazioni

$$\alpha\lambda = A\alpha - B\beta \; ; \; \beta\lambda = C\alpha - D\beta . \tag{4}$$

Queste sono equazioni ordinarie, non più equazioni differenziali.

Possiamo riscriverle nella forma

$$\frac{\alpha}{\beta} (\lambda - A) = -B \; ; \; \frac{\alpha}{\beta} C = (D + \lambda) ,$$

o ancora, ricavando il rapporto α/β da ambedue,

$$\frac{\alpha}{\beta} = \frac{B}{(A - \lambda)} \; ; \; \frac{\alpha}{\beta} = \frac{(D + \lambda)}{C} . \tag{5}$$

Naturalmente, perché esista una soluzione le due espressioni per α/β devono coincidere, ossia dobbiamo avere

---

[2] Ad un'analisi più attenta, risulta che queste assunzioni sono contraddittorie, ma iniziamo con lo studiare il modello semplice che ne risulta.

[3] Come prescritto dal metodo generale per la soluzione di equazioni (o sistemi di equazioni) lineari, v. il complemento matematico J.

$$\frac{B}{(A - \lambda)} = \frac{(D + \lambda)}{C} ;$$

questa a sua volta si riscrive come $BC = (A-\lambda)(D+\lambda) \equiv AD+(A-D)\lambda-\lambda^2$. Per maggiore chiarezza riscriviamo questa equazione ponendo tutti i termini nel membro di sinistra:

$$\lambda^2 - (A - D)\lambda + (BC - AD) = 0 .$$

Si tratta di un'equazione di secondo grado che λ deve soddisfare perché esista una soluzione della forma ipotizzata. Dalla formula generale di soluzione abbiamo

$$\lambda = (1/2)\left[(A - D) \pm \sqrt{(A - D)^2 - 4(BC - AD)}\right] . \tag{6}$$

Quindi, soluzioni della forma (2) esistono solo imponendo che λ sia uno dei due numeri[4] $\lambda_\pm$ determinati dalla (6). Notiamo anche che il rapporto α/β è fissato una volta che λ è fissato, precisamente dalla (5). Quindi ognuna delle due soluzioni associate a $\lambda_\pm$ dipende da una sola costante arbitraria, diciamo $\beta_\pm$ (mentre $\alpha_\pm$ segue dalla (5) e da $\beta_\pm$).

Abbiamo quindi due soluzioni; trattandosi di un'equazione lineare, la somma delle due soluzioni sarà ancora soluzione. Abbiamo quindi trovato la più generale soluzione del sistema (1), che risulta essere[5]:

$$\begin{cases} p(t) = \alpha_+ \, e^{\lambda_+ t} + \alpha_- \, e^{\lambda_- t} , \\ q(t) = \beta_+ \, e^{\lambda_+ t} + \beta_- \, e^{\lambda_- t} . \end{cases}$$

Esempio. Consideriamo, per fissare le idee, un esempio numerico. Scegliamo (in unità arbitrarie[6]) $A = 3$, $B = 2$, $C = 2$, $D = 2$. In questo caso la (1) è

$$p' = 3p - 2q , \quad q' = 2p - 2q .$$

Allora dalla (6) risulta $\lambda_- = -1$, $\lambda_+ = 2$; inoltre la (5) determina $\alpha_p m$: abbiamo $\alpha_- = \beta_-/2$, $\alpha_+ = 2\beta_+$. Scrivendo $\beta_- = 2c_1$, $\beta_+ = c_2$ (per evidenziare che si tratta di due costanti arbitrarie) abbiamo quindi

$$\begin{cases} p(t) = c_1 \, e^{-t} + 2c_2 \, e^{2t} , \\ q(t) = 2c_1 \, e^{-t} + c_2 \, e^{2t} . \end{cases} \tag{7}$$

---

[4] Se l'argomento della radice si annulla, queste due determinazioni di λ coincidono, e l'analisi successiva dovrebbe essere diversa. Nel seguito assumiamo per semplicità che sia $\lambda_+ \neq \lambda_-$.

[5] Nel caso $\lambda_+ = \lambda_- = \lambda$, avremmo soluzioni del tipo $q = c_1 e^{\lambda t} + c_2 t e^{\lambda t}$, e analogamente per p.

[6] Notiamo che l'unità di misura delle costanti A, B, C, D è l'inverso dell'unità di tempo: quindi cambiando l'unità di misura del tempo di un fattore k moltiplichiamo tutte queste costanti per un fattore comune $1/k$.

Le costanti c_1, c_2 sono legate ai dati iniziali $p(0) = p_0$, $q(0) = q_0$; infatti dalle (7) segue $p_0 = c_1 + 2c_2$, $q_0 = 2c_1 + c_2$, e pertanto $c_1 = (2q_0 - p_0)/3$, $c_2 = (2p_0 - q_0)/3$.

Notiamo che, come prevedibile, il comportamento per $t \to \infty$ è non soddisfacente: infatti abbiamo per ambedue le specie un andamento esponenziale, ossia "esplosivo".

Problema 1. Se $c_2 < 0$, ossia se ci sono inizialmente "troppi predatori", le soluzioni (7) diventano negative per t finito. Ricordando che si tratta di popolazioni, ciò non è accettabile. Discutere le predizioni del modello (1) in questo caso, inserendo una modificazione (abbastanza ovvia) per tener conto della estinzione di una specie.

7.2 Il modello di Lotka-Volterra

Nelle sezioni precedenti abbiamo considerato un modello lineare di popolazioni interagenti, e siamo stati in grado di dare la soluzione esatta.

Purtroppo, però, questo modello non solo non è realistico, ma neanche coerente. Dobbiamo considerare un modello più realistico, noto con il nome di Lotka-Volterra, dai nomi degli studiosi che (in modo indipendente) lo formularono e studiarono per primi.[7]

Continuiamo ad immaginare che le prede siano in numero tale da non avere competizione tra di esse, ossia di poter considerare (al di là dell'interazione con i predatori) un modello lineare per quanto le riguarda:

$$dx/dt = Ax - f(x, y)$$

dove $f(x, y)$ è il termine di interazione con i predatori (che abbiamo preso direttamente col segno negativo, cosicché $f(x, y)$ sarà una funzione positiva. In modo simile, supponiamo che anche i predatori siano in numero abbastanza limitato, così da non avere termini di competizione. Avremo, come prima,

$$dy/dt = -By + g(x, y)$$

dove nuovamente $g(x, y)$ è un termine di interazione; anche questa $g(x, y)$ sarà una funzione positiva.[8]

Dobbiamo ora discutere i termini di interazione. Cominciamo col prendere il punto di vista delle prede. Ognuna di esse avrà una certa probabilità di

---

[7] Si tratta di Vito Volterra (italiano, anche se nato ad Ancona nel 1860, quando questa citta' faceva ancora parte dello Stato della Chiesa) e Alfred Lotka (nato a Lemberg – ora L'vov in Ucraina – quando questa citta' faceva parte dell'Impero Austriaco); il loro modello fu sviluppato negli anni venti del secolo XX.

[8] Precisiamo che è sufficiente che f e g siano positive quando sia x che y sono positive: infatti nell'interpretazione del modello in termini di popolazioni, x ed y devono essere ambedue positive, cosicché il comportamento di f e g per x e/o y negativo è irrilevante.

soccombere in ogni incontro con un predatore, e la probabilità di incontrare un predatore in un certo intervallo di tempo sarà proporzionale al numero di predatori presenti[9]. Quindi, il contributo al tasso di mortalità delle prede dovuto all'attività dei predatori è proporzionale a y. Ma essendo questo un tasso di mortalità, la funzione $f(x,y)$ sarà proporzionale a x (perché si tratta di un tasso di mortalità, appunto) e ad y per quanto detto. In conclusione,

$$f(x,y) = \alpha\, x\, y$$

con α una qualche costante.

Prendiamo ora il punto di vista dei predatori. Nuovamente, il numero di incontri tra prede e predatori sarà proporzionale a xy, ed un certo numero di questi si concluderà con un contributo (in forma di cibo acquisito) alla sopravvivenza dei predatori. Quindi avremo un termine ancora una volta proporzionale – con una costante β positiva, ovviamente diversa – al prodotto xy:

$$g(x,y) = \beta\, x\, y\;.$$

Riassumendo, abbiamo formulato il seguente modello:

$$\begin{cases} dx/dt = A\,x - \alpha\,x\,y \\ dy/dt = -B\,y + \beta\,x\,y \end{cases} \qquad (1)$$

7.3 Studio del modello

Iniziamo col notare che le equazioni (1) possono essere riscritte come

$$dx/dt = (A - \alpha y)\,x\;,\quad dy/dt = -(B - \beta x)\,y\;; \qquad (2)$$

o anche come

$$dx = (A - \alpha y)\,x\,dt\;,\quad dy = -(B - \beta x)\,y\,dt\;. \qquad (3)$$

Considerando il rapporto[10] tra le due equazioni abbiamo

$$\frac{dy}{dx} = -\left[\frac{(B - \beta x)\,y}{(A - \alpha y)\,x}\right]\;. \qquad (4)$$

Si tratta di un'equazione separabile, che possiamo riscrivere come

$$\left(\frac{A - \alpha y}{y}\right)\,dy = -\left(\frac{B - \beta x}{x}\right)\,dx\;. \qquad (5)$$

---

[9] Ricordiamo che questo è per *ogni* preda. Quindi il numero di prede uccise dai predatori nell'unità di tempo sarà proporzionale al numero di predatori y, ed anche al numero di prede x.

[10] Equivalentemente, possiamo riscrivere (3) come due equazioni che determinano dt, e richiedere che le due determinazioni coincidano.

Inoltre, i due integrali da calcolare sono in realtà lo stesso. Abbiamo

$$\int [(A - \alpha y)/y] \, dy = \int [A/y - \alpha] \, dy =$$
$$\int (A/y) \, dy \; - \int \alpha dy = A \log(y) \; - \; \alpha y \; + \; c_1 \; ;$$

ed analogamente

$$\int \left(\frac{B - \beta x}{x} \right) \, dx \; = \; B \log(x) \; - \; \beta x \; + \; c_2 \; .$$

Quindi, integrando la (5) si ottiene

$$A \log(y) \; - \; \alpha y \; + \; c_1 \; = \; -B \log(x) \; + \; \beta x \; + \; c_2 \; ,$$

che possiamo riscrivere nella forma

$$h(x, y) \; := \; (\beta x + \alpha y) \; - \; [B \log(x) + A \log(y)] \; = \; c_0 \; . \tag{6}$$

Non possiamo esprimere y come una funzione elementare di x, ma sappiamo che la funzione $h(x, y)$ definita dalla (6) è *costante* sulle soluzioni (si parla allora anche di una *costante del moto*): le traiettorie del sistema coincidono con le "curve di livello" della funzione $h(x, y)$. Naturalmente, la costante c_0 è data dai dati iniziali:

$$c_0 \; = \; h(x_0, y_0) \; = \; (\beta x_0 + \alpha y_0) \; - \; [B \log(x_0) + A \log(y_0)] \; .$$

Le soluzioni $(x(t), y(t))$ si muovono dunque su una curva di livello per $h(x, y)$, determinata dal dato iniziale (x_0, y_0).

Al moto su queste curve corrisponde un andamento periodico nel tempo per ambedue le popolazioni. Abbiamo quindi ottenuto un risultato per certi versi sorprendente: l'andamento periodico delle popolazioni *non* è dovuto ad un andamento periodico delle condizioni ambientali (che nel modello di Lotka-Volterra si tradurrebbe in un andamento periodico nel tempo dei parametri α, β, A, B, qui supposti costanti[11], ma è una conseguenza della dinamica "interna" delle popolazioni.

7.4 Stati di equilibrio

I grafici mostrati in precedenza indicano l'esistenza di una "posizione di equilibrio", ossia di uno stato in cui le due popolazioni sono in equilibrio; questo

---

[11] Se si avesse un comportamento di questo tipo, comparirebbe un'altra scala di tempo nel sistema; notiamo che in questo caso non si avrebbe più, in generale, una quantità $h(x, y)$ costante lungo il moto.

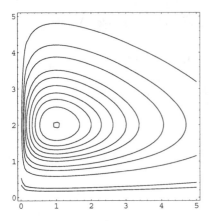
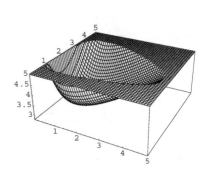

Figura 7.1. La funzione $h(x,y)$: curve di livello e grafico tridimensionale (in quest'ultimo $h(x,y)$ e' graficata solo quando soddisfa $h(x,y) < h_*$ per comodità di illustrazione). Abbiamo scelto unità di misura arbitrarie per la taglia delle popolazioni; in queste unità i parametri usati per il grafico corrispondono a $\alpha = 3$, $\beta = 1$, $A = 6$, $B = 1$; lo stato stazionario corrisponde quindi a $x = 1$, $y = 2$.

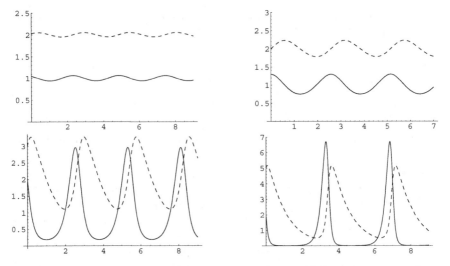

Figura 7.2. L'andamento di $x(t)$ (curva continua) e di $y(t)$ (curva tratteggiata) per il modello di Lotka-Volterra (1) con i parametri $\alpha = 3$, $\beta = 1$, $A = 6$, $B = 1$ (come in figura 7.1) per differenti dati iniziali (x_0, y_0). In alto a sinistra: $x_0 = 1.05, y_0 = 2.03$ (molto vicino alla situazione stazionaria di equilibrio); in alto a destra: $x_0 = 1.3, y_0 = 2$; in basso a sinistra: $x_0 = 2, y_0 = 3$; in basso a destra: $x_0 = 2, y_0 = 5$ (per lunghi intervalli la popolazione x è quasi estinta).

corrisponderà ad un punto di estremo (massimo o minimo, secondo il segno scelto) della funzione h.

Come sappiamo, sarebbe possibile determinare tale punto calcolando le derivate di h, ma ciò non è necessario. Infatti, una posizione stazionaria è caratterizzata dal fatto che $x' = y' = 0$. Tornando all'equazione (1), o meglio alla sua forma (2), vediamo che si ha questo quando

$$\begin{cases} (A - \alpha y)\, x = 0 \\ (B - \beta x)\, y = 0 \end{cases} . \tag{7}$$

Le soluzioni con $x = 0$ e/o $y = 0$ non sono interessanti (corrispondono ad avere una sola specie, o anche nessun vivente quando $x = y = 0$); lo stato di coesistenza stazionaria (x_*, y_*) delle due specie è dato da

$$x_* = B/\beta \, , \ y_* = A/\alpha \, . \tag{8}$$

7.5 Stabilità

Sappiamo che quando si ha uno stato di equilibrio stazionario, bisogna chiedersi se esso è stabile o instabile. In questo caso, i grafici mostrati in precedenza (si veda in particolare la figura 1) indicano che le soluzioni non si avvicinano né si allontanano dallo stato stazionario, ma "gli girano intorno".

Possiamo procedere in modo più preciso, utilizzando il metodo descritto nel complemento matematico I.

Iniziamo col cambiare variabili, vale a dire passare a variabili che misurino la distanza dal punto stazionario (x_*, y_*) identificato dalla (8): $\xi = x - x_*$, $\eta = y - y_*$; naturalmente queste significano che possiamo scrivere

$$x = x_* + \xi \, , \ y = y_* + \eta \, .$$

Inserendo queste nella (2) – e ricordando che x_*, y_* sono costanti, quindi la loro derivata è nulla – otteniamo

$$\begin{cases} d\xi/dt = [A - \alpha(y_* + \eta)]\,(x_* + \xi) \\ d\eta/dt = -[B - \beta(x_* + \xi)]\,(y_* + \eta) \end{cases} . \tag{9}$$

In effetti, per le proprietà di x_*, y_*, o pedissequamente dalla (8), l'equazione si semplifica un pò, ed abbiamo

$$\begin{cases} d\xi/dt = -\alpha(x_* + \xi)\eta = -(\alpha x_*)\eta - \alpha\xi\eta \\ d\eta/dt = \beta(y_* + \eta)\xi = (\beta y_*)\xi + \beta\xi\eta \end{cases} . \tag{10}$$

Siamo interessati al caso in cui sia ξ che η sono piccoli; quindi il loro prodotto è ancor più piccolo: se ξ ed η sono di ordine ε, il loro prodotto è di ordine ε^2. Quindi trascureremo tutti i termini di ordine superiore (in questo caso, quadratici) in ξ ed η, e consideriamo solo i termini lineari.[12]

---

[12] Questo procedimento si chiama quindi *linearizzazione* dell'equazione intorno al punto stazionario (x_*, y_*).

In altre parole, anziché (10) studiamo il sistema, più semplice,

$$\begin{cases} d\xi/dt = -(\alpha x_*)\eta = -\alpha_*\eta \\ d\eta/dt = (\beta y_*)\xi = \beta_*\xi \end{cases} \tag{11}$$

in cui ovviamente abbiamo scritto $\alpha_* = \alpha x_*$ e $\beta_* = \beta y_*$ (ambedue queste costanti sono ancora positive).

Trattandosi di un sistema lineare, possiamo analizzarlo con il metodo discusso nel complemento matematico J. Scriviamo quindi

$$\xi = a\exp(\lambda t) \; ; \; \eta = b\exp(\lambda t) \; .$$

Sostituendo queste (e le corrispondenti derivate) nella (11), ed eliminando il fattore comune $\exp(\lambda t)$, abbiamo $a\lambda = -\alpha_*b$; $b\lambda = \beta_*a$. Queste due equazioni danno, rispettivamente, $(b/a) = -\lambda/\alpha_*$ e $(b/a) = \beta_*/\lambda$.

Richiedendo che le due determinazioni di b/a siano uguali, otteniamo

$$\lambda^2 = -\alpha_*\beta_* \; .$$

Dato che α_* e β_* sono positive, λ deve essere immaginario puro,

$$\lambda = \pm i\omega \; ; \; \omega = \sqrt{\alpha_*\beta_*} = \sqrt{\alpha\beta x_*y_*} \; .$$

Le soluzioni si scrivono quindi (ricordando che $b = -a\lambda/\alpha_*$) come

$$\begin{cases} \xi(t) = k_1e^{-i\omega t} + k_2e^{i\omega t} \, , \\ \eta(t) = i(k_1/\alpha_*)e^{-i\omega t} - i(k_2/\alpha_*)e^{i\omega t} \, . \end{cases} \tag{12}$$

Usando la formula

$$e^{i\vartheta} = \cos(\vartheta) + i\sin(\vartheta)$$

e con passaggi trigonometrici che lasciamo al lettore desideroso di fare esercizio, le (12) si riscrivono come

$$\xi = \rho\cos(\omega t + \delta) \, , \; \eta = \rho\sin(\omega t + \delta) \, , \tag{13}$$

dove l'ampiezza ρ e la fase δ sono due costanti determinate dalle condizioni iniziali:

$$\rho = \sqrt{\xi_0^2 + \eta_0^2} \, , \; \delta = \arcsin(\eta_0/\xi_0) \; .$$

Dunque, come ci aspettavamo, ξ ed η girano intorno al punto $\xi = 0, \eta = 0$ (che, ricordiamo, rappresenta lo stato di equilibrio stazionario per il sistema preda/predatore): le (13) descrivono il moto su di un cerchio di raggio ρ con velocità angolare ω e fase iniziale δ.[13]

---

[13] Naturalmente questo comportamento così semplice è vero solo nell'approssimazione lineare; in realtà – cioè per l'equazione completa – le traiettorie saranno solo "simili a dei cerchi" (cioè delle curve chiuse), e la velocità angolare non sarà esattamente costante.

Questo è il comportamento che si ha quando il punto stazionario è stabile ma non attrattivo (cioè non asintoticamente stabile): si ricordi a questo proposito la definizione dei concetti di stabilità nel capitolo 1 (e la discussione del complemento matematico H). Esso è intrinsecamente collegato ad avere soluzioni per λ che sono dei numeri immaginari puri, cioè con parte reale nulla.[14]

7.6 Un sistema con prede, predatori, e competizione

Se almeno una delle due specie è in numero grande rispetto alle risorse disponibili, dovremmo considerare anche i termini che descrivono la competizione tra individui della stessa specie.

Dato che la risorsa dei predatori sono le prede, mentre queste ultime hanno le loro risorse nell'ambiente (pensiamo al caso in cui i predatori sono carnivori e si cibano delle prede, che sono erbivore) è più naturale considerare il caso in cui la competizione è almeno tra le prede.

In questo caso il modello (1) va modificato con l'introduzione dei termini che oramai ben conosciamo, e diventa

$$\begin{cases} dx/dt = A\,x - k\,x^2 - \alpha\,x\,y \\ dy/dt = -B\,y - q\,y^2 + \beta\,x\,y \end{cases} . \qquad (14)$$

Va sottolineato che tutti i parametri che appaiono nelle (14) sono positivi (questo fatto sarà utile nel seguito per lo studio della stabilità dell'equilibrio).

Vediamo subito che non è più possibile separare l'equazione per la traiettoria: infatti la (14) si scrive anche

$$\begin{cases} dx/dt = (A - kx - \alpha y)\,x \\ dy/dt = -(B + qy - \beta x)\,y \end{cases} , \qquad (15)$$

ed in questo caso

$$\frac{dy}{dx} = -\left(\frac{B + qy - \beta x}{A - kx - \alpha y}\right)\left(\frac{y}{x}\right) . \qquad (16)$$

Questa non è separabile a meno che non sia $q = 0 = k$ (oppure per $\alpha = \beta = 0$), ossia a meno di limitarsi a considerare il modello di Lotka-Volterra (o un modello, certo poco interessante, senza interazione tra prede e predatori).

7.7 Stati stazionari e stabilità

Possiamo comunque cercare di determinare eventuali stati di equilibrio. Richiedendo $dx/dt = dy/dt = 0$, e scartando le soluzioni con x e/o y nulli, abbiamo che gli stati stazionari non triviali sono dati da

---

[14] Ricordiamo che se almeno uno dei λ ha parte reale positiva, l'equilibrio è instabile; se tutti hanno parte reale negativa, l'equilibrio è attrattivo.

$$A - kx - \alpha y = 0 \;\; ; \;\; B + qy - \beta x = 0 \;. \qquad (17)$$

Ognuna di queste, che possiamo riscrivere come

$$y = \frac{A - kx}{\alpha} \;\; e \;\; y = \frac{\beta x - B}{q} \;,$$

è l'equazione di una retta (per $q = 0$, la seconda va sostituita con $x = B/\beta$).

Queste due rette si incontrano – come si trova ponendo a sistema le due equazioni precedenti – nel punto

$$(x_*, y_*) = \left(\frac{\alpha B + A q}{\alpha \beta + k q} \;, \; \frac{A \beta - B k}{\alpha \beta + k q} \right) \;. \qquad (18)$$

Notiamo che x_* è sempre positivo; invece y_* è positivo solo se

$$A\beta > Bk \;. \qquad (19)$$

questa è la condizione (necessaria e sufficiente) perché il modello (14) abbia un equilibrio stazionario non banale "biologicamente accettabile" (ossia con $x_* > 0$ e $y_* > 0$).

Nel caso la (19) sia soddisfatta, possiamo studiare la stabilità dell'equilibrio (x_*, y_*). Passiamo a coordinate $\xi = x - x_*$, $\eta = y - y_*$, ovvero scriviamo

$$x = x_* + \xi \;, \; y = y_* + \eta \;.$$

Le equazioni (14) divengono così

$$\begin{cases} d\xi/dt = -[(\alpha\eta + k\xi)(\alpha(B + \beta\xi) + q(A + k\xi))] \,/\, (\alpha\beta + kq) \\ d\eta/dt = [(A\beta + \alpha\beta\eta - Bk + \eta kq)(-\eta q + \beta\xi)] \,/\, (\alpha\beta + kq) \end{cases} \qquad (20)$$

Fortunatamente, ci è sufficiente considerare i termini lineari in ξ ed η, ovvero il sistema ben più semplice che risulta dalla linearizzazione di (20) intorno a $(\xi, \eta) = (0, 0)$. Questo può essere scritto nella forma

$$\begin{cases} d\xi/dt = a\xi + b\eta \\ d\eta/dt = c\xi + d\eta \end{cases} \;,$$

e risulta con calcoli concettualmente semplici – e non particolarmente interessanti – che in questo caso, scrivendo per semplicità $\Delta = (\alpha\beta + kq)$,

$$a = -[k(\alpha B + Aq)]/\Delta \;, \; b = -[\alpha(\alpha B + Aq)]/\Delta \;;$$
$$c = [\beta(A\beta - Bk)]/\Delta \;, \; d = [q(A\beta - Bk)]/\Delta \;.$$

Possiamo quindi calcolare gli esponenti $\lambda_j = \mu_j + i\omega_j$ delle soluzioni come indicato in precedenza. Considerando la (19), è conveniente scrivere

$$A\beta - Bk := \delta > 0 \;.$$

Scriveremo inoltre

$$\mathcal{D} \,=\, 4\,(\alpha\,B\,\delta + A\,\delta\,q)\,(\alpha\,\beta + k\,q) + (\alpha\,B\,k + (\delta + A\,k)\,q)^2 \,.$$

Con questa notazione, risulta

$$
\begin{aligned}
\lambda_1 &= -\left(\alpha Bk + \delta q + Akq + \sqrt{-\mathcal{D}}\right) / \left[2\,(\alpha\,\beta + k\,q)\right] \,, \\
\lambda_2 &= -\left(\alpha Bk + \delta q + Akq - \sqrt{-\mathcal{D}}\right) / \left[2\,(\alpha\,\beta + k\,q)\right] \,.
\end{aligned}
\tag{21}
$$

Queste formule permettono di analizzare la stabilità dello stato di equilibrio stazionario al variare dei parametri che definiscono il modello.

Infatti, $\mathcal{D} \geq 0$ essendo la somma di due termini positivi o nulli: ciò è evidente se ricordiamo che tutti i parametri che appaiono nelle equazioni (14) sono positivi, ed osserviamo che nella definizione di $\mathcal{D}$ appaiono solo somme e prodotti di questi parametri.

Abbiamo dunque $\lambda_j \,=\, \mu_j + i\omega_j$, come nella notazione introdotta in precedenza, con

$$\omega_1 = \frac{\sqrt{\mathcal{D}}}{2(\alpha\beta + kq)} \,, \quad \omega_2 = -\frac{\sqrt{\mathcal{D}}}{2(\alpha\beta + kq)} \,. \tag{22}$$

Quanto alle μ_j, dalle (21) risulta

$$\mu_1 = \mu_2 \,=\, -\frac{\alpha Bk + \delta q + Akq}{2\,(\alpha\beta + kq)} \,; \tag{23}$$

la stabilità sarà determinata dal segno delle μ_j, che dipende appunto dai vari parametri che caratterizzano il modello (14). Come già ricordato più di una volta, tali parametri sono tutti positivi (i segni che appaiono nelle (14) essendo stati scelti in modo che lo fossero), e dunque nella (23) abbiamo il rapporto tra due numeri positivi. Ne segue che $\mu_j < 0$, ovvero che la soluzione di equilibrio è stabile.

7.8 Prede, predatori ed umani

Lo studio dei modelli di dinamica delle popolazioni è iniziato, come ricordato in precedenza, dalle osservazioni su come la popolazione ittica dell'Adriatico si fosse modificata negli anni della prima guerra mondiale a seguito dell'interruzione delle attività di pesca da parte dell'uomo.

E' dunque naturale, al termine di questo capitolo, chiedersi come la presenza di un "super-predatore" come l'uomo, in grado di cacciare sia le prede che i predatori, con le sue attività di pesca o di caccia, possa essere introdotta nei modelli qui considerati, e quale sia la sua influenza sulla dinamica delle popolazioni.

Supponiamo che la pressione esercitata dall'uomo sul sistema sia descritta da un parametro P (ad esempio, l'intensità dell'attività di pesca, o di caccia;

o anche la gravità dell'inquinamento ambientale). Questa attività puo' colpire in modo diverso le due specie (ad esempio, se la pesca viene effettuata con reti a maglie di una certa taglia, la popolazione di pesci di taglia inferiore a questa verrà colpita in misura minore rispetto a quella dei pesci di grande taglia); misureremo questo effetto sulle due specie con dei coefficienti μ e ν, cosicche' il numero di individui della popolazione x (rispettivamente, y) catturati dal super-predatore in una unità di tempo sarà proporzionale a P, come anche a μ (rispettivamente, a ν), e naturalmente alla popolazione stessa di x (rispettivamente, di y).

Le equazioni (1) modificate per tener conto delle attività umane saranno quindi

$$\begin{cases} dx/dt = Ax - \alpha xy - P\mu x \\ dy/dt = -By + \beta xy - P\nu y \end{cases} . \tag{24}$$

In effetti, queste possono essere riscritte nella stessa forma (1) pur di ridefinire i parametri del modello: se scriviamo

$$\widehat{A} := A - \mu P , \quad \widehat{B} := B + \nu P , \tag{25}$$

allora le (24) si riscrivono come

$$\begin{cases} dx/dt = \widehat{A}x - \alpha xy \\ dy/dt = -\widehat{B}y + \beta xy \end{cases} ; \tag{26}$$

l'analisi condotta sopra per il modello di Lotka-Volterra standard si applica quindi esattamente anche al modello in cui consideriamo l'effetto dell'attività umana, tenendo conto che quest'ultima ha l'effetto di modificare i parametri del modello.

In particolare, la situazione di equilibrio (si veda la (8)) si ha ora per $\widehat{x}_* = \widehat{B}/\beta, \widehat{y}_* = \widehat{A}/\beta$. Usando la (25), otteniamo

$$\begin{aligned} \widehat{x}_* &= \widehat{B}/\beta = x_* + P(\nu/\beta) , \\ \widehat{y}_* &= \widehat{A}/\beta = y_* - P(\mu/\alpha) . \end{aligned} \tag{27}$$

In altre parole, la presenza del super-predatore ha sempre l'effetto di spostare l'equilibrio in senso favorevole alle prede e sfavorevole ai predatori (il che va nel senso delle osservazioni di D'Ancona).

Ciò, naturalmente, purché continui ad esserci un equilibrio: se la pressione P o l'efficacia nella cattura delle prede μ crescono oltre misura, più precisamente se si ha $\mu P > \alpha$, allora $\widehat{y}_*$ diventa negativo e la popolazione y si estingue: l'ecosistema è cambiato in modo irreversibile (una delle due specie scompare). Notiamo che in questo caso le equazioni (26) si riducono a

$$dx/dt = \widehat{A}x = (A - \mu P) x ;$$

dato che per ipotesi $\widehat{A} < 0$, in questo caso anche la popolazione x finisce per estinguersi.

8

Movimento: coordinazione dei neuroni

In alcuni animali semplici, il movimento è controllato da un sottogruppo dedicato di neuroni, ognuno dei quali controlla un muscolo specifico – che può essere quello di un'arto per un insetto, o una sezione laterale del corpo per un pesce.

Questi neuroni non si trovano necessariamente nel cervello: possono anche trovarsi altrove, ad esempio lungo la spina dorsale di un pesce. In questo caso, il movimento continua anche se la testa viene mozzata; è anche possibile studiare questa situazione, ed il comportamento dei neuroni, in laboratorio, isolando il sottogruppo di neuroni che controlla il movimento.[1]

Il gruppo di neuroni che controlla il movimento si chiama in questo caso un *central pattern generator* (CPG).

Ad esempio, nel caso della lampreda[2], il CPG è composto di un paio di centinaia di neuroni; ogni coppia di neuroni controlla muscoli sui due lati di uno stesso segmento del corpo. Stabiliamo di numerare i segmenti da 1 ad N (diciamo per semplicità da 1 a 100) in modo consecutivo procedendo dalla testa verso la coda.

Naturalmente, perché il pesce possa nuotare è necessario che il movimento dei diversi segmenti sia coordinato; la contrazione dei muscoli in segmenti diversi deve "propagarsi come un'onda"; ciò significa che in un dato movimento natatorio che inizia al tempo $t = 0$ ed ha periodicità τ, i tempi di contrazione del muscolo j su un lato saranno $t_j = j\delta t + k\tau$, mentre le contrazioni dei muscoli sull'altro lato saranno in controfase. Sottolineamo che il tutto deve ripetersi in modo periodico (assumendo per semplicità che si tratti di un nuoto a velocità costante; tratteremo solo questo caso, sufficiente a mostrare i meccanismi fondamentali del coordinamento tra neuroni).

---

[1] Quando si dice "isolando", si tratta evidentemente di un eufemismo: quello che succede veramente è che il pesce viene decapitato, ed il suo corpo – dotato di elettrodi per studiare gli impulsi elettrici dei neuroni – tenuto in soluzione salina; il movimento viene stimolato con impulsi chimici, e può durare per ore.

[2] Nome comune usato per i pesci della famiglia dei *petromizontiformi*.

La periodicità può essere modellizzata attraverso degli oscillatori; cercheremo quindi di descrivere ogni neurone come un oscillatore (spiegheremo tra poco in che senso) ed il CPG come un insieme di oscillatori interagenti; il problema sarà capire come questi oscillatori (i neuroni) riescano a coordinarsi per dare origine al movimento necessario affinché il pesce possa nuotare.

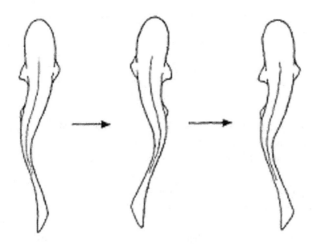

Figura 8.1. Nel nuotare, il pesce si muove in modo periodico (da Murray, *Mathematical Biology*, vol. I; Springer).

8.1 Il neurone come oscillatore

Consideriamo il seguente modello per un neurone: lo stato del neurone è descritto da una variabile[3] $x(t) = (x_1(t), x_2(t))$; quando $x_1(t) > \delta$ (valore di soglia), il neurone è attivo, ossia trasmette un segnale; quando invece $x_1(t) < \delta$, il neurone è inattivo.[4]

Nel seguito sarà conveniente utilizzare coordinate polari; indicheremo con $\rho = \sqrt{x_1^2 + x_2^2}$ il modulo di x, e con ϑ la sua fase. In altre parole,

---

[3] Il lettore che abbia già affrontato il complemento matematico G non avrà difficoltà a riconoscere che si tratta di una variabile vettoriale, di cui x_1 ed x_2 rappresentano le componenti.

[4] In un certo senso, vediamo il neurone come composto di una parte (la componente x_1) che controlla il suo essere attivo o meno, e di una parte che non si manifesta direttamente all'esterno.

$$x_1 = \rho \cos(\vartheta) \; ; \;\; x_2 = \rho \sin(\vartheta) \; .$$

Consideriamo il caso in cui la variabile $x(t)$ evolve secondo le equazioni

$$\begin{array}{rcl} dx_1/dt & = & x_1(1 - |x|^2) - \omega x_2 \; , \\ dx_2/dt & = & x_2(1 - |x|^2) + \omega x_1 \; , \end{array} \tag{1}$$

con ω una costante reale; usando la formula di derivazione di una funzione composta

$$d\rho/dt = (\partial \rho / \partial x_1)(dx_1/dt) + (\partial \rho / \partial x_2)(dx_2/dt) \; ,$$

otteniamo che in questo caso l'ampiezza evolve secondo la legge

$$\frac{d\rho}{dt} = \frac{1}{2\sqrt{x_1^2 + x_2^2}} \, 2 \left[x_1 \frac{dx_1}{dt} + x_2 \frac{dx_2}{dt} \right] = \rho\,(1 - \rho^2) \; . \tag{2}$$

Vi sono quindi due ampiezze stazionarie, $\rho = 0$ e $\rho = 1$. Se scriviamo la (2) come $\rho'(t) = f(\rho)$ ed applichiamo la tecnica usuale (descritta nel complemento matematico H) per analizzare la stabilità dei punti stazionari, abbiamo $f'(\rho) = 1 - 2\rho$; dunque $f'(0) = 1 > 0$, e $f'(1) = -1 < 0$. Quindi, $\rho = 0$ è instabile, mentre $\rho = 1$ è stabile.

E' inoltre possibile mostrare, sempre dalla (2) che qualsiasi dato iniziale (diverso da $x_1 = x_2 = 0$) è attratto al cerchio di raggio $\rho = 1$: per far ciò, è sufficiente considerare il grafico della funzione $f(\rho) = \rho(1 - \rho^2)$, e ricordare che $f > 0$ significa che ρ sta crescendo, $f < 0$ che ρ sta diminuendo (si veda la figura 8.1).

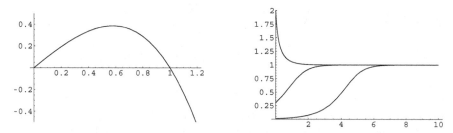

Figura 8.2. A sinistra: grafico della funzione $f(\rho) = \rho(1 - \rho^2)$ che interviene nella (2); $f(\rho) > 0$ corrisponde ad un'ampiezza in espansione, $f(\rho) < 0$ ad un'ampiezza in contrazione. A destra: Andamento delle soluzioni dell'equazione (2) con dati iniziali ρ_0 pari a 0.01, 0.3, e 2.

Possiamo quindi limitarci (essendo interessati alla situazione stazionaria di nuoto a velocità costante, e non ad esempio alla fase in cui il pesce inizia il suo movimento) a considerare il caso $\rho = 1$. In questo caso x_1 è una variabile il cui modulo assume valori tra -1 ed 1. Più precisamente, in questo caso abbiamo

$$x_1(t) = \cos(\vartheta(t)) \; , \;\; x_2(t) = \sin(\vartheta(t)) \; . \tag{3}$$

Se l'evoluzione è controllata dalle (1), riscriviamo queste nel caso $\rho = 1$, ossia usando la (3): ora $x_1'(t) = -\vartheta' \sin(\vartheta)$ e $x_2' = \vartheta' \cos(\vartheta)$. Quindi, le (3) divengono

$$-\vartheta' \sin(\vartheta) = -\omega \sin(\vartheta) , \quad \vartheta' \cos(\vartheta) = \omega \cos(\vartheta) . \qquad (4)$$

In altre parole, l'evoluzione di ϑ è descritta da

$$\frac{d\vartheta}{dt} = \omega , \qquad (4')$$

che naturalmente ha soluzione

$$\vartheta(t) = \vartheta_0 + \omega t . \qquad (5)$$

Ne segue che

$$x_1(t) = \cos(\vartheta_0 + \omega t) , \qquad (6)$$

ed il neurone è attivo con una periodicità che dipende dalla costante ω: il tempo T che intercorre tra due attivazioni successive del neurone è

$$T = 2\pi / \omega . \qquad (7)$$

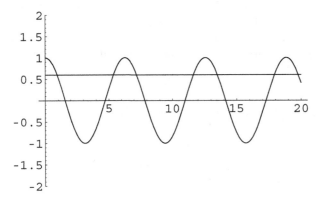

Figura 8.3. Quando la funzione $x_1(t)$ supera il valore di soglia, il neurone è attivo. Il moto periodico (6) per $x_1(t)$ corrisponde ad un'attivazione periodica del neurone.

Va detto che il modello (1) sembra eccessivamente semplice. In effetti però non solo esso è il più semplice modello per cui abbiamo il comportamento periodico osservato negli animali[5], ma ogni modello con un ciclo periodico attrattivo può essere riportato a questo (per lo meno vicino al ciclo periodico) con un cambio di coordinate.

Notiamo anche che il modello (1) ha due ulteriori specificità:

---

[5] Nel caso di insetti la locomozione richiede comunque un coordinamento tra i movimenti dei diversi arti, ed in ultima analisi un comportamento periodico, anche se le periodicità potrebbero essere meno semplici.

- L'ampiezza dell'oscillazione è fissa;
- Il periodo delle oscillazioni è fisso.

Va da sè che ambedue queste caratteristiche non sono realistiche: l'animale deve essere in grado di variare la sua velocità; ad esempio se assumiamo che l'ampiezza possa variare in risposta a stimoli esterni[6] ciò porta ad un'attività maggiore o minore del neurone – e quindi del muscolo – nel ciclo, in quanto il valore di soglia viene superato per una frazione maggiore o minore del periodo.

In modo simile, possiamo supporre che la frequenza ω varii anch'essa (o solo essa) in funzione di stimoli esterni e/o dell'ampiezza ρ della x che descrive il suo stato[7].

Come al solito, ci limiteremo a considerare il modello più semplice, e dunque non considereremo queste generalizzazioni. Il nostro scopo è capire come diversi neuroni possano coordinarsi, e ci accontenteremo di descrivere il meccanismo attraverso cui ciò avviene nel caso più semplice, ossia quello di moto uniforme.

8.2 Due neuroni interagenti: il bloccaggio di fase

Vediamo ora come è possibile, nel quadro del semplice modello discusso sopra, che due neuroni si coordinino in modo da essere in controfase[8] – vale a dire che le loro fasi siano sfalsate di π.

Indicheremo i due neuroni con $\mathbf{x} = (x_1, x_2)$ ed $\mathbf{y} = (y_1, y_2)$; passando a variabili polari (ρ, ϑ) per $\mathbf{x}$ e (r, φ) per $\mathbf{y}$ come sopra, scriviamo anche

$$x_1 = \rho \cos(\vartheta) , \quad x_2 = \rho \sin(\vartheta) ;$$
$$y_1 = r \cos(\varphi) , \quad y_2 = r \sin(\varphi) .$$

Supponiamo che la dinamica sia tale da portare, in condizioni stazionarie, i due neuroni ad avere $\rho = r = 1$ (basta che i termini radiali siano per ognuno come sopra), così da avere a tutti gli effetti pratici

$$x_1 = \cos(\vartheta) , \quad x_2 = \sin(\vartheta) ; \ y_1 = \cos(\varphi) , \quad y_2 = \sin(\varphi) .$$

Le equazioni per le fasi ϑ e φ saranno del tipo

$$\frac{d\vartheta}{dt} = \omega + f(\vartheta, \varphi) ; \quad \frac{d\varphi}{dt} = \nu + g(\vartheta, \varphi) .$$

Notiamo che f e g devono essere periodiche in ambedue gli argomenti ϑ e φ (in quanto questi sono angoli) ed è ragionevole supporre dipendano effettivamente

---

[6] Questo si ottiene ad esempio ponendo nel modello (1) un ulteriore parametro A: $dx_1/dt = x_1(A - |x|^2) - \omega x_2$, $dx_2/dt = x_2(A - |x|^2) + \omega x_1$.

[7] Questo si ottiene ad esempio ponendo nel modello (1) un ulteriore parametro B: $dx_1/dt = x_1(A - |x|^2) - \omega(1 + B(\rho - 1))x_2$, $dx_2/dt = x_2(A - |x|^2) + \omega(1 + B(\rho - 1))x_1$.

[8] Le considerazioni di questa sezione serviranno a descrivere l'attività dei neuroni sui due lati dello stesso segmento della lampreda.

da ambedue. Dato che vogliamo vi sia un effetto di coordinazione, supponiamo ciò che conti sia solo la differenza tra gli angoli; scriviamo dunque

$$\frac{d\vartheta}{dt} = \omega + f(\vartheta - \varphi) \; ; \; \frac{d\varphi}{dt} = \nu + g(\vartheta - \varphi) \; . \tag{8}$$

Ciò che ci interessa in realtà è lo sfasamento $\psi = \vartheta - \varphi$; dalle equazioni precedenti abbiamo che

$$\frac{d\psi}{dt} \; = \; \frac{d\vartheta}{dt} - \frac{d\varphi}{dt} \; = \; (\omega - \nu) + [f(\psi) - g(\psi)] \; .$$

Possiamo raggruppare i termini, scrivendo il termine costante come $\mu := \omega - \nu$ ed il termine che è funzione di ψ come $h(\psi) := -[f(\psi) - g(\psi)]$; col che l'equazione per lo sfasamento diviene

$$\frac{d\psi}{dt} \; = \; \mu - h(\psi) \; := \; F(\psi) \; . \tag{9}$$

Se ci sono dei valori ψ_0 di ψ per cui $h(\psi_0) = \mu$, allora lo sfasamento rimane costante.

Naturalmente abbiamo oramai appreso che non basta esista una soluzione: dobbiamo anche esaminare la sua stabilità[9]. In questo caso la derivata di $F(\psi)$ nel punto stazionario ψ_0 è $F'(\psi_0) = -h'(\psi_0)$: quindi ψ_0 è una soluzione stazionaria se $h(\psi_0) = \mu$, ed è stabile se inoltre $h'(\psi_0) > 0$.

E' importante sottolineare che in questa analisi *non* abbiamo supposto che i due neuroni fossero identici (anche se nel caso in cui si tratta di due neuroni sui lati opposti dello stesso segmento della lampreda sarà questo il caso), e neanche che le loro frequenze in assenza di interazione, cioè ω e ν, lo fossero. Non abbiamo neanche richiesto che le funzioni f e g siano legate da una relazione semplice.

Si tratta in effetti di un fenomeno abbastanza generale, per cui due oscillatori interagenti[10] possono mettersi a marciare con uno sfasamento costante. Si dice allora che sono *"phase locked"* (ovvero, in italiano, che si ha "bloccaggio di fase"), il che vuol dire appunto che marciano di conserva.

Passiamo ora a considerare un esempio semplice (che corrisponde al caso dei neuroni sui due lati dello stesso segmento della lampreda), cioè due neuroni identici accoppiati in modo simmetrico. Avremo $\nu = \omega$ (per l'identità dei neuroni), cosicché $\mu = 0$ nelle formule precedenti; inoltre $f(\vartheta, \varphi) = g(\varphi, \vartheta)$ essendo l'accoppiamento simmetrico.

Scegliamo per concretezza

---

[9] Ricordiamo ancora una volta che se $\psi' = F(\Psi)$ e $F(\psi_0) = 0$, la stabilità o meno della soluzione stazionaria ψ_0 dipende dal segno della derivata $F'(\psi)$ calcolata in $\psi = \psi_0$.

[10] Notiamo che, come già detto, qui abbiamo considerato i più semplici oscillatori possibili; ma il fenomeno è altrettanto generale per degli oscillatori non così speciali, per le stesse ragioni accennate alla fine della sezione precedente.

$$f(\vartheta, \varphi) = \sin(\vartheta - \varphi) \ , \quad g(\vartheta, \varphi) = \sin(\varphi - \vartheta) \ ;$$

in questo modo risulta $f(\psi) = \sin(\psi)$, $g(\psi) = -\sin(\psi)$. Le equazioni (8) divengono

$$\frac{d\vartheta}{dt} = \omega + \sin(\vartheta - \varphi) \ ; \quad \frac{d\varphi}{dt} = \omega + \sin(\varphi - \vartheta) \ . \qquad (10)$$

L'equazione per lo sfasamento è in questo caso

$$\frac{d\psi}{dt} \ = \ 2 \sin(\psi) \ := \ F(\psi) \ .$$

Le soluzioni stazionarie corrispondono a $\sin(\psi) = 0$, ossia a $\psi = 0$ (oscillatori in fase) e a $\psi = \pi$ (oscillatori in controfase). La derivata di F è

$$F'(\psi) \ = \ 2 \cos(\psi)$$

ed è quindi $F'(0) = 2$, $F'(\pi) = -2$. Ne segue che le oscillazioni in fase sono instabili, quelle in controfase stabili.

Il semplice modello (10) mostra dunque il fenomeno del "phase locking", con uno sfasamento per l'appunto pari a π.

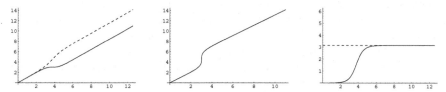

Figura 8.4. Integrazione numerica delle equazioni (10) con $\omega = 1$ a partire da un dato iniziale con $\vartheta(0) = 0$, $\varphi(0) = 0.001$. A sinistra: grafico di ϑ (curva continua) e φ (curva tratteggiata) in funzione di t. Al centro: grafico di ϑ in funzione di φ. A destra: grafico dello sfasamento $\widehat{\psi} = \varphi - \vartheta$ in funzione di t (si noti il segno opposto rispetto alla ψ considerata nel testo). Lo sfasamento varia fino ad arrivare al bloccaggio di fase con sfasamento pari a π.

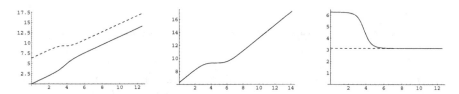

Figura 8.5. Come la figura precedente, grafico di ϑ e φ in funzione di t (sinistra), di φ in funzione di ϑ (centro), e dello sfasamento $\widehat{\psi}(t)$ (destra); ma con dato iniziale $\vartheta(0) = 0$, $\varphi(0) = 2\pi - 0.001$.

Possiamo quindi supporre che la coppia di neuroni che controlla i lati opposti di uno stesso segmento della lampreda sia governato da un'interazione del tipo della (10).

Naturalmente, in questo caso non è necessario tener traccia sia di $\mathbf{x}$ che di $\mathbf{y}$, in quanto $\mathbf{y} = -\mathbf{x}$: infatti, usando $\varphi = \vartheta \pm \pi$, abbiamo

$$x_1 = \cos(\vartheta) , \qquad\qquad x_2 = \sin(\vartheta) ;$$
$$y_1 = \cos(\varphi) = -\cos(\vartheta) , \quad y_2 = \sin(\varphi) = -\sin(\vartheta) .$$

8.3 Neuroni interagenti

Abbiamo discusso il caso di un singolo neurone, e visto come quello di una coppia di neuroni si riconduce, in presenza di bloccaggio di fase, a quello del singolo neurone.

In un CPG ci sono svariati neuroni (circa 200 in una lampreda, meno di dieci in alcuni insetti) che interagiscono tra di loro. Il movimento richiede che i neuroni $\mathbf{x}_i$ siano attivi in sequenza e con un ritardo relativo costante.

Ci proponiamo ora di capire come dei neuroni – modellizzati come nelle sezioni precedenti – possano interagire in modo che questo tipo di soluzione sia presente e stabile. Naturalmente, si tratterà di generalizzare il modello visto nel discutere due neuroni, e di utilizzare nuovamente il fenomeno del bloccaggio di fase, anche se con uno sfasamento diverso da π.

Dato che abbiamo appena visto come il moto dei neuroni sui due lati della lampreda possa essere descritto in termini di uno solo di essi, ci limitiamo a considerare neuroni associati ai diversi segmenti su un unico lato: quelli che controllano i segmenti corrispondenti sull'altro lato saranno sfasati di π rispetto a questi.

Scriveremo $\mathbf{x}_i(t)$ per lo stato dell'i-imo neurone; usando la rappresentazione polare già introdotta nelle sezioni precedenti, $\rho_i(t)$ sarà l'ampiezza di $\mathbf{x}_i$, e $\vartheta_i(t)$ la sua fase.

Abbiamo visto come, per lo meno nel caso del nuoto a velocità stazionaria, sia ragionevole assumere che $\rho_i(t)$ non varii nel tempo, e concentrarsi quindi su $\vartheta_i(t)$.

Nel caso di neuroni interagenti la (4') sarà sostituita da un'equazione che scriviamo in tutta generalità come

$$\frac{d\vartheta_i}{dt} = \omega_i + f_i(\vartheta_1, ..., \vartheta_n) . \tag{11}$$

La funzione f_i deve essere periodica nei suoi argomenti (come ovvio dato che si tratta di angoli); inoltre, nel caso più semplice essa dipenderà solo da ϑ_i stesso e dai neuroni più vicini, ossia ϑ_{i-1} e ϑ_{i+1}. La forma più semplice (e non banale) di funzione che soddisfi ambedue queste richieste è

$$f_i(\vartheta_1, ..., \vartheta_n) = a_{i,i+1} \sin(\vartheta_{i+1} - \vartheta_i) + a_{i,i-1} \sin(\vartheta_{i-1} - \vartheta_i) .$$

Naturalmente in un modello realistico bisogna tener conto della specificità del primo e dell'ultimo neurone nella catena[11]. Scriviamo quindi, ricordando che $\sin(-\theta) = -\sin(\theta)$,

$$
\begin{aligned}
d\vartheta_1/dt &= \omega_1 + a_{12}\sin(\vartheta_2 - \vartheta_1) \\
d\vartheta_i/dt &= \omega_i + a_{i,i+1}\sin(\vartheta_{i+1} - \vartheta_i) - a_{i,i-1}\sin(\vartheta_i - \vartheta_{i-1}) \\
&\quad \text{(per } i = 2, .., n-1) \\
d\vartheta_n/dt &= \omega_n - a_{n,n-1}\sin(\vartheta_n - \vartheta_{n-1}) \ .
\end{aligned}
\tag{12}
$$

Introduciamo gli sfasamenti ψ_i e le differenze di frequenza μ_i tra neuroni vicini ($i = 1, ..., n-1$),

$$
\begin{aligned}
\psi_i &:= \vartheta_i - \vartheta_{i+1} = -(\vartheta_{i+1} - \vartheta_i) \ ; \\
\mu_i &:= \omega_i - \omega_{i+1} \ .
\end{aligned}
$$

In questo modo le (12) si riscrivono nella forma

$$
\begin{aligned}
d\vartheta_1/dt &= \omega_1 - a_{12}\sin(\psi_1) \\
d\vartheta_i/dt &= \omega_i - a_{i,i+1}\sin(\psi_i) + a_{i,i-1}\sin(\psi_{i-1}) \\
&\quad \text{(per } i = 2, .., n-1) \\
d\vartheta_n/dt &= \omega_n + a_{n,n-1}\sin(\psi_{n-1}) \ .
\end{aligned}
$$

La derivata delle $\psi_i = \vartheta_i - \vartheta_{i+1}$ rispetto al tempo si ottiene considerando $d\psi_i/dt = (d\vartheta_i/dt - d\vartheta_{i+1}/dt)$, dunque la differenza tra ogni due equazioni consecutive; otteniamo in questo modo

$$
\begin{aligned}
d\psi_1/dt &= \mu_1 - (a_{12} + a_{21})\sin(\psi_1) + a_{23}\sin(\psi_2) \\
d\psi_i/dt &= \mu_i + a_{i,i-1}\sin(\psi_{i-1}) - (a_{i,i+1} + a_{i+1,i})\sin(\psi_i) + a_{i+1,i+2}\sin(\psi_{i+1}) \\
&\quad \text{(per } i = 2, .., n-2) \\
d\psi_{n-1}/dt &= \mu_{n-1} + a_{n-1,n-2}\sin(\psi_{n-2}) - (a_{n-1,n} + a_{n,n-1})\sin(\psi_{n-1})
\end{aligned}
\tag{13}
$$

Supponiamo ora che gli accoppiamenti tra neuroni vicini in una data direzione siano tutti uguali: vale a dire,

$$
a_{i,i+1} = a_+ \ , \ a_{i+1,i} = a_- \quad \forall i = 1, ..., n-1 \ .
\tag{14}
$$

Scriviamo inoltre $\alpha := a_+ + a_-$. In questo modo le (13) si riscrivono come[12]

$$
\begin{aligned}
d\psi_1/dt &= \mu_1 - \alpha\sin(\psi_1) + a_+\sin(\psi_2) \\
d\psi_i/dt &= \mu_i + a_-\sin(\psi_{i-1}) - \alpha\sin(\psi_i) + a_+\sin(\psi_{i+1}) \\
&\quad \text{(per } i = 2, .., n-2) \\
d\psi_{n-1}/dt &= \mu_{n-1} + a_-\sin(\psi_{n-2}) - \alpha\sin(\psi_{n-1}) \ .
\end{aligned}
\tag{15}
$$

---

[11] Un'altra possibilità sarebbe quella di aggiungere due "neuroni fantasma" $\mathbf{x}_0$ e $\mathbf{x}_{n+1}$ che però hanno ampiezza bloccata a zero. I calcoli che ne risultano sono equivalenti, non solo come risultato ma anche come difficoltà.

[12] I lettori familiari con il linguaggio di vettori e matrici (si veda il complemento matematico G) possono riconoscere nelle (15) delle equazioni vettoriali $d\mathbf{v}/dt = \mathbf{m} + B\mathbf{s}$, dove $\mathbf{v} = (\psi_1, ..., \psi_{n-1})$, $\mathbf{s} = (\sin(\psi_1), ..., \sin(\psi_{n-1}))$, e la matrice B ha elementi $B_{ij} = -\alpha\delta_{ij} + a_+\delta_{i,i+1} + a_-\delta_{i,i-1}$. La soluzione stazionaria corrisponde a $\mathbf{m} + B\mathbf{s} = 0$ e sarà quindi data da $\mathbf{s} = -B^{-1}\mathbf{m}$.

Le soluzioni stazionarie saranno ottenute richiedendo che $d\psi_i/dt = 0$ per ogni $i = 1, ..., n - 1$, ossia riducendo le (15) alle

$$\mu_1 - \alpha \sin(\psi_1) + a_+ \sin(\psi_2) = 0$$
$$\mu_i + a_- \sin(\psi_{i-1}) - \alpha \sin(\psi_i) + a_+ \sin(\psi_{i+1}) = 0$$
$$(\text{per } i = 2, .., n - 2) \tag{16}$$
$$\mu_{n-1} + a_- \sin(\psi_{n-2}) - \alpha \sin(\psi_{n-1}) = 0$$

E' ragionevole supporre che i neuroni siano tutti uguali, tranne al più quelli agli estremi della catena. Ciò significa che a parte ω_1 ed ω_n, tutte le ω_i saranno uguali; indichiamo con ω la frequenza comune dei neuroni $i = 2, ..., n - 1$. Corrispondentemente, tutte le μ_i saranno nulle tranne μ_1 e μ_{n-1}. Ciò riduce ulteriormente le (16): abbiamo infatti ora

$$\alpha \sin(\psi_1) - a_+ \sin(\psi_2) = \mu_1$$
$$\alpha \sin(\psi_i) - a_+ \sin(\psi_{i+1}) - a_- \sin(\psi_{i-1}) = 0 \quad (i = 2, ..., n - 2) \tag{17}$$
$$\alpha \sin(\psi_{n-1}) - a_- \sin(\psi_{n-2}) = \mu_{n-1}$$

Ricordando ora che $\alpha = a_+ + a_-$, le equazioni per $i = 2, ..., n-2$ si risolvono ponendo[13]

$$\psi_1 = \psi_2 = ... = \psi_{n-1} = \tau . \tag{18}$$

Il significato di questa soluzione è evidente: lo sfasamento tra qualsiasi due neuroni successivi è uguale, e pari a τ.

Inserendo la soluzione (18) nelle (17), ed utilizzando nuovamente l'espressione di α, abbiamo per la prima e l'ultima equazione che

$$a_- \sin(\tau) = \mu_1 \; ; \; a_+ \sin(\tau) = \mu_{n-1} . \tag{19}$$

Ciò significa che deve essere

$$\omega_1 = \omega + a_- \sin(\tau) , \; \omega_n = \omega - a_+ \sin(\tau) : \tag{20}$$

assumendo che $a_\pm > 0$ (interazione eccitatoria tra neuroni), il neurone più prossimo alla testa è più veloce, ossia ha una frequenza più alta (deve iniziare l'onda), e quello più vicino alla coda è più lento, ossia ha una frequenza più bassa (deve terminare l'onda).[14]

Riassumendo, abbiamo trovato una soluzione in cui lo sfasamento tra i neuroni è costante, come richiesto per avere il tipo di movimento che si osserva quando il pesce nuota.

Dobbiamo ancora controllare la stabilità di questa soluzione. Per far ciò, sarebbe necessario usare considerazioni più complicate del solito (in quanto

---

[13] Sottolineamo che gli angoli, e quindi anche gli sfasamenti, sono definiti a meno di multipli di 2π.

[14] In realtà la lampreda può anche nuotare all'indietro; se $a_\pm$ sono negativi (interazione inibitoria tra neuroni) allora è il neurone vicino alla coda ad avere la frequenza più alta e ad iniziare il moto, mentre è quello più vicino alla testa ad avere la frequenza più lenta e a terminare il moto.

non abbiamo una sola variabile ψ, ma $n-1$ variabili ψ_i da far variare), e quindi non presentiamo qui questa analisi. Risulta comunque che la soluzione trovata è stabile.

8.4 Note

Una serie di esperimenti sull'attivita' dei neuroni del CPG nelle lamprede sono state condotte da Cohen e Wallen, e sono descritte nel loro articolo A.H. Cohen and P. Wallén, *Experimental Brain Research* **41** (1980), 11-18; una breve descrizione di queste e' anche fornita nel capitolo 12 di J.D. Murray, *Mathematical Biology*, Springer 2002. In questo stesso capitolo Murray conduce anche la discussione teorica che abbiamo qui seguito da presso.

Per ulteriori dettagli si veda ad esempio A.H. Cohen, P.J. Holmes and R.R. Rand, "The nature of the coupling between segmental oscillators of the lamprey spinal generator for locomotion: A mathematical model" *Journal of Mathematical Biology* **13** (1982), 345-369; A.H. Cohen, S. Rossignol and S. Grillner eds., *Neural control of rhythmic movements in invertebrates*, Wiley 1988.

La locomozione in insetti (ed animali superiori) è stata considerata da vari autori in modo correlato all'approccio qui discusso, utilizzando in particolare delle proprietà di simmetria (gi'a invocate qui ad alcune riprese). Si vedano ad esempio: J.J. Collins and I.N. Stewart, "Coupled nonlinear oscillators and the symmetries of animal gaits", *Journal of Nonlinear Science* **3** (1993), 349-392; M. Golubitsky, I. Stewart, P.L. Buono and J.J. Collins, "Symmetry in locomotor central pattern generators and animal gaits", *Nature* **401** (1999), 693-695; C.M.A. Pinto and M. Golubitsky, Central pattern generators for bipedal locomotion *Journal of Mathematical Biology* **53** (2006), 474-489.

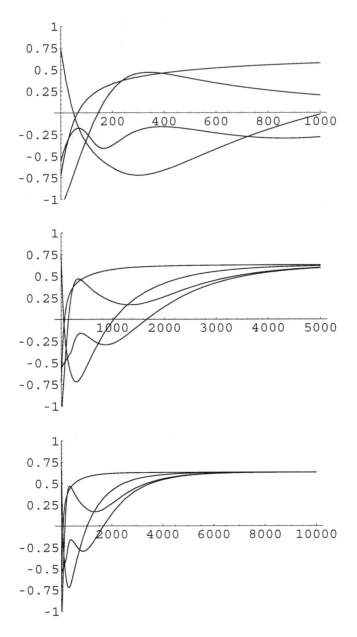

Figura 8.6. Risultati di un esperimento numerico: integrazione numerica delle equazioni (12) con $n = 15$. I valori dei parametri in questa integrazione sono: $a_+ = 0.01$, $a_- = 0.005$, $\omega = 1$, $\omega_1 = 1.00294$, $\omega_n = 0.994122$ (questi ultimi corrispondono a $\tau = \pi/5$); i valori iniziali degli angoli ϑ_i sono scelti in modo casuale. Vengono mostrati gli sfasamenti, $\psi_k(t)$, per $k = 1, 5, 9, 14$. In alto: comportamento degli sfasamenti $\psi_k(t)$ per $t \in [0, 1000]$; la dinamica è complessa e non mostra alcuna regolarità. Al centro: comportamento degli sfasamenti per $t \in [0, 5000]$; dopo un (abbastanza lungo) periodo transiente, questi convergono verso un valore comune, in effetti pari a τ. In basso: comportamento degli stessi sfasamenti per $t \in [0, 10000]$; dopo aver raggiunto un valore comune (in effetti, τ), si ha il bloccaggio di fase e gli sfasamenti restano costanti ed uguali.

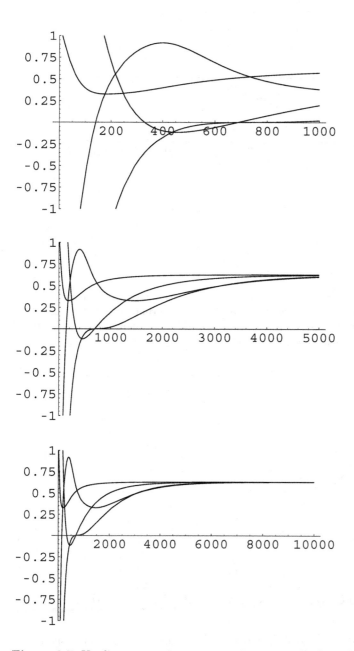

Figura 8.7. Un diverso esperimento numerico come nelle figure 8.6 e **??**, con $a_+ = 0.005$, $a_- = 0.01$, $\omega = 1$, $\tau = \pi/5$, e diversi dati iniziali. Grafico degli sfasamenti per $t \in [0, 1000]$ (in alto), per $t \in [0, 5000]$ (al centro), e per $t \in [0, 10000]$ (in basso). Si osserva lo stesso comportamento che in figura 8.6: dopo un transiente in cui la dinamica si svolge in modo assai complesso, si giunge al bloccaggio di fase.

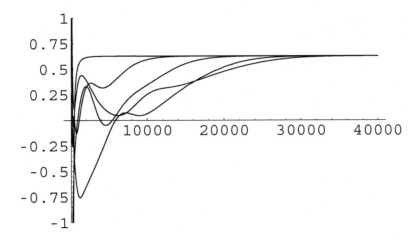

Figura 8.8. Un esperimento numerico con $n = 101$ neuroni e dati iniziali scelti in modo casuale; valori dei parametri come nell'esperimento illustrato in figura 8.6. Sono mostrati gli sfasamenti ψ_k per $k = 1, 25, 50, 75, 100$. Si osserva lo stesso comportamento che nelle figure precedenti.

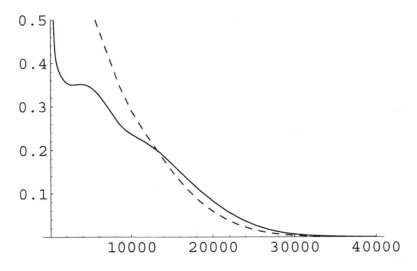

Figura 8.9. Un diverso modo di illustrare il bloccaggio di fase: per l'esperimento numerico della figura 8.8, sono mostrati il valore assoluto della differenza tra la media degli sfasamenti ed il valore τ corrispondente al bloccaggio di fase (linea tratteggiata), e la deviazione standard degli sfasamenti intorno alla loro media (linea continua). Si osserva il bloccaggio di fase (annullarsi della dispersione degli sfasamenti).

9

Diffusione

Consideriamo una sostanza posta in un ambiente in cui questa è inizialmente assente (ad esempio batteri in un ambiente inizialmente sterile, inchiostro in acqua, latte in caffé, etc.), e supponiamo che questa sostanza venga introdotta unicamente in un punto x_0, o meglio in una piccola regione dello spazio localizzata intorno al punto x_0.

Ci aspettiamo, naturalmente, che al trascorrere del tempo questa sostanza *diffonda*, ossia non si trovi più solo nella regione iniziale, ma vada a mischiarsi alla sostanza che riempie l'ambiente. Se attendiamo un tempo sufficentemente lungo, la sostanza sarà uniformemente presente in tutto l'ambiente.[1]

Vorremmo capire come si svolge nel tempo questo processo di diffusione, ossia vorremmo poter descrivere la variazione della concentrazione di soluto nel solvente al variare del tempo, per ogni dato punto x dello spazio in cui si svolge il processo.

Discuteremo il problema in una dimensione spaziale. Possiamo pensare di avere un capillare di una certa lunghezza pieno di acqua, ed immettere in un suo punto una certa quantità di una sostanza solubile in acqua (ad esempio, sale; o se preferite, inchiostro o sangue, così da poter meglio osservare la dinamica del processo).

9.1 Derivate parziali

Per analizzare in modo quantitativo quanto succede, iniziamo con lo scegliere una notazione. Come al solito, il tempo sarà indicato con t, ed il tempo iniziale sarà $t = 0$.

Indicheremo la posizione lungo il capillare con x, e se L è la lunghezza del capillare avremo quindi $x \in [0, L]$. Il punto in cui è inizialmente rilasciata la sostanza verrà indicato con x_0.

---

[1] Stiamo pensando ad un ambiente (ad esempio un recipiente) grande ma comunque limitato; altrimenti il tempo "sufficentemente lungo" potrebbe non esistere.

La concentrazione del soluto al punto x ed al tempo t sarà indicata con $\rho(x, t)$. Come la notazione indica – e come ovvio dato il suo significato – si tratta di una funzione di *due* variabili, mentre usualmente abbiamo a che fare con funzioni di una sola variabile. Non c'è però da avere paura, perché le nostre considerazioni saranno a tempo t fissato o ad un punto x fissato: se una di queste due variabili è fissata, abbiamo effettivamente a che fare con una funzione di una sola variabile, come quella che ben conosciamo (o dovremmo conoscere). Denoteremo la derivata rispetto ad una variabile quando si tiene l'altra variabile costante tramite il simbolo di *derivata parziale* ∂: così

$$\frac{\partial \rho(x, t)}{\partial x} = \lim_{\varepsilon \to 0} \frac{\rho(x + \varepsilon, t) - \rho(x, t)}{\varepsilon}$$

rappresenta la derivata parziale della funzione $\rho(x, t)$ rispetto alla variabile x (a t costante); e

$$\frac{\partial \rho(x, t)}{\partial t} = \lim_{\varepsilon \to 0} \frac{\rho(x, t + \varepsilon) - \rho(x, t)}{\varepsilon}$$

è la derivata parziale della stessa funzione $\rho(x, t)$ rispetto alla variabile t (ad x costante). Scriveremo inoltre, per semplicità di notazione,

$$\rho_x(x, t) := \frac{\partial \rho}{\partial x} = \frac{\partial \rho(x, t)}{\partial x} \ ; \ \ \rho_t(x, t) := \frac{\partial \rho}{\partial t} = \frac{\partial \rho(x, t)}{\partial t} \ .$$

9.2 L'equazione di diffusione

Consideriamo ora la diffusione della sostanza nel capillare, senza fare riferimento a condizioni iniziali specifiche come quelle considerate in precedenza (e che considereremo nuovamente in seguito). Immaginiamo che la concentrazione sia costante su ogni sezione trasversale del capillare[2].

Dividiamo (concettualmente) il capillare in N segmenti, ciascuno di lunghezza $\varepsilon = L/N$; per distinguere questi segmenti useremo un indice $k = 1, ..., N$.

Indichiamo la concentrazione media nel segmento k al tempo t con $u_k(t)$. Procederemo come se questa fosse la concentrazione del soluto in ogni punto del segmento. E' chiaro che se approssimiamo la concentrazione nei punti del segmento con il valore medio nel segmento, facciamo un errore tanto più piccolo quanto più piccolo è il segmento, ossia tanto più piccolo quanto più piccolo è ε.

Il segmento k è a contatto con i segmenti $k + 1$ e $k - 1$. All'interfaccia tra un segmento e l'altro, si avrà un flusso di sostanza dalla regione in cui la concentrazione di questa è più alta a quella in cui essa è più bassa, e possiamo

---

[2] O più in generale – e più correttamente – che la sua variazione percentuale con la distanza dalle pareti del capillare sia nota ed indipendente dalla concentrazione.

assumere che l'intensità di questo flusso sia proporzionale (attraverso una costante di proporzionalità ν) al gradiente di concentrazione, ossia al tasso di variazione spaziale della concentrazione; facendo riferimento al punto medio dei segmenti, questo tasso è pari alla differenza di concentrazione $(u_{k+1} - u_k)$ divisa per la distanza tra detti punti medi, ossia ε.

Dunque, all'interfaccia tra il segmento k ed il segmento $k+1$, si ha un flusso di sostanza (in entrata nel segmento k) proporzionale a $u_{k+1}(t) - u_k(t)$ con costante di proporzionalità ν/ε. In modo simile, all'interfaccia tra il segmento k ed il segmento $k-1$ si ha un flusso di sostanza (in entrata nel segmento k) proporzionale a $u_{k-1}(t) - u_k(t)$.

Possiamo quindi scrivere, se $S_k(t)$ è la quantità di sostanza nel segmento k al tempo t,

$$dS_k/dt \;=\; (\nu/\varepsilon)\left[(u_{k+1} - u_k) + (u_{k-1} - u_k)\right] \;=\; (\nu/\varepsilon)\,(u_{k+1} - 2u_k + u_{k-1}) \;. \tag{1}$$

D'altra parte, la concentrazione della sostanza nel segmento k è pari alla quantità di sostanza diviso il volume V del segmento, e quindi è in particolare proporzionale alla quantità di sostanza attraverso una costante di proporzionalità $c = 1/V$:

$$u_k(t) \;=\; c\,S_k(t) \;. \tag{2}$$

Notiamo anche che se il capillare ha raggio r, allora il volume del segmento di lunghezza ε che stiamo considerando è $V = \pi r^2 \varepsilon$, e pertanto $c = (\pi r^2 \varepsilon)^{-1}$.

Dalla (2) abbiamo ovviamente $S_k = c^{-1} u_k$, e naturalmente $dS_k/dt = c^{-1}(du_k/dt)$. Inserendo questa relazione nella (1), abbiamo

$$du_k/dt \;=\; (c\nu/\varepsilon)\,(u_{k+1} - 2u_k + u_{k-1}) \;. \tag{3}$$

Come detto in precedenza, questa equazione si basa sulla divisione del capillare in segmenti di lunghezza ε. Naturalmente, questa suddivisione discreta è una nostra costruzione, mentre il processo naturale si svolge in uno spazio continuo: dobbiamo quindi considerare il limite di $\varepsilon \to 0$.

Quando ε è piccolo, la concentrazione varierà poco considerando punti diversi del segmento. Indichiamo con ξ_k^0 il punto centrale del segmento k; questo corrisponde a

$$\xi_k^0 \;:=\; (k - 1/2)\,\varepsilon \;=\; (k - 1/2)\,(L/N) \;. \tag{4}$$

Per i punti del segmento abbiamo

$$|x - x_k^0| \;\leq\; \varepsilon/2 \;. \tag{5}$$

Consideriamo ora la concentrazione nel punto x ad un tempo $t = t_0$ fissato. Possiamo scrivere, per x nel segmento k,

$$\rho(x, t_0) \;=\; \rho(x_k^0, t_0) \;+\; (x - x_k^0)\,\frac{\partial \rho(x, t)}{\partial x} \;+\; O[(x - x_k^0)^2] \;. \tag{6}$$

La derivata va calcolata nel punto $x = x_k^0 = \xi_k$, e per indicare ciò scriveremo $\partial\rho(\xi_k, t)/\partial x$. Naturalmente questa relazione mostra che per x nel segmento k si ha[3], a causa della (5), che

$$\rho(x, t_0) = \rho(x_k^0, t_0) + O(\varepsilon) . \tag{7}$$

In altre parole (come ovvio) per $\varepsilon \to 0$ l'errore fatto approssimando la concentrazione in ogni punto con quella del punto medio del segmento l'errore va anch'esso a zero. Più precisamente, questo errore è proprio di ordine ε.

Dunque, quando ε è piccolo, possiamo considerare

$$u_k(t) = \rho(\xi_k, t) , \tag{8'}$$

nonché, ricordando che $\xi_{k+1} - \xi_k = \xi_k - \xi_{k-1} = \varepsilon$, si veda la (5),

$$u_{k\pm1}(t) = \rho(\xi_k \pm \varepsilon, t) . \tag{8''}$$

Allora, usando le (8), possiamo riscrivere la (3) come

$$\frac{\partial\rho(\xi_k, t)}{\partial t} = (c\nu/\varepsilon) \left[\rho(\xi_k + \varepsilon, t) - 2\rho(\xi_k, t) + \rho(\xi_k - \varepsilon, t)\right] . \tag{9}$$

D'altra parte, tenendo sempre t fissato, possiamo scrivere (trascurando termini di ordine superiore in ε)

$$\rho(\xi_k \pm \varepsilon, t) = \rho(\xi_k, t) \pm \varepsilon\frac{\partial\rho(\xi_k, t)}{\partial x} + \frac{\varepsilon^2}{2}\frac{\partial^2\rho(\xi_k, t)}{\partial x^2} . \tag{10}$$

Vediamo ora cosa succede inserendo la (10) nel termine in parentesi quadre della (9): questo diventa (scriviamo per semplicità $x := \xi_k$)

$$\begin{aligned}
\rho(x + \varepsilon, t) &- 2\rho(x, t) + \rho(x - \varepsilon, t) = \\
&= \left(\rho(x, t) + \varepsilon\rho_x(x, t) + (\varepsilon^2/2)\rho_{xx}(x, t)\right) - \rho(x, t) + \\
&+ \left(\rho(x, t) - \varepsilon\rho_x(x, t) + (\varepsilon^2/2)\rho_{xx}(x, t)\right) = \\
&= \varepsilon^2\, \rho_{xx}(x, t) .
\end{aligned} \tag{11}$$

Finalmente, inserendo questo nella (9) ed indicando ancora ξ_k con x, abbiamo ottenuto che

$$\rho_t(x, t) = (c\nu/\varepsilon)\, \varepsilon^2\, \rho_{xx}(x, t) = (c\nu\varepsilon)\, \rho_{xx}(x, t) . \tag{12}$$

Non resta che ricordare l'espressione per c ottenuta in precedenza, ossia $c = 1/(\pi r^2 \varepsilon)$: abbiamo quindi

$$\rho_t(x, t) = \frac{\nu}{\pi r^2}\, \rho_{xx}(x, t) = \alpha\, \rho_{xx}(x, t) \tag{13}$$

con $\alpha = \nu/(\pi r^2)$ una costante che non dipende da ε.

---

[3] Purché le quantità $\partial\rho(\xi_k, t)/\partial x$ siano limitate.

Questo calcolo mostra anche perché è stato sufficiente considerare termini di ordine ε^2 nella (10): se avessimo considerato termini di ordine superiore, avremmo ottenuto nella nostra equazione finale (13) dei termini aggiuntivi con coefficienti di ordine ε, ε^2, etc.; questi però vanno a zero nel limite $\varepsilon \to 0$. D'altra parte, abbiamo anche visto come fosse effettivamente necessario considerare i termini di ordine ε^2.

L'equazione a cui siamo giunti,

$$\rho_t(x,t) \;=\; \alpha \, \rho_{xx}(x,t) \tag{14}$$

è detta *equazione di diffusione*, e la costante α è il *coefficiente di diffusione*. Essa è anche nota in Biologia come *legge di Fick*.[4]

Si tratta di una equazione differenziale, ma di tipo diverso da tutte quelle che abbiamo incontrato in precedenza: infatti in essa sono messe in relazione una derivata in t effettuata ad x costante, ed una derivata (seconda) in x effettuata a t costante, per la funzione $\rho(x,t)$. Una equazione differenziale che mette in relazione tra di loro delle derivate rispetto a variabili diverse si dice *equazione alle derivate parziali*.

Le equazioni alle derivate parziali sono in generale più difficili da risolvere che non le equazioni differenziali "ordinarie". Per fortuna la (14) è lineare, il che rende possibile la sua soluzione.

9.3 Soluzione fondamentale dell'equazione di diffusione

Abbiamo iniziato la nostra discussione immaginando di seguire la diffusione di una sostanza inizialmente concentrata intorno ad unico punto dello spazio – in questo caso, del capillare. Naturalmente, non è possibile che tutta la sostanza sia in un unico punto, e se così fosse avremmo effettivamente una concentrazione infinita.

Supponiamo dunque che la concentrazione iniziale $\rho(x,0) = f(x)$ della sostanza sia data da una funzione che descrive la concentrazione che si ottiene cercando di porla per quanto possibile in un unico punto x_0; naturalmente, nel far ciò si commettono degli errori, e dunque la funzione naturale da considerare – come appreso nel corso di Statistica – è una gaussiana centrata[5] in x_0:

$$f(x) \;=\; A \, \exp[-\beta(x - x_0)^2] \,. \tag{15}$$

Notiamo che ora l'integrale di $f(x)$ esprime la quantità totale della sostanza:

---

[4] La stessa equazione si incontra in ambiti diversi: essa descrive ad esempio anche la diffusione del calore in una sbarra omogenea, ed è pertanto nota anche come *equazione del calore*. In ambito probabilistico essa è associata ai nomi di Kolmogorov, Feller, Fokker e Planck.

[5] Questa funzione è tanto più concentrata in x_0 quanto più è grande il parametro positivo β.

$$M = \int f(x) \, dx$$

mentre la larghezza della gaussiana è data dalla deviazione standard $\sigma = \sqrt{\sigma^2}$, dove lo scarto quadratico medio σ^2 è dato da

$$\sigma^2 = \int (x - x_0)^2 \, f(x) \, dx \ .$$

Nelle due formule precedenti abbiamo evitato di indicare gli estremi di integrazione. In effetti, come probabilmente lo studente ricorda dai corsi di Statistica, le proprietà della gaussiana sono particolarmente semplici quando x varia da $-\infty$ a $+\infty$; in considerazione di ciò, e per evitare delle complicazioni matematiche che offuscherebbero il significato biologico (o chimico, fisico, etc.) della nostra discussione, d'ora in poi supporremo che il capillare sia infinito[6]. Naturalmente, ora possiamo anche assumere $x_0 = 0$.

In questo caso, le formule precedenti divengono

$$M = \int_{-\infty}^{+\infty} f(x) \, dx = A\sqrt{\pi/\beta} \ , \tag{16}$$

$$\sigma^2 = (1/M) \int (x - x_0)^2 \, f(x) \, dx = \frac{A\sqrt{\pi/(4\beta^3)}}{A\sqrt{\pi/\beta}} = \frac{1}{2\beta} \ . \tag{17}$$

Cercheremo delle soluzioni con questi dati iniziali supponendo che per $t > 0$ si abbia ancora una gaussiana, sia pure più allargata (con larghezza che dipende dal tempo). In altre parole, cerchiamo soluzioni nella forma (15), ma con A e β variabili nel tempo[7], vale a dire che ora $A = A(t)$, $\beta = \beta(t)$.

Dato che la quantità totale di sostanza M resta costante, dalla (16) dobbiamo avere

$$A(t) = \frac{M}{\sqrt{\pi}} \sqrt{\beta(t)} \ ; \tag{18}$$

d'altra parte la (17) ci dice che la variazione di $\sigma^2(t)$ è direttamente collegata alla variazione di $\beta(t)$.

La (18) ci dice che dobbiamo cercare gaussiane della forma (scegliamo $x_0 = 0$ per semplicità)

$$\rho(x,t) = \frac{M}{\sqrt{\pi}} \sqrt{\beta(t)} \, \exp\left[-\beta(t) \, x^2\right] \ . \tag{19}$$

Per le funzioni della forma (19) abbiamo

---

[6] Ossia, che la nostra osservazione del fenomeno si svolga su tempi piccoli rispetto a quelli necessari per arrivare ad una distribuzione omogenea del soluto nel solvente.

[7] Si tratta di un esempio di "variazione delle costanti". Questo (suggestivo) termine è solitamente utilizzato con un significato ben preciso – e diverso da quello utilizzato qui – nell'ambito della teoria delle perturbazioni; si veda a questo proposito il testo di Verhulst citato in Bibliografia.

$$\rho_t = \left(M\sqrt{\beta/\pi}e^{-\beta x^2}\right)\left(\beta'/(2\beta) - x^2\beta'\right) = \left(1/(2\beta) - x^2\right)\beta'\,\rho\,,$$
$$\rho_x = \left(M\sqrt{\beta/\pi}e^{-\beta x^2}\right)(-2\beta) = -2\beta\rho\,, \tag{20}$$
$$\rho_{xx} = \left(M\sqrt{\beta/\pi}e^{-\beta x^2}\right)\left(-2\beta(t) + 4x^2\beta^2\right) = 2\beta\left(1 + 2x^2\beta\right)\,\rho\,.$$

Usando queste relazioni, la (14) si riscrive come

$$\rho_t - \alpha\rho_{xx} = \frac{\rho(1 - 2x^2\beta)}{2\beta}\left(\beta' + 4\alpha\beta^2\right) = 0\,. \tag{21}$$

A meno di non avere $\rho(x,t) \equiv 0$, l'equazione richiede l'annullarsi dell'ultimo termine. Dobbiamo quindi risolvere l'equazione differenziale ordinaria

$$\frac{d\beta}{dt} = -4\alpha\beta^2\,; \tag{22}$$

questa è un'equazione separabile. Scrivendo $d\beta/\beta^2 = -4\alpha dt$ ed integrando, otteniamo $-1/\beta = -4\alpha t - c_0$, e dunque abbiamo determinato la soluzione della (22), che risulta essere

$$\beta(t) = \frac{1}{4\alpha t + c_0}\,. \tag{23}$$

Se inoltre richiediamo $\beta(0) = \beta_0$, abbiamo $\beta_0 = 1/c_0$ e dunque $c_0 = 1/\beta_0$; inserendo questa nella (23), abbiamo

$$\beta(t) = \frac{\beta_0}{1 + 4\alpha\beta_0 t}\,. \tag{23'}$$

Questa determinazione della funzione $\beta(t)$ permette di scrivere esplicitamente – inserendola nella (19) – la funzione $\rho(x,t)$ soluzione della (14) nella forma

$$\rho(x,t) = M\sqrt{\frac{\beta_0}{\pi/(1 + 4\alpha\beta_0 t)}}\,\exp\left[-\frac{\beta_0}{(1 + 4\alpha\beta_0 t)}x^2\right]\,. \tag{24}$$

Questa è mostrata in figura 1 per diversi valori di t.

9.4 Il limite di concentrazione iniziale infinita

Nella sezione precedente abbiamo trovato la soluzione nella forma

$$\rho(x,t) = M\sqrt{\beta(t)/\pi}\,e^{-\beta(t)\,x^2}\,, \tag{25}$$

con $\beta(t)$ determinato dalla (23').

Questa formula permette di considerare anche il caso di concentrazione iniziale infinita, ossia in cui al tempo iniziale il soluto si trova tutto in un unico punto (che, ricordiamo, viene qui per convenzione scelto come $x = 0$).

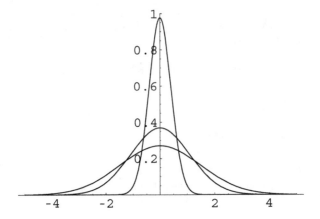

Figura 9.1. Grafici della funzione $\rho(x,t)$ data dalla (24) con $M = 1$ e $\alpha = 1, \beta_0 = 3$, per diversi valori di t: dall'alto in basso, $t = 0, 0.5, 1$.

Infatti, se consideriamo il limite per $\beta(t) \to 0^+$ (ossia per β che tende a zero "da destra", ossia essendo comunque un numero non negativo), abbiamo delle gaussiane che sono via via più strette all'approssimarsi di β al limite $\beta = 0$.

Una tale "funzione" (tra virgolette in quanto non si tratta di una funzione vera e propria: in matematica questa è anche detta una "funzione generalizzata", o "distribuzione") risulta utile per una serie di considerazioni, ed è anche nota come *delta di Dirac*; essa viene usualmente scritta come $\delta(x)$.

La proprietà fondamentale della $\delta(x)$ è di essere uguale a zero per ogni valore non nullo dell'argomento, ed infinita per $x = 0$, ed inoltre di essere tale che

$$\int_{x-a}^{x+b} \delta(x - y)f(y)dy = f(x) \tag{26}$$

per qualsiasi valore dei numeri positivi a e b. In particolare, per qualsiasi $\varepsilon > 0$,

$$\int_{c-\varepsilon}^{c+\varepsilon} f(x)\,\delta(x)\,dx = f(c)\ . \tag{26'}$$

La soluzione (23') per $\beta(t)$ può essere estrapolata per t negativi fino a

$$t = t_* = -1/(4\alpha\beta_0)\ ;$$

per questo valore di t si ha appunto $\beta(t_*) = 0$. Scriveremo anche

$$\tau = (4\alpha\beta_0)t + 1\ ,\quad t = (\tau - 1)/(4\alpha\beta_0)\ ;$$

in questo modo t_* corrisponde a $\tau = 0$, e $t = 0$ a $\tau = 1$.

Se accettiamo di trattare la "funzione" $\delta(x)$ come un dato iniziale per il nostro problema, possiamo descrivere la situazione idealizzata in cui il soluto è inizialmente concentrato nel punto $x = 0$. In questo caso sarà preferibile descrivere $\beta(t)$ come $b(\tau) = \beta[(\tau - 1)/(4\alpha\beta_0)]$. Dalla (23') risulta

$$b(\tau) \ = \ \beta_0/\tau \ . \tag{23''}$$

La discussione precedente mostra che al di là del tempo iniziale $\tau = 0$, in cui abbiamo una situazione singolare (con una concentrazione infinita), per ogni $\tau > 0$ (e dunque per ogni $t > t_*$) si applicano le formule ricavate in precedenza, ed abbiamo ad ogni istante una vera gaussiana, la cui larghezza dipende dal tempo.

9.5 Soluzione generale dell'equazione di diffusione

Come osservato in precedenza, l'equazione di diffusione (14) è *lineare*. Dunque, la somma di soluzioni sarà ancora una soluzione.

Possiamo sfruttare questa proprietà per esprimere la soluzione più generale in termini della soluzione "fondamentale" che abbiamo trovato in precedenza; questo sarà fatto utilizzando la "funzione" $\delta(x)$.

Se ricordiamo che nella formule precedenti il punto in cui inizialmente si trova il soluto è indicato con $x = 0$, scriviamo $x = \xi - \xi_0$, ed inoltre usiamo la variabile temporale τ (anziché la t) definita in precedenza, otteniamo[8]

$$\rho(\xi, \tau) \ = \ M\sqrt{b(\tau)/\pi}e^{-b(\tau)(\xi - \xi_0)^2} \tag{27}$$

per la parte di sostanza che è inizialmente concentrata nel punto ξ_0.

D'altra parte, se la densità iniziale è descritta dalla funzione $\rho(x, 0) = F(x)$, possiamo vedere la soluzione $\rho(x, t)$ come la sovrapposizione di tante (infinite) soluzioni $\widehat{\rho}(x, t; x_0)$, ognuna con un dato iniziale concentrato in x_0 e pari a $F(\xi)\delta(\xi - x_0)$.

Ognuna di queste contribuirà alla concentrazione della sostanza ai tempi successivi attraverso la (1), ossia darà un contributo

$$\widehat{\rho}(x, t; x_0) \ = \ F(x_0)\sqrt{b(\tau)/\pi} \ e^{-[b(\tau)(x - x_0)^2]} \ , \tag{28}$$

ed integrando su tutte le x_0 abbiamo

$$\rho(x, t) = \int \widehat{\rho}(x, t; x_0)\mathrm{d}x_0 = \sqrt{\frac{b(\tau)}{\pi}} \int F(x_0)\, e^{-b(\tau)\,(x - x_0)^2} \,\mathrm{d}x_0 \ . \tag{29}$$

Possiamo inserire qui l'espressione (23") per $b(\tau)$, ottenendo

---

[8] Potremmo naturalmente inserire la (23") in tutte le formule seguenti, ottenendo delle espressioni più esplicite; ciò non è però essenziale, e preferiamo non farlo fino alla (29) per evitare che il lettore abbia l'impressione che quanto discusso qui dipenda dalla semplicità della (23").

$$\rho(x,t) \;=\; \sqrt{\frac{\beta_0}{\pi\,\tau}} \;\int F(x_0)\, e^{-(\beta_0/\tau)\,(x-x_0)^2} \,\mathrm{d}x_0 \;. \tag{29'}$$

Dunque, in linea di principio, siamo in grado di predire l'evoluzione della concentrazione $\rho(x,t)$ a partire dalla distribuzione iniziale $F(x) = \rho(x,0)$.

Naturalmente, per far ciò dovremmo essere in grado di effettuare l'integrazione che compare nella (29) o (29'); ciò non è sempre agevole in pratica, ma possiamo comunque sempre ricorrere se necessario ad una integrazione numerica (per t e dunque τ fissato) per descrivere $\rho(x,t)$ ad ogni t fissato.

Va detto che abbiamo sempre considerato il caso di un capillare infinito; quando invece si considera uno spazio ambiente finito, bisogna tener conto degli effetti di bordo (ovvero delle "condizioni al contorno"). Ciò è possibile, ma la discussione di questi argomenti va oltre lo scopo che ci siamo dati.[9]

9.6 Equazione di reazione-diffusione

In molti ambiti, risultano rilevanti le cosiddette equazioni di *reazione–diffusione*, le quali descrivono un materiale che oltre a diffondersi ha una dinamica "interna", ossia è attivo. Nel caso di materiali chimici, si tratta di materiali che al venire in contatto con reagente fresco attivano una reazione chimica, da cui il nome dell'equazione.

Il prototipo di queste equazioni, la cosiddetta equazione FKPP[10], si scrive (in effetti, l'equazione contiene alcune costanti dimensionali, che abbiamo posto uguali ad uno per semplicità di discussione)

$$\frac{\partial u}{\partial t} \;=\; \frac{\partial^2 u}{\partial x^2} \;+\; u(1-u) \;. \tag{30}$$

Essa fu introdotta per descrivere la diffusione di un gene favorevole all'interno di una popolazione, ed è dunque – per questo ed altri motivi – trattata in molti testi di Biomatematica; si vedano ad esempio i testi di Murray e Françoise citati in Bibliografia. In effetti la (30) descrive anche molte altre situazioni: ad esempio, come già detto, reazioni chimiche in materiali estesi, o anche la propagazione di fronti di fiamma in una foresta.

Notiamo che esistono due soluzioni costanti in x e t, date da $u = 0$ e $u = 1$; la soluzione $u(x,t) = 0$ è instabile, mentre $u(x,t) = 1$ è stabile.[11]

---

[9] Anche perché richiederebbe una discussione matematica più approfondita; si veda ad esempio V.I. Smirnov, *Corso di matematica superiore – vol. II*, Editori Riuniti 2004, o S. Salsa, *Equazioni a derivate parziali*, Springer Italia 2004.

[10] Dalle iniziali di Fisher, Kolmogorov, Petrovski e Piskunov che la studiarono per primi – il gruppo tedesco e quello russo lavorarono indipendentemente. Gli articoli originali sono: R.A. Fisher, *Ann. Eugen.* **7** (1937), 355-369; e A. Kolmogorov, I. Petrovski e N. Piskunov, *Moscow Univ. Bull. Math.* **1** (1937), 1-25.

[11] Come si vede imponendo $(\partial u/\partial x) = 0$ ed analizzando la stabilità di $u = 0$ e di $u = 1$ sotto l'equazione risultante per $u = u(t)$.

In molti casi, siamo specialmente interessati nelle soluzioni della (30) che descrivono dei *fronti d'onda*, cioè delle soluzioni che viaggiano a velocità costante v senza modificare la loro forma. Poniamo $v > 0$ per semplicità di discussione (naturalmente esisteranno anche soluzioni speculari con $v < 0$).

Per questo tipo di soluzioni, abbiamo

$$u(x,t) = \varphi(x - vt) := \varphi(z) , \qquad (31)$$

ossia u, che pure è in generale una funzione delle due variabili x e t, si può scrivere come una funzione φ della sola variabile $z = (x - vt)$. Questo implica

$$\frac{\partial u}{\partial t} = -v\varphi'(z) , \quad \frac{\partial^2 u}{\partial x^2} = \varphi''(z) ;$$

inserendo questa nella (30) otteniamo

$$-v\,\varphi' = \varphi'' + \varphi(1 - \varphi) . \qquad (32)$$

Abbiamo dunque una equazione differenziale *ordinaria*, anche se *nonlineare* e dunque non risolubile in generale.

E' conveniente riscrivere la (32) come

$$\varphi'' = -v\,\varphi' - \varphi(1 - \varphi) = -v\,\varphi' - [dV(\varphi)/d\varphi] , \qquad (33)$$

dove abbiamo definito il "potenziale" $V(\varphi)$ come

$$V(\varphi) = \varphi^2/2 - \varphi^3/3 . \qquad (34)$$

La (33) è un'equazione di tipo noto dai corsi di Fisica generale: infatti essa descrive il moto di un punto materiale (la cui posizione è data da $\varphi(z)$, e di massa unitaria) in un potenziale $V(\varphi)$, soggetto ad un attrito proporzionale alla velocità. Notiamo che qui il ruolo del tempo è preso dalla variabile z, e quello del coefficiente di attrito dal parametro v.

Il potenziale V ha un massimo in $\varphi = 1$ ed un minimo[12] in $\varphi = 0$; si veda la figura 2. E' dunque evidente che esiste una soluzione – ed anzi, in effetti, esistono infinite soluzioni con questa proprietà – che parte dal massimo in $\varphi = 1$ al tempo $z = 0$ e che per $z \to \infty$ si adagia nel minimo a $\varphi = 0$.

D'altra parte, se – come spesso avviene nelle applicazioni, in particolare in quelle di interesse biologico e naturalistico – la u (e quindi la φ) descrive delle concentrazioni (di un gene, un reagente, una popolazione, etc.), allora dobbiamo anche richiedere che $0 \le u(x,t) \le 1$ per ogni x e t; naturalmente questo implica che per ogni z si abbia

$$0 \le \varphi(z) \le 1 :$$

---

[12] Notiamo che questo sembra aver scambiato le stabilità di $u = 0$ e $u = 1$ discusse in precedenza. Non si tratta di un errore, ma di una conseguenza del fatto che all'aumentare di t si ha una diminuzione di z; in termini matematici, del fatto che $\partial z/\partial t = -v < 0$.

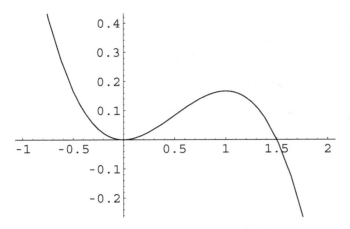

Figura 9.2. Il "potenziale" $V(\varphi)$ dato dalla (34), che entra nella riduzione (33) dell'equazione FKPP.

dobbiamo quindi chiedere che la φ nel suo moto non passi mai a sinistra del minimo in $\varphi = 0$. Ciò è possibile se – e solo se – il coefficiente di attrito è abbastanza grande.

In termini della equazione originaria, questo ci porta a concludere che delle soluzioni di tipo fronte d'onda (31) che viaggiano con velocità v potranno esistere solo se la velocità è abbastanza grande; è facile mostrare che nel caso della (30), deve essere $v > 2$.

Infatti, per $\varphi \simeq 0$, abbiamo $\varphi(1 - \varphi) \simeq \varphi$, e la (32) si riduce all'equazione lineare

$$\varphi'' + v f' + \varphi = 0 \ . \tag{35}$$

Questa e' un'equazione lineare (si veda il complemento matematico K), le cui soluzioni saranno della forma

$$\varphi(z) = c_1 \, e^{\alpha_+ z} + c_- \, e^{\alpha_- z} \ ; \tag{36}$$

questa formula mostra che non si hanno oscillazioni intorno all'origine, che porterebbero φ ad assumere valori negativi, se e solo se $\alpha_\pm$ sono reali.

D'altra parte, $\alpha_\pm$ sono determinate da

$$\alpha^2 + v \alpha + 1 = 0 \ , \tag{37}$$

che ha soluzione

$$\alpha_\pm = \frac{-v \pm \sqrt{v^2 - 4}}{2} \tag{38}$$

e dunque $\alpha_\pm$ sono reali se e solo se $v \geq 2$.

La discussione della stabilità di queste soluzioni – nell'ambito di tutte le possibili soluzioni della (30), non solo di quelle del tipo $u(x,t) = \varphi(x - vt)$ considerato nella (32) – esula dai limiti del presente testo, e per essa rimandiamo il lettore ai già citati testi di Françoise e di Murray.

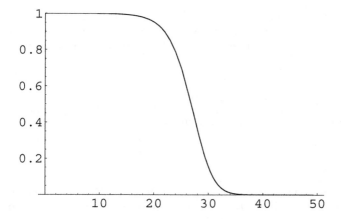

Figura 9.3. Soluzione numerica dell'equazione (32) con $v = 2$. Viene graficata la soluzione $\varphi(t)$ che soddisfa $\varphi(-\infty) \to 1$, $\varphi(\infty) \to 0$, mostrando la zona in cui si ha la transizione tra i comportamenti stazionari limite.

9.7 Dinamica delle popolazioni e diffusione

Nei capitoli precedenti abbiamo sempre considerato l'evoluzione di popolazioni in cui *non* si ha una "struttura geografica", cioè in cui, quando si considerano gli effetti della limitatezza delle risorse, tutti gli individui competono con tutti gli altri.[13]

Naturalmente questo è ragionevole quando consideriamo piccole comunità isolate e costrette in una regione limitata; ma non quando consideriamo situazioni più generali, in cui gli individui possono spostarsi nello spazio alla ricerca di risorse (ad esempio, cibo) verso regioni meno popolate o comunque in cui la competizione è meno dura.

Se assumiamo che i membri di una popolazione si muovano in modo casuale[14] ed indipendentemente uno dagli altri alla ricerca di cibo allora possiamo pensare il loro moto nello spazio sia descritto da una equazione di diffusione. La situazione descritta fa subito pensare a degli erbivori in una grande prateria piana; questo richiederebbe però di considerare equazioni a derivate parziali in due variabili spaziali più la variabile temporale; per semplicità considereremo il caso di una sola variabile spaziale – ad esempio, degli erbivori che si muovono in una valle stretta e lunga e di cui consideriamo solo il movimento lungo l'asse della valle.

---

[13] Lo stesso vale per i capitoli successivi, sia per quanto riguarda la dinamica di popolazioni – anche nell'ambito della teoria dell'Evoluzione – che per quanto riguarda i modelli epidemiologici.

[14] Questa assunzione di casualità non è del tutto evidente: gli animali potrebbero da varii indizi essere attratti in prevalenza verso certe zone, o semplicemente avere un comportamento gregario e tendere a muoversi in un gregge.

Se consideriamo scale spaziali e temporali abbastanza grandi rispetto al moto degli animali, allora la concentrazione $u(x, t)$ di animali nello spazio al tempo t e nel punto x sarà descrivibile attraverso una equazione di diffusione,

$$u_t(x, t) = \widehat{D} u_{xx}(x, t) . \tag{39}$$

D'altra parte, se consideriamo anche la riproduzione e la crescita della popolazione[15], in ogni regione spaziale avremmo una crescita di tipo logistico,

$$\frac{du(x_0, t)}{dt} = \alpha u(x_0, t) - \beta u^2(x_0, t) . \tag{40}$$

Combinando gli effetti di spostamento (diffusione) descritti dalla (39) e quelli di crescita descritti dalla (40), otteniamo che l'evoluzione di $u(x, t)$ è descritta da

$$u_t = \widehat{D} u_{xx} + \alpha u - \beta u^2 .$$

Con un cambiamento nelle unità di misura (che lasciamo al lettore sempre desideroso di fare esercizio) questa si trasforma se desiderato nella

$$u_t = D u_{xx} + u (1 - u) ,$$

cioè proprio nella equazione FKPP vista poco sopra.[16]

---

[15] Sottolineamo che ora la descrizione in termini di $u(x, t)$ è sensata su scale spaziali grandi rispetto al movimento degli animali su scale di tempo paragonabili a quelle necessarie per la riproduzione.

[16] Per delle applicazioni concrete delle equazioni di reazione-diffusione a problemi di dinamica delle popolazioni (incluse delle applicazioni non, ad esempio al controllo di insetti infestanti) si rinvia il lettore al solito testo di Murray.

Malattie infettive: il modello SIR

Abbiamo già visto in precedenza (capitolo 5) un modello di diffusione di una malattia infettiva. Come già rilevato allora, quel modello non è realistico.

In questo capitolo svilupperemo dei modelli abbastanza generali per il diffondersi di malattie infettive in comunità chiuse (isolate). Non considereremo i problemi collegati alla diffusione geografica dell'infezione, che portano a considerare equazioni alle derivate parziali.

10.1 I modelli SIR

Nei cosiddetti modelli SIR la popolazione è divisa in tre classi: i suscettibili (ossia coloro suscettibili di essere infettati), gli infettivi, ed i rimossi[1]. Questi ultimi sono coloro che sono già stati contagiati e sono ora non più infettivi né suscettibili – o perché guariti o perché isolati o anche, nel caso di malattie gravi, perché morti. Le iniziali di queste classi danno il nome al modello.[2]

Nel nostro caso, assumiamo che una volta passato per la fase infettiva il paziente sia rimosso in permanenza dalla dinamica dell'infezione, ossia che una volta guarito mantenga una immunità perpetua all'infezione in questione. In questo caso lo schema dell'andamento sarà

$$S \to I \to R \, .$$

Naturalmente è possibile immaginare situazioni più complesse, ad esempio che l'immunità conferita sia solo temporanea, per cui si ha $S \to I \to R \to S$

---

[1] Questi modelli possono essere fatti risalire al lavoro di W.O. Kermack and A.G. McKendrick, "Contributions to the mathematical theory of epydemics" (I-III) *Proc. Royal Soc. London A* **115** (1927), 700-721; **138** (1932), 55-83; e **141** (1933), 94-122. Essi sono quindi anche detti modelli di Kermack-McKendrick.

[2] Altre classi di modelli esistono: ad esempio i modelli SI, in cui dopo la fase infettiva non resta immunità alla malattia, o i modelli SEIR, in cui la E corrisponde ad una classe di individui con la malattia in stato latente; si veda il capitolo 11.

(o situazioni matematicamente più semplici, in cui non esistano i rimossi: ad esempio per una infezione non letale che non conferisce immunità).

Supponiamo inoltre che:

(a) non vi sia tempo di incubazione, ossia che ogni infetto sia immediatamente infettivo;

(b) il contagio avvenga per contatto diretto;

(c) la probabilità di incontro tra due qualsiasi individui della popolazione sia uguale;

(d) ogni individuo malato abbia una probabilità di guarigione per unità di tempo costante.

Indichiamo con N il numero totale di individui nella popolazione, che supponiamo costante (ricordiamo che eventuali morti a seguito dell'infezione vengono conteggiati nella categoria R); naturalmente indicheremo con $S(t)$, $I(t)$ ed $R(t)$, il numero di individui in ognuna delle tre classi al tempo t. Dunque

$$S(t) + I(t) + R(t) = N$$

per ogni t, e possiamo esprimere la popolazione di una delle classi in termini delle popolazioni delle altre due; ad esempio esprimeremo $R(t)$ come

$$R(t) = N - S(t) - I(t) .$$

Abbiamo assunto che il contagio avvenga per contatto diretto (ipotesi (b)); dato che gli incontri tra due qualsiasi individui sono equiprobabili (ipotesi (c)), il numero di nuovi contagiati, ed anche di nuovi infettivi (ipotesi (a)), per unità di tempo sarà proporzionale al numero di contatti tra individui nella classe S ed individui nella classe I, ossia proporzionale al prodotto SI. D'altra parte, nella stessa unità di tempo vi saranno degli individui malati e quindi infettivi che guariscono; per l'ipotesi (d) ciò avverrà in proporzione al numero dei malati.

Abbiamo quindi le seguenti equazioni SIR, con α e β parametri positivi:

$$\begin{cases} dS/dt = -\alpha SI \\ dI/dt = \alpha SI - \beta I \\ dR/dt = \beta I \end{cases} \qquad (1)$$

I dati iniziali da considerare sono del tipo $I(0) = I_0$ (un primo nucleo di individui infetti), $R(0) = R_0$ non necessariamente nullo (vi saranno degli individui naturalmente immuni dall'infezione considerata), e $S(0) = S_0 = N - I_0 - R_0$.

Come già osservato, possiamo esprimere R in funzione di N, S ed I, e quindi considerare solamente le prime due equazioni SIR, che riscriviamo come

$$\begin{cases} dS/dt = -\alpha SI \\ dI/dt = (\alpha S - \beta)I \end{cases} \qquad (2)$$

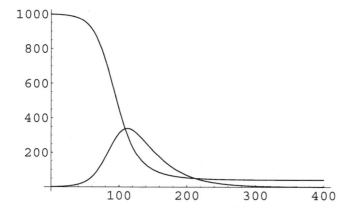

Figura 10.1. Soluzione numerica delle equazioni (2) per $\alpha = 0.0001$, $\beta = 0.03$, con $R_0 = 0$, $I_0 = 1$ e $S_0 = 1000$. Vengono presentate le funzioni $S(t)$ e $I(t)$. Notare che per $t \to \infty$, $I(t) \to 0$ ma $S(t) \to S_1 \neq 0$: restano dei suscettibili non infetti.

Ovviamente $dS/dt < 0$, e vediamo che se $S < \beta/\alpha$ allora $dI/dt < 0$: se fin dall'inizio il numero di suscettibili è inferiore al valore di soglia, $S_0 < \beta/\alpha$, l'infezione non si propaga[3]. D'altra parte, se $S_0 > \beta/\alpha$, allora I cresce finché S non scende sotto il valore di soglia $\delta := \beta/\alpha$.

Dunque, il massimo I_* di I è raggiunto per $S = \gamma$; per calcolare I_* dovremmo però anche sapere quanti individui sono nella classe R a questo punto.

Le equazioni (1) sono abbastanza semplici e possiamo risolverle esplicitamente in forma parametrica. Infatti, consideriamo I in funzione di S: dalle (1) (o anche equivalentemente dalle (2)) abbiamo

$$\frac{dI}{dS} = \frac{\alpha SI - \beta I}{-\alpha SI} = -1 + \frac{\beta}{\alpha S} . \tag{3}$$

Questa è un'equazione separabile; riscrivendola come

$$dI = [-1 + \beta/(\alpha S)]\, dS$$

ed integrando, abbiamo

$$I(S) = c_0 - S + (\beta/\alpha)\log(S) . \tag{4}$$

La costante c_0 si esprime in funzione dei valori iniziali come

$$c_0 = I_0 + S_0 - (\beta/\alpha)\, \log(S_0) . \tag{4'}$$

---

[3] Si intende con ciò che il numero di infetti non aumenta; naturalmente vi saranno dei nuovi malati (infetti), ma in misura inferiore ai malati che guariscono.

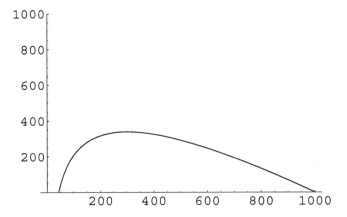

Figura 10.2. Grafico della (4) per $\alpha = 0.0001$, $\beta = 0.03$, con $R_0 = 0$, $I_0 = 1$ e $S_0 = 1000$. La curva va pensata percorsa da destra a sinistra al variare di t, come segue da $S'(t) \leq 0$. Notiamo nuovamente $I(t)$ si annulla per un tempo t_1 finito, dunque per $t \to \infty$, $I(t) \to 0$. D'altra parte $S(t_1) \neq 0$, e quindi $S(t) \to S_1 = S(t_1) \neq 0$ per $t \to \infty$.

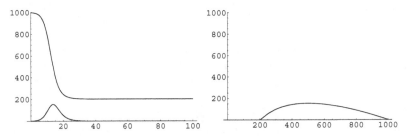

Figura 10.3. Come le figure 1 e 2 (stessi dati iniziali), ma con $\alpha = 0.001$ e $\beta = 0.5$. Quando l'epidemia è terminata, non tutta la popolazione è stata infettata ($S \neq 0$). In questo caso $S(t) \to S_1 \neq 0$ e $I(t) \to 0$ per $t \to \infty$.

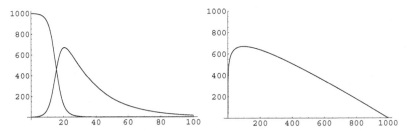

Figura 10.4. Come le figure 1 e 2 (stessi dati iniziali), ma con $\alpha = 0.0005$ e $\beta = 0.05$. Notiamo che ora quando tutta la popolazione è stata infettata ($S = 0$) vi sono ancora degli individui malati, che continuano ad essere rimossi (guarire) nel tempo successivo. In questo caso $S(t) \to 0$ e $I(t) \to 0$ per $t \to \infty$.

10.2 Parametri fondamentali per il controllo di un'epidemia

Si parla di epidemia quando il numero di infetti diventa ad un certo punto maggiore di I_0, ossia quando l'infezione si propaga. Chiaramente, quello che preoccupa è il caso in cui $I(t) \gg I_0$ per qualche valore di t, ed ancor più quello in cui il valore massimo raggiunto da $I(t)$, che indicheremo con I_*, rappresenta una parte considerevole di N.

Vaccinazione

Abbiamo già visto che l'epidemia può iniziare solo se S_0 è superiore al valore di soglia $\gamma = \beta/\alpha$, ossia la condizione per lo sviluppo dell'epidemia è:

$$S_0 > \gamma = \beta/\alpha . \tag{5}$$

Il parametro γ è anche detto *tasso relativo di rimozione*, poiché misura quanto la rimozione (guarigione o morte) è più veloce dell'infezione. Il suo inverso $\gamma^{-1} = \alpha/\beta$ è detto *tasso di contatto*.

Il numero $r = (\alpha/\beta)S_0$ è anche detto *tasso riproduttivo* dell'infezione, o tasso di infezione, nella popolazione; esso misura quante infezioni secondarie sono prodotte da ogni infezione primaria quando l'infezione è introdotta nella popolazione. Chiaramente, $r > 1$ corrisponde al caso epidemico, si veda anche la (5).

Per un dato valore di S_0 si avrà $r > 1$ o $r < 1$ a seconda delle caratteristiche dell'infezione, riassunte nell'ambito del modello SIR dai parametri α e β.

Per un'infezione data, però, l'unica variante è data da S_0 (ovvero dalla frazione S_0/N di suscettibili sul totale della popolazione). Questo può essere diverso da N (ovvero da 1) a causa di un'immunità acquisita geneticamente (come succede ad esempio per la malaria in alcune popolazioni), o a seguito di una campagna di vaccinazione.

Infatti per una determinata infezione α e β sono date[4], mentre una campagna di vaccinazione può incidere su S_0.

Consideriamo il caso in cui in assenza di vaccinazione i suscettibili sono $\widehat{S}_0 \simeq N$; allora vaccinando una percentuale η della popolazione il numero dei suscettibili diviene

$$S_0 = S_0(\eta) := (1 - \eta) \widehat{S}_0 \simeq (1 - \eta) N$$

possiamo dunque scendere sotto il valore di soglia se $(1 - \eta)N < \gamma$, cioè pur di vaccinare una sufficente frazione η della popolazione, $\eta > 1 - (\gamma/N)$.

---

[4] In realtà, α può essere modificata riducendo le opportunità di contatto tra individui, β può essere modificata dall'assunzione di medicinali, ed ambedue possono entro una certa misura essere modificate da misure profilattiche. Stiamo però pensando che queste misure siano già state prese; ossia, come Candide, di essere già nel migliore dei casi possibili.

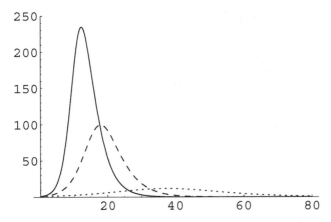

Figura 10.5. Effetti di una campagna di vaccinazione preventiva. Andamento di $I(t)$ ottenuto risolvendo numericamente le equazioni SIR con $\alpha = 0.001$ e $\beta = 0.4$, dunque $\gamma = 400$, per una popolazione totale di 1.000 individui senza vaccino (curva continua) ed in cui era stata vaccinata con successo una percentuale del 25% (curva tratteggiata) e del 50% (curva punteggiata). Nei tre casi considerati $S_0(\eta)$ è uguale rispettivamente a 1.000, 750, e 500.

Gravità dell'epidemia

Nel caso in cui si abbia un'epidemia, è importante saper stimare in anticipo qual è la percentuale totale della popolazione che sarà colpita – ossia qual è il limite di $S(t)$ per grandi t (o equivalentemente il limite di $R(t)$; ricordiamo che $I(t) \to 0$ per grandi t in ogni caso); nonché quale sarà la percentuale massima (con la notazione introdotta in precedenza, questa è I_*/N) della popolazione che sarà colpita ad un dato istante: questa sarà una misura delle misure sanitarie da approntare, o delle conseguenze da sopportare.[5]

La prima questione è risolta con l'aiuto della (4): infatti questa permette di calcolare il valore S_∞ di S quando I è pari a zero, ossia al termine dell'epidemia (questo è anche il limite di $S(t)$ per $t \to \infty$). Dalla (4) e dalla (4'), abbiamo che S_∞ e' soluzione dell'equazione

$$-(\beta/\alpha) \log(S_\infty) + S_\infty = c_0 = I_0 + S_0 - (\beta/\alpha) \log(S_0) \; ;$$

è ragionevole supporre che $I_0 \ll S_0$, cosicché il termine I_0 può essere trascurato, e possiamo (ricordando che $\beta/\alpha = \gamma$) considerare l'equazione

$$S_\infty - \gamma \log(S_\infty) = S_0 - \gamma \log(S_0) \; ,$$

---

[5] Anche un'epidemia relativamente banale come l'influenza può avere conseguenze tragiche se una larga parte della popolazione è colpita allo stesso tempo, in quanto può essere difficile mantenere in funzione servizi essenziali: ad esempio possono esserci troppi malati tra gli insegnanti, tra i conducenti di tram, o ambulanze, o tra gli stessi medici.

che si scrive anche come

$$\log[(S_0/S_\infty)^\gamma] \;=\; S_0 - S_\infty \;. \tag{6}$$

Se indichiamo con σ il rapporto S_∞/S_0 (ossia la frazione della popolazione che non sarà toccata dall'epidemia), questa si riscrive come

$$\sigma \;=\; 1 + \log[\sigma^{\gamma/S_0}] \;=\; 1 + (\gamma/S_0)\log(\sigma) \;. \tag{6'}$$

In ogni caso, l'equazione che lega S_∞ al dato iniziale è un'equazione trascendente, e non può essere risolta esattamente; è però possibile, e facile, risolverla numericamente con la precisione voluta.[6]

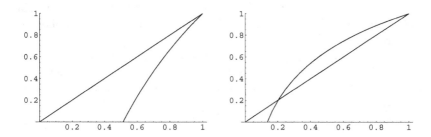

Figura 10.6. Soluzione numerica della equazione (6'). Sono mostrati i grafici della funzione $y_1(\sigma) = \sigma$ e $y_2(\sigma) = 1 + (\gamma/S_0)\log(\sigma)$, nella regione $0 \le \sigma \le 1$ (vedi testo). A sinistra, $(\gamma/S_0) = 1.2$; non si ha intersezione, ed in effetti essendo $S_0 < \gamma$ non si sviluppa epidemia. A destra, $(\gamma/S_0) = 0.5$; in questo caso si ha $S_0 > \gamma$, e si sviluppa un'epidemia, al termine della quale restano $S_\infty \approx (0.203)S_0$ individui non toccati dall'epidemia.

Veniamo ora alla seconda questione, la valutazione dell'ampiezza dell'epidemia al suo picco – ossia la stima del valore di I_*. La (4), unitamente all'osservazione che il massimo di I si raggiunge per $S = \gamma = \beta/\alpha$, permette anche di valutare quanto l'epidemia sarà diffusa nel momento di massima intensità: abbiamo infatti

$$I_* = I(\gamma) \;=\; c_0 - \gamma + (\gamma)\log(\gamma) \;. \tag{7}$$

Ricordando inoltre la (4'), e supponendo nuovamente che al tempo $t = 0$ si abbia $I_0 \ll S_0$, e dunque $I_0 + S_0 \simeq S_0$, abbiamo $c_0 \simeq S_0 - \gamma\log(S_0)$. La (7) diventa (ricordiamo che $S_0 > \gamma$, altrimenti non si ha epidemia)

$$I_* \;\simeq\; (S_0 - \gamma) + \gamma\,[\log(\gamma) - \log(S_0)] \;=\; (S_0 - \gamma) - \gamma\log(S_0/\gamma) \;. \tag{8}$$

---

[6] Notiamo che si ha sempre una soluzione banale con $S_\infty = S_0$, $\sigma = 1$ (che corrisponde al non avere epidemia); dobbiamo determinare soluzioni con $S_\infty < S_0$, $\sigma < 1$.

E' naturale – e rilevante – chiedersi come la severità dell'epidemia è influenzata da una campagna di vaccinazione. Supponiamo che in assenza di vaccinazione i suscettibili siano essenzialmente la totalità della popolazione, cosicché la (8) si scrive anche

$$I_* \simeq (N - \gamma) + \gamma \left[\log(\gamma) - \log(N)\right] = (N - \gamma) - \gamma \log(N/\gamma) . \qquad (8')$$

Se viene vaccinata con successo una frazione η della popolazione, abbiamo $S_0 = (1 - \eta)N$ e quindi il massimo di $I(t)$ sarà dato da

$$I_*(\eta) \simeq \left[(1 - \eta)N - \gamma\right] - \gamma \log[(1 - \eta)N/\gamma] . \qquad (9)$$

Notiamo che la soglia per evitare un'epidemia possa avere luogo è data da $S_0 = \gamma$, ossia da $(1-\eta)N = \gamma$: per prevenire l'epidemia è necessario (come già determinato in precedenza) che sia vaccinata una frazione della popolazione pari almeno a $\eta_0 := 1 - \gamma/N$.

D'altra parte, una campagna di vaccinazione che non raggiunga una frazione η_0 della popolazione attenuerà comunque la gravità dell'epidemia; la (9) fornisce una descrizione quantitativa della relazione tra ampiezza della campagna di vaccinazione e severità dell'epidemia.[7]

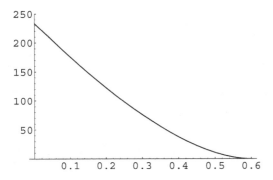

Figura 10.7. Effetti di una campagna di vaccinazione preventiva. Andamento di $I_*(\eta)$ desunto dalla (7) per $\alpha = 0.001$ e $\beta = 0.4$, dunque $\gamma = 400$, e per una popolazione totale di 1.000 individui. La soglia di vaccinazione è in questo caso pari a $\eta_0 = 0.6$.

---

[7] Ricordiamo ancora una volta che questa affermazione è valida nel contesto del modello che stiamo considerando; in particolare, stiamo qui considerando il caso in cui tutti gli individui sono equivalenti dal punto di vista epidemiologico, assunzione certo in molti casi non rispondente alla realtà. Ciononostante, come mostrato dalle figure 9 e 10, questo modello rende conto sorprendentemente bene dei dati epidemiologici in molti casi. Modelli più realistici – e quindi più complicati – sono ovviamente disponibili; si veda ad esempio O. Diekmann and J.A.P. Heesterbeek, *Mathematical epidemiology of infectious diseas*, Wiley 2000.

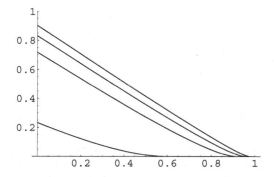

Figura 10.8. Dipendenza dell'efficacia di una campagna di vaccinazione dalla taglia della popolazione. Andamento di $I_*(\eta)$ desunto dalla (7) per $\alpha = 0.001$ e $\beta = 0.4$, dunque $\gamma = 400$, e per una popolazione totale di rispettivamente (dal basso in alto) 1.000, 5.000, 10.000 e 20.000 individui. La soglia di vaccinazione η_0 è in questo pari rispettivamente a 0.6, 0.92, 0.96 e 0.98.

10.3 Modelli e dati effettivamente disponibili

Nel caso di una vera malattia (e non di un esperimento in laboratorio) non è effettivamente possibile conoscere altro che il numero di malati che si rivolgono al sistema sanitario. Supponendo che questi possano essere considerati come rimossi (cioè che i medicamenti siano immediatamente efficaci almeno per quanto riguarda la cessazione dell'infettività, o nei più gravi che i pazienti siano immediatamente isolati) questo vuol dire che si conosce solo la funzione $R(t)$.

Per poter confrontare il nostro modello con l'esperienza dobbiamo quindi descrivere i risultati fin qui ottenuti in termini di $R(t)$; cioè proprio della quantità di cui *non* ci siamo occupati. Notiamo che procedendo ad integrare

$$\frac{dS}{dR} = \frac{-\alpha SI}{\beta I} = -\frac{S}{\gamma}$$

otteniamo facilmente $S = c_0 e^{-R/\gamma}$, con $c_0 = S_0 e^{R/\gamma}$, e quindi

$$S = S_0 \, \exp[-(R - R_0)/\gamma] \, . \tag{10}$$

Per $R_0 = 0$ abbiamo semplicemente

$$S = S_0 \, e^{-R/\gamma} \, . \tag{10'}$$

Però per analizzare la corrispondenza dei dati sperimentali con il modello quello che ci serve è una soluzione effettiva, sia pure approssimata, delle equazioni – o almeno dell'equazione per $R(t)$.

Ricordando la (1) e usando la relazione $R(t) = N - S(t) - I(t)$, scriviamo

$$\frac{dR}{dt} = \beta I = \beta(N - R - S) \, . \tag{11}$$

D'altra parte la (10) permette di esprimere S in funzione di R: abbiamo

$$\left(N - R - S_0 e^{-(R-R_0)/\gamma}\right) = \left(N - R - c_0 e^{-R/\gamma}\right)$$

e quindi la (11) diviene

$$\frac{dR}{dt} = \beta\left(N - R - c_0 e^{-R/\gamma}\right). \tag{11'}$$

Si tratta di un'equazione trascendente, che non può quindi essere risolta.

Notiamo però che se R/γ è piccolo – come è spesso il caso – allora possiamo approssimare l'esponenziale col suo sviluppo in serie[8], si veda il complemento matematico B. Ricordando che per $|x| \ll 1$,

$$e^{-x} \simeq 1 - x + x^2/2$$

ed inserendo questa nella (11), abbiamo (ponendo per semplicità $R_0 = 0$)

$$\frac{dR}{dt} = \beta\left[N - R - S_0\left(1 - (R/\gamma) + (R/\gamma)^2/2\right)\right].$$

Riordinando i termini, questa si riscrive come

$$\frac{dR}{dt} = \beta\left[(N - S_0) + \left(\frac{S_0}{\gamma} - 1\right)R - \frac{S_0}{2\gamma^2}R^2\right]. \tag{12}$$

Si tratta di un'equazione che non abbiamo studiato, ma la cui soluzione può essere trovata esattamente[9]. In generale, l'equazione

$$dx/dt = A + Bx + Cx^2$$

ha soluzione

$$x(t) = -\frac{B}{2C} + \frac{\sqrt{-B^2 + 4AC}}{2C}\tan\left[(1/2)\sqrt{-B^2 + 4AC}\,t + k_0\right];$$

qui k_0 è una costante, che può essere determinata a partire dal valore iniziale $x(0) = x_0$ come

$$k_0 = \arctan\left[\frac{B + 2Cx_0}{\sqrt{-B^2 + 4AC}}\right].$$

---

[8] Quando l'approssimazione $R/\gamma \ll 1$ non è valida, questo approccio non è giustificato; non resta che affidarsi al calcolo numerico. Si vedano per un esempio di applicazione del modello SIR ad un caso concreto in cui la condizione $R/\gamma \ll 1$ non è verificata, le figure 10 e 11, che mostrano come il modello SIR fornisca anche in questo caso risultati in buon accordo con l'esperienza.

[9] Si tratta di un'equazione separabile, e per risolverla è sufficiente calcolare l'integrale $\int [A + Bx + Cx^2]^{-1}dx$.

Usando questa formula generale – e con un po' di pazienza nei calcoli – otteniamo che la soluzione della (12) si esprime attraverso le costanti[10]

$$\varphi = \frac{1}{k} \operatorname{arctanh} \left[\frac{S_0}{\gamma} - 1 \right] \quad ; \quad k = \sqrt{((S_0/\gamma) - 1)^2 + 2(S_0/\gamma^2)(N - S_0)}$$

come

$$R(t) = \frac{\alpha^2}{S_0} \left[\left(\frac{S_0}{\gamma} - 1 \right) + k \tanh \left(\frac{k\beta t}{2} - \varphi \right) \right]. \tag{13}$$

Differenziando questa otteniamo il tasso di rimozione, ossia i nuovi rimossi in funzione del tempo. Risulta che

$$\frac{dR}{dt} = \frac{\beta \, k^2 \, \gamma^2}{2 \, S_0 \, \cosh^2[(\beta k t / 2) - \varphi]}. \tag{14}$$

In una epidemia reale i parametri che appaiono nella (14), ossia β, γ, ed S_0 (le costanti k e φ sono definite in termini di questi) non sono noti, e vanno determinati statisticamente attraverso una procedura di "best fit".

Nel lavoro di Kermack e McKendrick (1927) citato all'inizio di questo capitolo, il modello della "piccola epidemia SIR" – cioè con l'approssimazione $R/\gamma \ll 1$ qui discussa – è stato applicato ai dati epidemiologici provenienti dall'epidemia di peste a Bombay nel 1905-1906, v. figura 9.

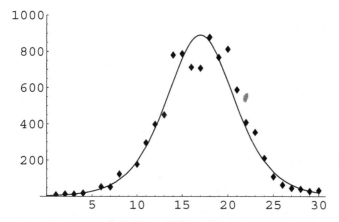

Figura 10.9. L'epidemia di peste di Bombay del 1905-1906. In questo caso i rimossi sono in realtà morti. I dati della figura si riferiscono ai morti registrati (•) e previsti dalla teoria (curva continua) per settimana. I dati teorici sono ricavati dalla (14) con il best fit per i parametri; questa corrisponde a $dR/dt \simeq 890/\cosh^2(0.2t - 3.4)$. [Rielaborazione grafica a partire dalla figura pubblicata nel testo di Murray]

---

[10] Ricordiamo che $\tanh(x)$ è la tangente iperbolica, $\tanh(x) = [\sinh(x)/\cosh(x)]$; inoltre $\sinh(x) = [(e^x - e^{-x})/2]$, $\cosh(x) = [(e^x + e^{-x})/2]$.

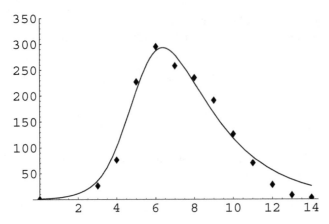

Figura 10.10. Un esempio di epidemia (meno tragica: si tratta di influenza in un collegio inglese) per cui non si applica la condizione $R/\gamma \ll 1$. In ascissa, il tempo misurato in giorni; in ordinata, il numero dei malati. Dati sperimentali ($\bullet$) e soluzione numerica delle equazioni (1) per $I(t)$ con $N = 763$, assumendo $I_0 = 1$, $S_0 = 762$. Il miglior fit, qui utilizzato, si ottiene per $\gamma = 202$, $\alpha = 2.18 \cdot 10^{-3}$ per giorno (da cui $\beta = 0.44$). Notiamo che in questo caso $S_0/\gamma = 3.77$ e R/γ arriva anch'esso a circa 3.5, quindi non si può certo utilizzare l'approssimazione $R/\gamma \ll 1$. [Rielaborazione grafica a partire dalla figura pubblicata in Murray]

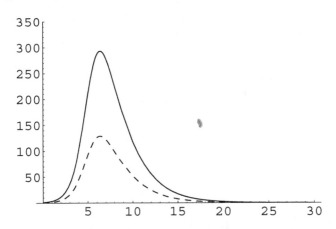

Figura 10.11. Ancora la soluzione numerica delle equazioni SIR con i parametri indicati nella figura (10); sono qui mostrati i risultati per $I(t)$ (curva continua) e per $R'(t)$ (curva tratteggiata). Quest'ultima quantità rappresenta, dal punto di vista epidemiologico, il numero dei rimossi nel giorno considerato.

11

Malattie infettive senza immunità permanente

Consideriamo ora il caso di una malattia che non conferisce immunità permanente (esempio: il raffreddore). Distingueremo il caso in cui non si ha nessuna immunità, e quello in cui l'immunità è solo temporanea.

11.1 Immunità temporanea: il modello SI(R)

Le equazioni del modello SIR, studiate nel capitolo 10, sono

$$\begin{cases} dS/dt &= -\alpha SI \\ dI/dt &= \alpha SI - \beta I \\ dR/dt &= \beta I \end{cases} \tag{1}$$

Queste assumono che dopo la fase infettiva i soggetti siano rimossi in permanenza, ossia lo schema dell'evoluzione per ogni individuo è $S \to I \to R$, ove la prima transizione può avvenire o meno.

Vogliamo ora considerare il caso in cui l'immunità è solo temporanea, ovvero lo schema diviene

$$S \to I \to R \to S .$$

In questo caso le equazioni SIR vanno modificate come segue, introducendo un tasso effettivo ρ di ritorno allo stato suscettibile:

$$\begin{cases} dS/dt &= -\alpha SI + \rho R \\ dI/dt &= \alpha SI - \beta I \\ dR/dt &= \beta I - \rho R \end{cases} \tag{2}$$

Indicheremo questo modello come SI(R), per sottolineare la temporaneità della rimozione; in letteratura è anche indicato come modello SIRS.

Evidentemente si ha ancora la conservazione del numero totale $S + I + R = N$. Non è più possibile separare semplicemente le prime due equazioni; se però usiamo la legge di conservazione appena menzionata, ad esempio scrivendo $R = N - S - I$, le tre equazioni (2) si riducono a due,

$$\begin{cases} dS/dt = -\alpha SI + \rho(N - S - I) \\ dI/dt = \alpha SI - \beta I \end{cases} \qquad (3)$$

Nella figura 1, viene graficata una soluzione delle (3) in cui inizialmente è presente un solo infettivo e nessun rimosso.

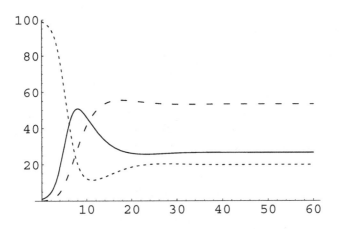

Figura 11.1. Soluzione delle equazioni SI(R) ridotte(3), per $N = 100$ con $\alpha = 0.01$, $\beta = 0.2$, $\rho = 0.1$, e dati iniziali $I(0) = 1$, $R(0) = 0$. Mostriamo le funzioni $I(t)$ con una curva continua, $S(t)$ con una curva punteggiata ed $R(t)$ con una curva tratteggiata.

Osserviamo in particolare il comportamento di $I(t)$, ossia del numero dei malati: si ha un rapido aumento iniziale, dopodiché il loro numero si stabilizza; dalla figura 2 vediamo che in effetti il sistema va all'equilibrio, ovvero S, I, R raggiungono valori stazionari.

Con il suggerimento fornito da questa indagine numerica preliminare (e la coscienza che i parametri sono stati qui scelti in modo opportuno), iniziamo col determinare le soluzioni stazionarie. Una soluzione stazionaria banale è data da $I = R = 0$, $S = N$. L'unica soluzione stazionaria non banale corrisponde a

$$S_* = (\beta/\alpha) := \gamma \ , \quad R_* = (\beta/\rho)I_* \ ; \qquad (4)$$

imponendo inoltre che $S + I + R = N$, otteniamo che (con $\eta := \beta/\rho$)

$$I_* = \left(\frac{\rho}{\alpha}\right)\left(\frac{\alpha N - \beta}{\beta + \rho}\right) = \frac{N - \gamma}{1 + \eta} \ . \qquad (5)$$

Dato che, ovviamente, solo i valori $I \geq 0$ sono accettabili, ne segue che una soluzione stazionaria non banale e biologicamente accettabile esiste solo per[1]

---

[1] Dovremmo anche richiedere $I_* \leq N$; che è sempre vero per I_* dato dalla (5).

$$\beta/\alpha \;\equiv\; \gamma \;<\; N \;. \tag{6}$$

Notiamo che per $\beta/\alpha > N$ abbiamo *a fortiori* $S < \beta/\alpha$, cosicché dI/dt è sempre negativo, e segue dalla (2) che l'infezione si estingue. Nel seguito assumiamo dunque che la (6) sia verificata.

Passiamo ora a nuove variabili (x, y, z), per cui la soluzione stazionaria non banale corrisponda ad $x = y = z = 0$; avremo

$$S = S_* + x \;, \quad I = I_* + y \;, \quad R = R_* + z \;, \tag{7}$$

dove $\{S_*, I_*, R_*\}$ sono le costanti determinate dalle (4) e (5). Nelle nuove variabili, le equazioni (2) del modello SI(R) diventano

$$
\begin{aligned}
dx/dt &= \left[\rho(\rho z - \alpha(N + y)x) - \beta^2 y + \beta(\rho(x + z) - y(\rho + \alpha x)) \right] / (\beta + \rho) \;; \\
dy/dt &= \left[(-\beta\rho + \alpha(\beta y + (y + N)\rho))x \right] / (\beta + \rho) \;; \\
dz/dt &= \beta y - \rho z.
\end{aligned}
\tag{8}
$$

In effetti, il vincolo $S + I + R = N$ si traduce in $x + y + z = 0$; ne segue che $z = -(x + y)$, usando la quale possiamo ridurci a studiare un sistema di due equazioni, che risulta essere

$$
\begin{aligned}
dx/dt &= -[\rho(\alpha N + \rho)/(\beta + \rho)]x - (\beta + \rho)y - \alpha xy \;; \\
dy/dt &= -[\rho(\beta - \alpha N)/(\beta + \rho)]x + \alpha xy \;.
\end{aligned}
\tag{9}
$$

Vogliamo ora determinare se la soluzione stazionaria $(x, y, z) = (0, 0, 0)$ è stabile o meno. Per far ciò, utilizzeremo il metodo descritto nel complemento matematico I.

La linearizzazione delle (8) intorno a $(x, y, z) = (0, 0, 0)$ – ossia delle (2) intorno a $(S, I, R) = (S_*, I_*, R_*)$ – è data dalla matrice

$$
M \;=\; \begin{pmatrix} -\mu & -\beta & \rho \\ \mu & 0 & 0 \\ 0 & \beta & -\rho \end{pmatrix}
\tag{10}
$$

dove si è scritto

$$\mu \;:=\; \frac{(\alpha N - \beta)\rho}{\beta + \rho} \;=\; \frac{N - \gamma}{1 + \eta} \;;$$

ricordiamo che $N > \gamma$, si veda la (6), e dunque $\mu > 0$.

Gli autovalori di M sono

$$\lambda_0 = 0 \;, \quad \lambda_\pm \;=\; -(\mu + \rho) \left[\frac{1 \pm \sqrt{1 - 4\mu(\beta + \rho)/(\mu + \rho)^2}}{2} \right] \;,$$

e dunque $Re(\lambda_\pm) < 0$; la presenza di un autovalore nullo è connessa alla legge di conservazione $x + y + z = 0$.

In effetti, considerare le (9) permette di eliminare questa degenerazione; la matrice ottenuta linearizzando le (9) intorno a $(x, y) = (0, 0)$ è

$$M_r = \begin{pmatrix} -\mu & -\beta \\ \mu & 0 \end{pmatrix}$$

(si noti come questa corrisponde ad una sottomatrice di M), ed i suoi autovalori sono

$$\lambda_\pm = \frac{-\mu \pm \sqrt{\mu(\mu - 4\beta)}}{2} = -\mu \left[\frac{1 \mp \sqrt{1 - 4\beta/\mu}}{2} \right] .$$

Ricordando ancora che $\mu > 0$, è facile controllare che $\lambda_\pm$ hanno sempre parte reale negativa; pertanto, la situazione stazionaria $(x, y, z) = (0, 0, 0)$ – corrispondente a $(S, I, R) = (S_*, I_*, R_*)$ – è sempre stabile.

L'approccio all'equilibrio sarà monotono per $\mu > 4\beta$, oscillatorio $\mu < 4\beta$; per una giustificazione di questa affermazione si veda il complemento matematico H.

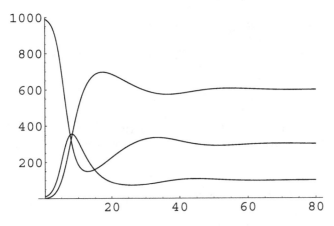

Figura 11.2. Il comportamento di S, I, R, soluzione delle equazioni SI(R), per i seguenti valori dei parametri: $\alpha = 0.001, \beta = 0.3, \rho = 0.05$ e per una popolazione di $N = 1000$ individui. Il dato iniziale è $I(0) = 10$.

11.2 Nessuna immunità: modello SI

Consideriamo ora il caso, più semplice, di una infezione per cui non si ha immunità neanche temporanea: i malati guariti sono immediatamente nuovamente suscettibili.[2]

In questo caso, abbiamo le cosiddette equazioni SI:

---

[2] Ad esempio, questo succede per il comune raffreddore; ovvero per molte infezioni veneree. In queste ultime, però, non possiamo procedere secondo questo modello: il contagio avviene tra individui di sesso opposto, e dovremmo quindi considerare

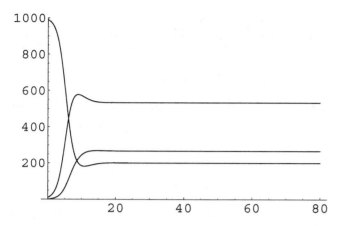

Figura 11.3. Il comportamento di S, I, R, soluzione delle equazioni SI(R), per i seguenti valori dei parametri: $\alpha = 0.001, \beta = 0.2, \rho = 0.4$. La popolazione è sempre di $N = 1000$ individui ed il dato iniziale $I(0) = 10$.

$$\begin{cases} dS/dt = -\alpha SI + \beta I \ , \\ dI/dt = \alpha SI - \beta I \ . \end{cases} \tag{11}$$

Dato che $S + I = N$, possiamo riscrivere il modello in termini di una singola equazione:

$$dS/dt \ = \ \beta N - (\alpha N + \beta)S + \alpha S^2 \ . \tag{12}$$

Questa si risolve esattamente; la soluzione risulta essere

$$S(t) \ = \ \frac{\beta e^{\alpha N t} + c_0 \, N e^{\beta t}}{\alpha e^{\alpha N t} + c_0 \, e^{\beta t}} \ , \tag{13}$$

in cui c_0 tiene conto del dato iniziale,

$$c_0 \ = \ \alpha \left(\frac{S_0 - \beta/\alpha}{N - S_0} \right) \ .$$

Per avere $S > \gamma = \beta/\alpha$, deve anche essere $N\alpha > \beta$; quindi

$$\lim_{t \to \infty} S(t) \ = \ \beta/\alpha \ .$$

Nella figura 4 mostriamo la soluzione per valori "estremi" dei dati iniziali, e per certi valori dei parametri α, β, N. Questa mostra che per qualsiasi dato iniziale (con $I(0) \neq 0$) il sistema tende ad una situazione stazionaria, in cui il numero degli infetti è costante nel tempo.

---

separatamente le popolazioni di suscettibili ed infetti dei due sessi. Si vedano a questo proposito il libro di Murray citato più volte, oppure S.P. Ellner and J. Guckenheimer, *Dynamic models in Biology*, Princeton University Press 2006.

In effetti, è facile vedere che esiste una soluzione stazionaria $S = \gamma$, e che questa attrae qualsiasi dato iniziale non banale. Infatti, se consideriamo l'andamento di S, la prima delle (11) fornisce

$$dS/dt = (\beta - \alpha S)I = \alpha I (\gamma - S) .$$

Dato che α è positiva e $I \geq 0$, abbiamo che per dati non banali (cioè $I \neq 0$), S cresce quando è minore di γ e decresce quando è maggiore di γ.

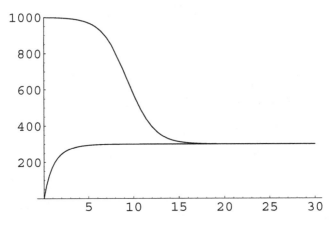

Figura 11.4. Soluzione delle equazioni SI per $\alpha = 0.001, \beta = 0.3, N = 1000$. Sono mostrate due soluzioni per $S(I)$, originate dai dati iniziali $S(0) = 1$ e $S(0) = N - 1$.

11.3 Patologie da ambiente esterno

Consideriamo infine una classe di infezioni ancora più semplice da modellizzare nei termini che stiamo qui considerando (sia per completezza che perché questa servirà per fornire un esempio particolarmente semplice nel capitolo 12, quando passeremo a considerare un approccio diverso), ossia quelle patologie che derivano da un contatto con agenti esterni e che non si trasmettono da individuo ad individuo. E' questo il caso, ad esempio, di molte infezioni respiratorie in una città molto inquinata.

In questo caso la patologia insorge a seguito dell'esposizione ad un agente esterno, o meglio al combinato di questo e di altri fattori casuali, alcuni comuni a tutta la popolazione (ad esempio un'ondata di freddo), altri relativi al singolo individuo (ad esempio un indebolimento delle difese immunitarie dovuto ad una qualche altra causa).

In questo caso la probabilità media di un individuo sano di ammalarsi sarà α per unità di tempo, quella di un individuo affetto dalla patologia di guarire sarà β per unità di tempo, e dunque

$$\begin{cases} dS/dt = -\alpha S + \beta I \, , \\ dI/dt = \alpha S - \beta I \, . \end{cases} \tag{14}$$

Chiameremo questo il modello "esterno". Il modello è assolutamente banale matematicamente, e non lo discuteremo.

Notiamo che è ragionevole supporre che i parametri α e β abbiano un andamento variabile nel tempo (ad esempio seguendo l'alternarsi delle stagioni, o anche una variabilità più casuale secondo le condizioni meteorologiche). In questo caso le equazioni lineari ed autonome (14) si trasformano in equazioni ancora lineari, ma *non autonome*[3]

$$\begin{cases} dS/dt = -\alpha(t)\,S + \beta(t)\,I \, , \\ dI/dt = \alpha(t)\,S - \beta(t)\,I \, . \end{cases} \tag{15}$$

11.4 Tempo di latenza e modelli con ritardo

Nei modelli considerati in precedenza, ogni infetto è immediatamente infettivo. Sappiamo che per molte infezioni così non è, e che c'è invece un tempo di incubazione, in cui l'infetto non è ancora infettivo. In termini più precisi, l'infettività si manifesta con un *ritardo* rispetto all'infezione.

Per tenere in conto questa caratteristica, possiamo procedere ad introdurre un modello in cui esiste anche una classe di individui per cui l'infezione è in stato di "latenza" (in inglese, "expecting", e dunque la classe è usualmente denotata con E), ossia lo schema diviene ad esempio $S \to E \to I \to R$ per il caso SIR, ora SEIR; ovvero $S \to E \to I \to R \to S$ per il caso SI(R), ora SEI(R); ovvero ancora $S \to E \to I \to S$ per il caso SI, che ora sarà SEI.

Tuttavia, possiamo anche procedere in un altro modo. Se il tempo di incubazione, o latenza, è fisso e pari a δ, il numero di nuovi infettivi[4] al tempo t è pari al numero dei nuovi infetti al tempo $t' = t - \delta$; questo a sua volta sarà proporzionale al numero di suscettibili e di infettivi al tempo $t' = t - \delta$. D'altra parte, con le assunzioni che sono oramai usuali – ossia quelle alla base dei modelli di tipo SIR – il numero di infettivi che guariscono o vengono rimossi al tempo t è proporzionale al numero di infettivi al tempo t stesso.

Abbiamo dunque, per il modello SIR con ritardo (e scrivendo $t' = t - \delta$),

$$\begin{aligned} dS(t)/dt &= -\alpha\,S(t')\,I(t') \\ dI(t)/dt &= \alpha\,S(t')\,I(t') \,-\, \beta\,I(t) \\ dR(t)/dt &= \beta\,I(t) \, . \end{aligned} \tag{16}$$

---

[3] Il lettore è invitato a determinare per esercizio la soluzione di queste equazioni (consultando se necessario il complemento matematico J) nel caso $\alpha(t) = \alpha_0 + \alpha_1 \sin(\omega t)$ e $\beta(t) = \beta_0 - \beta_1 \sin(\omega t)$ assumendo che le costanti reali che appaiono in questa espressione soddisfino $\alpha_0 > \alpha_1 > 0$, $\beta_0 > \beta_1 > 0$.

[4] Notiamo che ora è importante distinguere tra infetti ed infettivi; nel resto di questo capitolo denotiamo con I gli infettivi.

Per il modello SI(R) con ritardo le equazioni saranno

$$
\begin{aligned}
dS(t)/dt &= -\alpha\, S(t')\, I(t') \;+\; \rho\, R(t) \\
dI(t)/dt &= \alpha\, S(t')\, I(t') \;-\; \beta\, I(t) \\
dR(t)/dt &= \beta\, I(t) \;-\; \rho\, R(t) \;.
\end{aligned}
\tag{17}
$$

Infine, per il modello SI con ritardo, avremo

$$
\begin{aligned}
dS(t)/dt &= -\alpha\, S(t')\, I(t') \;+\; \beta\, I(t) \\
dI(t)/dt &= \alpha\, S(t')\, I(t') \;-\; \beta\, I(t) \;.
\end{aligned}
\tag{18}
$$

Nel caso di modelli per cui la dinamica consiste essenzialmente di un picco di attività infettiva seguita da un rilassamento a zero, l'introduzione di termini di ritardo non ha un'influenza qualitativa – semplicemente, l'onda degli infettivi si muove in ritardo.

D'altra parte, per i modelli in cui si va ad un equilibrio non banale – in cui l'infezione resta endemicamente presente – il termine di ritardo può avere delle conseguenze anche qualitative sul comportamento dell'epidemia. In particolare, un equilibrio stabile può perdere stabilità e possono comparire delle oscillazioni stabili (si veda la discussione nel capitolo 6).

Per discutere questo fenomeno ci concentriamo nel seguito sul più semplice dei modelli menzionati in precedenza, cioè sul modello SI con ritardo (18).

11.5 Modello SI con ritardo

Usando la conservazione del numero totale, scriviamo $I(t) = x$, $S(t) = N - x$. Inoltre, per semplicità notazionale scriviamo $\widehat{x}(t) = x(t-\delta)$. In questo modo, le (18) si scrivono come un'unica equazione,

$$
\dot{x} \;=\; \alpha\, \widehat{x}\, (N - \widehat{x}) \;-\; \beta\, x \;.
\tag{19}
$$

Per $\delta = 0$, questa si riduce all'equazione studiata in precedenza; le soluzioni stazionarie sono date da $x = 0$ e da

$$
x \;=\; x_0 \;:=\; N - \beta/\alpha \;=\; N - \gamma \;.
\tag{20}
$$

Quest'ultima, naturalmente, è accettabile solo per $\gamma < N$.

Linearizzando intorno a $x = 0$, scriviamo $x = \varepsilon\eta$ ed al primo ordine in ε abbiamo

$$
d\eta/dt \;=\; \alpha\,(N - \gamma)\,\eta \;;
$$

dunque l'origine è stabile per $N < \gamma$, instabile per $N > \gamma$ (dunque perde stabilità con l'apparire della soluzione x_0).

Vediamo ora la linearizzazione intorno a $x = x_0$. Scrivendo $x = x_0 + \varepsilon\xi$ ed eliminando i termini di ordine superiore in ε abbiamo

$$
d\xi/dt \;=\; -(N - \gamma)\,\xi \;=\; -x_0\,\xi \;.
\tag{21}
$$

Dunque, quando è presente (ossia per $\gamma < N$), il punto fisso $x = x_0$ è sempre stabile[5]. Le soluzioni saranno date da

$$\xi(t) = \xi_0 \, e^{\lambda_0 t} \tag{22}$$

con

$$\lambda_0 = -x_0 \, . \tag{23}$$

Procediamo ora alla stessa analisi ma per $\delta \neq 0$, seguendo la procedura descritta nel capitolo 6. Dobbiamo ora distinguere tra x ed $\widehat{x}$, e corrispondentemente tra ξ e $\widehat{\xi}$. L'equazione (21) diviene ora

$$d\xi/dt = \chi \widehat{\xi} - \beta \xi \, , \tag{24}$$

dove abbiamo scritto per semplicità $\chi = (\beta - x_0)$.

Se cerchiamo una soluzione della forma $\xi(t) = \xi_0 \exp(\lambda t)$ per la dinamica di ξ, abbiamo

$$\xi(t - \delta) = e^{\lambda \delta} \, \xi(t) \, ;$$

sostituendo questa nella (9) ed eliminando ξ_0, abbiamo

$$\lambda = \chi \, e^{\lambda \delta} - \beta \, . \tag{25}$$

Si tratta di un'equazione trascendente, e dunque non sappiamo risolverla. Quello che ci interessa, però, è sapere se – e se sì per quale valore del ritardo δ – il punto fisso x_0 diviene instabile; dato che per $\delta = 0$ abbiamo $\lambda = \lambda_0$, questo corrisponde a chiedersi se si può avere λ con parte reale nulla (perché possa avere parte reale positiva, questa deve passare per lo zero).

Scriviamo $\lambda = \mu + i\omega$, con μ ed ω reali, ed ovviamente funzioni di δ. Inserendo questa nella (25) e separando le parti reale ed immaginaria abbiamo

$$\begin{cases} \mu = \chi \, e^{-\mu \delta} \, \cos(\omega \delta) - \beta \\ \omega = - \sin(\omega \delta) \, . \end{cases} \tag{26}$$

La condizione $\mu = 0$ diviene dunque

$$\cos(\omega \delta) = \beta/\chi = \frac{1}{1 - (x_0/\beta)} \, . \tag{27}$$

Abbiamo pertanto che se $|\beta/\chi| > 1$, la parte reale resta sempre negativa e dunque il punto fisso x_0 resta stabile. Se invece $|\beta/\chi| < 1$, allora certamente esiste una soluzione alla (27), ed anzi ne esistono infinite; il primo valore di $\delta > 0$ per cui la (27) è soddisfatta (che chiameremo δ_0) è quello per cui x_0 perde stabilità; notiamo che appaiono oscillazioni di frequenza $\omega_0 = \omega(\delta_0)$ che possiamo facilmente valutare. Infatti, dalla seconda delle (26),

---

[5] Abbiamo così riottenuto in modo leggermente diverso – utile per la discussione che segue – il risultato già visto nella sezione 2.

$$|\omega_0| = |\sin(\omega_0 \delta_0)| = \sqrt{1 - \cos^2(\omega_0 \delta_0)} = \sqrt{1 - (\beta/\chi)^2} \; . \qquad (28)$$

Notiamo anche che questa ci permette di valutare il ritardo minimo δ_0 per cui il punto fisso è instabile. Infatti, dalla (27) segue che

$$\delta_0 = \frac{1}{\omega_0} \; \arccos(\beta/\chi) \; , \qquad (29)$$

e pertanto

$$\delta_0 = \frac{\chi}{\chi^2 - \beta^2} \; \arccos(\beta/\chi) \; . \qquad (30)$$

Fluttuazioni nei modelli epidemiologici

E' evidente che il processo di diffusione di una malattia avviene attraverso eventi casuali: l'incontro di un infettivo ed un suscettibile lo è, ed anche una volta che questo incontro si produca, il fatto che il suscettibile ne esca infetto o meno dipende sostanzialmente dal caso.

Nei modelli studiati in precedenza, abbiamo considerato – implicitamente od esplicitamente – l'evoluzione di quantità medie: a partire da un dato iniziale, il numero di nuovi infetti descritto dalle equazioni SIR e simili sarà il valore atteso data la distribuzione di popolazione e la probabilità di infezione, e dunque $S(t)$ descrive il valore atteso per S al tempo t, e così via.

Naturalmente, oltre a questo comportamento medio ci saranno, in ogni concreta dinamica epidemica, delle *fluttuazioni*. In questo capitolo ci occuperemo di come si possa includere questo aspetto casuale nei modelli che abbiamo studiato.[1]

Naturalmente, questa considerazione non si applica solo ai modelli epidemiologici qui considerati, ma virtualmente ad ogni modello che si occupi del mondo reale. Dunque, pur trattando un argomento determinato (per concretezza), questo capitolo può essere visto come una finestra su un diverso modo di sviluppare modelli di sistemi biologici, non in termini di equazioni deterministiche (ad esempio equazioni differenziali), ma in termini di processi casuali – o, come si dice in Matematica, *processi stocastici*.

In questo capitolo si farà uso liberamente di concetti di Probabilità elementare che dovrebbero essere noti dal corso di Probabilità o Statistica; i semplici concetti alla base della trattazione di modelli che evolvono nel tempo in modo casuale sono introdotti qui di seguito.

---

[1] Questo capitolo si colloca al di fuori della linea di sviluppo del resto del testo: lo studente che lo desideri, o che non abbia troppa simpatia per gli argomenti probabilistici, può tranquillamente omettere di studiarlo senza pregiudizio per la comprensione dei capitoli successivi.

12.1 Processi e matrici di Markov in breve

Consideriamo un processo casuale che si svolge nel tempo a passi discreti, $t \in \mathbf{Z}$; denoteremo per convenienza con dt il passo temporale. Considereremo casi per cui il sistema può trovarsi in $n+1$ *stati* distinti, numerati da un intero $k = 0, ..., n$; e per cui la probabilità di ogni stato al tempo $t + dt$ dipende dallo stato del sistema al tempo t (ma non dalla sua storia precedente). Questo è detto un *processo di Markov*. Inoltre, supponiamo di conoscere le probabilità di transizione (in un passo temporale) da uno stato all'altro, che denotiamo come $P(k \to j)$. Queste probabilità definiscono completamente il processo di Markov in esame. Supporremo inoltre che le $P(k \to j)$ non dipendano dal tempo, cosicché il processo è omogeneo.

Possiamo codificare le $P(k \to j)$ in una matrice M di componenti[2]

$$M_{kj} = P(k \to j) \ . \tag{1}$$

Notiamo che, come è anche ovvio dal significato delle $P(k \to j)$ la somma degli elementi su ogni riga di M è pari ad uno,

$$\sum_{j=0}^{n} M_{kj} = 1 \ . \tag{2}$$

La matrice M così costruita è detta *matrice di Markov* per il processo probabilistico considerato[3]; la matrice trasposta $R = M^T$ è la *matrice di ricorrenza* per il processo. In questa notazione gli stati corrispondono a vettori $\mathbf{v}^{(k)}$ che hanno componenti $\mathbf{v}_i^{(k)} = \delta_{ik}$.

Immaginiamo ora di conoscere la probabilità $p_k(t)$ che il sistema si trovi in ogni stato k al tempo t, e sia $\pi(t)$ il vettore di componenti $p_k(t)$. E' chiaro che il vettore $\pi(t + dt)$, di componenti $p_k(t + dt)$, che fornisce le probabilità di trovare il sistema nei vari stati al tempo $t + dt$ è dato da[4]

$$\pi(t + dt) = R \, \pi(t) \ ; \tag{3}$$

e più in generale

$$\pi(t + Ndt) = R^N \, \pi(t) \ . \tag{4}$$

---

[2] Attenzione: sia la matrice M che il vettore π introdotto sotto hanno indici che corrono da 0 ad n! Questa scelta è fatta per semplificare le notazioni nelle applicazioni che vogliamo considerare nel seguito, in cui k rappresenta il numero dei malati in una popolazione di n individui.

[3] Si dice anche più in generale di Markov ogni matrice di componenti non negative che soddisfi la (2).

[4] Abbiamo supposto che le probabilità di transizione (ammalarsi o guarire per ogni individuo, e dunque le $P(k \to j)$ calcolate sopra) non dipendano dal tempo; dunque anche R è costante. Se così non fosse, dovremmo introdurre una dipendenza dal tempo, ed il prodotto che appare scritto in forma di potenza nella (4) non sarebbe scrivibile in modo così semplice.

La matrice M è detta *ergodica* se non ammette sottospazi invarianti generati da vettori che rappresentano degli stati; ciò significa che ogni stato è raggiungibile da qualsiasi altro stato per una qualche realizzazione del processo.

Per le matrici di Markov ergodiche vale un teorema molto utile: gli autovalori hanno tutti modulo compreso tra 0 ed 1, l'autovalore di modulo massimo è $\lambda_0 = 1$, ed è di molteplicità uno.[5]

L'importanza di questo teorema è forse più evidente se passiamo alla base in cui M (e quindi R) è diagonale, supponendo per semplicità che questa esista; sia A la trasformazione che diagonalizza R, e scriviamo $\Lambda = A^{-1}RA = \mathrm{diag}(\lambda_0, ..., \lambda_{n+1})$, nonché $\varphi = A^{-1}\pi$.[6]

Allora l'equazione (4) diventa

$$\varphi(t + Ndt) = \Lambda^N \varphi(t) ; \qquad (5)$$

ma ora calcolare Λ^N è immediato:

$$\Lambda^N = \mathrm{diag}(\lambda_0^N, ..., \lambda_{n+1}^N) . \qquad (6)$$

Dunque per $N \to \infty$, la matrice Λ^N si riduce ad avere tutti gli elementi nulli tranne quello che corrisponde all'autovalore unitario; corrispondentemente, per $t \to \infty$, $\varphi(t)$ tenderà a ψ_0, l'autovettore di R di autovalore $\lambda_0 = 1$. In termini del vettore $\pi(t)$, abbiamo

$$\pi(t) = A\,\varphi(t) \to A\,\psi_0 .$$

Dunque per conoscere la distribuzione π_* a tempo $t \to \infty$, è sufficiente procedere come segue:

- (i) Calcolare la matrice diagonalizzante A per R;
- (ii) Determinare ψ_0 risolvendo l'equazione $(R - I)\psi_0 = 0$;
- (iii) Calcolare $\pi_* = A\psi_0$.

Notiamo anche che se $M = I + Ldt$, come sempre avviene quando le probabilità di transizione nel tempo dt sono proporzionali a dt (a meno di termini di ordine superiore), allora anche la matrice di ricorrenza si scrive nella forma $R = I + Bdt$ (con $B = L^T$), e dunque ψ_0 soddisfa anche $B\psi_0 = 0$.

Più in generale, in questo caso possiamo passare al limite $dt \to 0$ e scrivere un'equazione differenziale per l'evoluzione del vettore di probabilità $\pi(t)$; dalla (3) abbiamo $\pi(t + dt) - \pi(t) = B\pi(t)dt$ e quindi, dividendo per dt e passando al limite per $dt \to 0$, questa è

---

[5] Una semplice dimostrazione di queste proprietà è fornita ad esempio nell'appendice D del testo di L. Peliti, *Appunti di meccanica statistica*, Boringhieri 2003.

[6] Può essere opportuno, in vista della discussione che segue, notare che questa trasformazione "mescola" i vettori che rappresentano gli stati. Dunque l'ergodicità della matrice R non è in contraddizione con la forma diagonale della matrice Λ.

$$d\pi/dt \;=\; B\pi \;.\qquad(7)$$

Per ulteriori dettagli sui processi di Markov, si veda ad esempio il testo di Rozanov citato in Bibliografia. Per la velocità con cui il processo di Markov si avvicina alla distribuzione limite, si veda il testo di Peliti citato sopra.

12.2 Modello esterno

Come annunciato in precedenza, in questo capitolo considereremo nuovamente i semplici modelli fin qui studiati, ma come esempi di processi stocastici. Mentre le equazioni di tipo SIR descrivono l'andamento di quantità medie, siamo interessati ad una descrizione che vada oltre questo livello.

Iniziamo dal caso del "modello esterno" considerato nel capitolo 11: adesso ogni sano ha una probabilità αdt di ammalarsi in una unità di tempo dt, ed ogni malato una probabilità βdt di guarire nella stessa unità di tempo.

Se al tempo t abbiamo k malati e $s = n - k$ sani, allora la probabilità che nessuno dei sani si ammali è

$$(1 - \alpha dt)^s \;=\; 1 - (\alpha s)dt + o(dt) \;.$$

La probabilità $P_a(m; s)$ che ci siano m tra gli s sani che si ammalano è

$$\binom{s}{m} (1 - \alpha dt)^{s-m} (\alpha dt)^m$$

e questa è di ordine $(dt)^m$; dunque abbiamo

$$P_a(m; s) \;=\; \begin{cases} 1 - \alpha s dt + o(dt) & \text{per } m = 0 \;, \\ \alpha s dt + o(dt) & \text{per } m = 1 \text{ (e } s \neq 0), \\ o(dt) & \text{per } m > 1. \end{cases}\qquad(8)$$

Vediamo le probabilità di guarigione di q dei k malati. La probabilità che nessuno guarisca nell'intervallo dt è $(1 - \beta dt)^k = 1 - k\beta dt + o(dt)$, mentre in generale abbiamo

$$P_g(q; k) = \binom{k}{q} (1 - \beta dt)^{k-q}(\beta dt)^q$$

che è di ordine $(dt)^q$. Dunque,

$$P_g(q; k) \;=\; \begin{cases} 1 - k\beta dt + o(dt) & \text{per } q = 0 \;, \\ k\beta dt + o(dt) & \text{per } q = 1 \text{ (e } k \neq 0), \\ o(dt) & \text{per } q > 1. \end{cases}\qquad(9)$$

Dunque le probabilità $P(k \to j)$ di avere j malati al tempo $t + dt$ se al tempo t abbiamo k malati (e perciò $s = n - k$ sani), sono:

$$P(k \to j) = \begin{cases} k\beta dt + o(dt) & \text{per } j = k - 1, \\ 1 - (k\beta + s\alpha)dt + o(dt) & \text{per } j = k, \\ (s\alpha)dt + o(dt) & \text{per } j = k + 1, \\ o(dt) & \text{altrimenti.} \end{cases} \qquad (10)$$

Notiamo che queste sono le probabilità "generiche": quando $k = 0$ o $k = n$ ($s = 0$) ci sono delle ovvie modificazioni in quanto le transizioni $k \to k - 1$ o $k \to k + 1$ sono impossibili.

Per $k = 0$ abbiamo che le probabilità non nulle (a meno di termini $o(dt)$) sono unicamente

$$P(0 \to 0) = 1 - n\,a\,dt \ , \ P(0 \to 1) = n\,a\,dt \ . \qquad (11)$$

Analogamente, per $k = n$ abbiamo

$$P(n \to n) = 1 - n\,b\,dt \ , \ P(n \to n - 1) = n\,b\,dt \ . \qquad (12)$$

Possiamo codificare le $P(k \to j)$ in una matrice di Markov M come descritto nella sezione precedente; indicheremo con R la matrice di ricorrenza associata. Risulta dalla (1) e dalle (10), (11), (12) che, usando una notazione compatta, abbiamo (ricordiamo ancora che gli indici vanno da 0 ad n)

$$R_{ij} = [1 - ((n - j)a + jb)\,dt]\,\delta_{i,j} + (jb\,dt)\,\delta_{i,j-1} + [(n - j)a\,dt]\,\delta_{i,j+1} \ . \quad (13)$$

L'autovettore $\pi_* = (\pi_*^{(0)}, ..., \pi_*^{(n)})$ corrispondente all'autovalore 1 risulta avere componenti[7]

$$\pi_*^{(k)} = \binom{n}{k} \frac{a^k b^{n-k}}{(a + b)^n} \qquad (14)$$

e ciò fornisce la distribuzione stazionaria. Questa permette di calcolare la media:

$$\langle k \rangle = \sum_{k=0}^{n} k\,\pi_*^{(k)} = \left(\frac{a}{a + b} \right) n \ ; \qquad (15)$$

ma anche altre quantità. Ad esempio,

$$\langle k^2 \rangle = \sum_{k=0}^{n} k^2\,\pi_*^{(k)} = \left(\frac{na(na + b)}{(a + b)^2} \right) \qquad (16)$$

e quindi possiamo calcolare la dispersione di k (numero dei malati) intorno alla sua media:

$$\sigma^2 = \langle k^2 \rangle - \langle k \rangle^2 = \left[\frac{ab}{(a + b)^2} \right] n \ ; \qquad (17)$$

la deviazione standard è quindi

$$\sigma = \frac{\sqrt{ab}}{(a + b)} \sqrt{n} \ . \qquad (18)$$

---

[7] Il lettore è invitato a verificarlo per esercizio!

Questo approccio, sottolineamo ancora, permette di calcolare non solo le quantità medie di equilibrio – che si ottengono anche a partire dalle equazioni deterministiche considerate in precedenza – ma una informazione statistica completa.

Ciò si riferisce non solo all'equilibrio, ma a qualunque tempo t: una volta determinata la matrice di Markov e dunque la matrice di ricorrenza, l'informazione (anche probabilistica) sullo stato iniziale permette di calcolare la distribuzione di probabilità a qualsiasi tempo successivo, e dunque *a fortiori* di calcolare l'evoluzione temporale di qualsiasi quantità statistica.

Va da sé che non sempre è così facile calcolare le quantità di interesse, ed in generale potremmo essere costretti a ricorrere a calcoli numerici; resta però vero che questi forniscono una informazione molto più completa di quella che si può estrarre dai corrispondenti calcoli per le equazioni che descrivono l'evoluzione "in media".

12.3 Modello SI

Passiamo a considerare il modello SI. In questo caso l'unico equilibrio possibile è quello in cui gli individui sono tutti sani: infatti le fluttuazioni porteranno prima o poi a visitare questo stato, e lì il sistema rimane necessariamente bloccato.[8]

Le probabilità di transizione (per $k \neq 0$ e $k \neq n$) sono

$$P(k \to j) = \begin{cases} k\beta dt + o(dt) & \text{per } j = k - 1, \\ 1 - [k\beta + (n-k)k\alpha]dt + o(dt) & \text{per } j = k, \\ (n-k)k\alpha dt & \text{per } j = k + 1 + o(dt), \\ o(dt) & \text{altrimenti.} \end{cases}$$

Per $k = n$ abbiamo

$$P(n \to n) = 1 - n\beta dt \ , \ \ P(n \to n-1) = n\beta dt \ .$$

Per $k = 0$ c'è una sola probabilità non nulla: $P(0 \to 0) = 1$: se non vi sono malati, l'infezione non può colpire altri individui!

Tuttavia, va sottolineato che in questo caso le domande che ci si pongono naturalmente non riguardano la distribuzione di equilibrio per tempo infinito (banale, come abbiamo visto), ma piuttosto delle distribuzioni a tempo finito (v. anche la prossima sezione) e delle quantità che sono sostanzialmente determinate da quello che nella teoria dei processi stocastici si chiama un "tempo di uscita" (*stopping time*): ad esempio quale sarà il massimo raggiunto da I, ovvero ad esempio se per quando l'infezione si estingue ci saranno delle persone mai toccate dal contagio.

---

[8] Notiamo che sarebbe sufficiente una piccola probabilità di "generazione spontanea" dell'infezione (ad esempio attraverso contatti con l'esterno) perché esista una distribuzione limite non banale.

E' possibile studiare queste in modo analitico, ma anche fare una simulazione stocastica per valutare queste questioni. Dato che il primo approccio richiederebbe di addentrarsi eccessivamente nel campo dei processi stocastici (che hanno molte applicazioni in Biologia, ma non sono l'argomento di questo testo), seguiremo la seconda strada.

12.4 Simulazione stocastica del processo SI

Per illustrare il tipo di risultati che si ottengono da una simulazione, nel seguito riportiamo i risultati di una simulazione stocastica per il modello SI in una popolazione di $n = 100$ individui.

Lo schema di questa simulazione è il seguente. Prima di tutto, fissiamo una unità di tempo dt (sufficentemente piccola) per la simulazione. E' necessario controllare che la quantità $[\alpha k(n - k) + \beta k]dt$ sia non superiore ad uno per tutti i valori di $k \in [0, n]$; questo è sempre vero per dt abbastanza piccolo.

Possiamo d'ora in poi considerare le costanti $a := \alpha dt$ e $b = \beta dt$ come costanti fondamentali del modello.

Ora, consideriamo al tempo t uno stato con k infettivi, e dunque $(n - k)$ suscettibili. Al tempo $t + dt$, il sistema ha una probabilità bk di trovarsi nello stato con $k-1$ malati (cioè che si sia verificata una guarigione nell'intervallo tra t e $t+dt$), una probabilità $ak(n-k)$ di trovarsi nello stato con $k+1$ malati (uno dei suscettibili è stato infettato), ed ovviamente una probabilità $[1 - ak(n - k) - bk]$ di essere ancora con k malati (niente è cambiato). Naturalmente, questo è a rigore corretto solo nel limite $dt \to 0$, ma trascureremo egualmente tutti i termini e le probabilità di ordine superiore in dt.

Ora, si estrae un numero casuale r uniformemente distribuito tra 0 ed 1; l'intervallo $I = [0, 1]$ viene diviso in tre sottointervalli[9], ossia

$$I = I_+ \cup I_0 \cup I_- = [0, ak(n - k)] \cup [ak(n - k), 1 - bk] \cup [1 - bk, 1]$$

ed il numero k viene incrementato di uno se $r \in I_+$, diminuito di uno se $r \in I_-$, e lasciato invariato se $r \in I_0$.

Le figure 1 e 2 mostrano una tipica realizzazione partendo da $k = 1$ (un infettivo) in una popolazione per cui il numero di malati va verso l'equilibrio (figura 1); ed una su un tempo e con intervallo di campionamento assai più lunghi, in cui il sistema fluttua intorno all'equilibrio (figura 2).

E' evidente che in questa seconda simulazione non c'è traccia di fluttuazioni così grandi da portare, come menzionato all'inizio della sezione prece-

---

[9] Ovviamente questi devono avere intersezione nulla; indichiamo comunque gli intervalli come se fossero chiusi per facilità di lettura. L'attribuzione del punto di separazione r_0 all'uno o l'altro dei sottointervalli non ha particolare rilevanza, in quanto l'evento $r = r_0$ ha probabilità nulla; essa diviene però finita se r è determinato – come sempre avviene in un calcolo numerico – con una precisione finita.

dente, alla scomparsa dell'infezione (in effetti, queste apparirebbero su tempi incredibilmente lunghi).

Dunque, l'aspetto rilevante non è la situazione asintotica per $t \to \infty$ ma lo stato di equilibrio su scale di tempo "intermedie": abbastanza lunghe da non essere influenzate dal dato iniziale, ma non così lunghe da corrispondere a fluttuazioni eccezionali che si verificano con probabilità uno per $t \to \infty$ ma hanno probabilità zero su scale di tempo finite anche se estremamente lunghe.

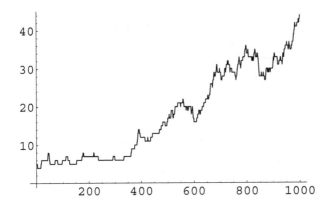

Figura 12.1. Simulazione del processo corrispondente al modello SI. Si considera una popolazione di $n = 100$ individui, e le probabilità di nuovo contagio e di guarigione per unità di tempo sono rispettivamente $a = 0.0001$ e $b = 0.005$. Viene mostrato l'andamento del numero di malati $k(t)$, aggiornato ad ogni unità di tempo, per $t \in [0, 1000]$, in una realizzazione del processo con $k(0) = 5$.

12.5 Potenziale effettivo per un processo stocastico

Vediamo ora un modo conveniente di fare delle considerazioni qualitative, ed in parte anche quantitative, sul comportamento di un processo stocastico in modo semplice. Le considerazioni esposte in questa sezione sono molto rozze, ed andrebbero sostituite da altre più precise (che eviteremo per evitare le complicazioni ad esse associate), ma saranno utili a mostrare un modo per farsi una prima idea del comportamento di un processo stocastico con poco sforzo.

Se consideriamo il valore atteso della variazione δk di k nel tempo dt, abbiamo

$$\langle \delta k \rangle = P(k \to k+1) - P(k \to k-1) + o(dt) \tag{19}$$

e dunque la quantità $K(t) := \langle k(t) \rangle$ evolve in prima approssimazione (essenzialmente, trascurando la dispersione) secondo la

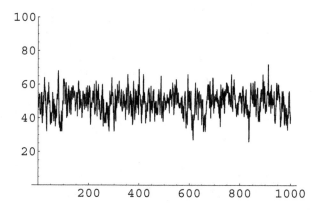

Figura 12.2. Come nella figura precedente, ma ora il campionamento viene effettuato ogni 100 unità di tempo, ed il processo è seguito per 1000 di tali cicli, ovvero per un tempo $t \in [0, 10^5]$. Il numero indicato in ascissa è quello dei cicli.

$$\frac{dK}{dt} = [\alpha(n - K) - \beta]\, K := f(K) \, . \tag{20}$$

Possiamo determinare un "potenziale effettivo" per una evoluzione di questo tipo, ossia una funzione $V(K)$ tale che

$$\frac{dK}{dt} = f(K) = -\frac{dV(K)}{dK} \, . \tag{21}$$

Nel caso del processo SI, ossia per f data dalla (10), abbiamo

$$V(K) = \frac{k^3}{3} - \left(\frac{\alpha n - \beta}{2}\right) k^2 + c_0 \; ;$$

la costante c_0 può essere fissata in modo tale che $V(K_0) = 0$ per K_0 corrispondente al valore di equilibrio $K_0 = n - \beta/\alpha$. Nel nostro caso, ciò si ottiene con la scelta

$$c_0 = \frac{(n\alpha - \beta)^3}{6\alpha^2} \, .$$

Il potenziale effettivo per il modello SI sarà dunque

$$V(k) = -\frac{(\beta - \alpha(n - k))^2 \, (\beta - \alpha(n + 2k))}{6\alpha^2} \; ; \tag{22}$$

questo è mostrato nella figura 3 per una certa scelta dei valori dei parametri.

Naturalmente, possiamo anche essere un po' più accurati per quanto riguarda le proprietà di δk. Ad esempio, possiamo calcolare

$$\langle \delta k \rangle^2 = (\beta - \alpha n)^2 \, k^2 + 2\alpha(\beta - \alpha n)\, k^3 + \alpha^2 \, k^4 \, . \tag{23}$$

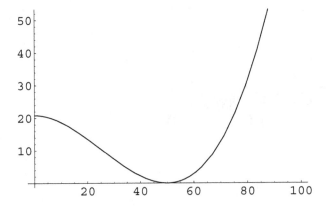

Figura 12.3. Il potenziale effettivo (12) del processo SI per $\alpha = 0.001$, $\beta = 0.05$ e $n = 100$ (con questi valori risulta $c_0 = -125/6 \simeq 20.83$).

D'altra parte, dalla (18) segue che

$$\langle(\delta k)^2\rangle \;=\; P(k \to k+1) + P(k \to k-1) \;=\; (\beta + \alpha n)k - \alpha k^2.$$

Dunque la dispersione

$$\sigma^2(k) \;=\; \left[\langle(\delta k)^2\rangle - \langle\delta k\rangle^2\right]$$

di δk (nel tempo dt) intorno al suo valore medio è data da

$$\sigma^2(k) \;=\; (\beta + \alpha n)k \;-\; [\alpha + (\beta - \alpha n)^2]k^2 - 2\alpha(\beta - \alpha n)k^3 \;-\; \alpha^2 k^4 \ . \quad (24)$$

Possiamo ora adottare una approssimazione migliore di quella usata in precedenza, usando le informazioni ottenute, ossia il fatto che nel processo che descrive l'evoluzione della $k(t)$ tra il tempo t ed il tempo $t + dt$, la quantità δk ha media $f[k(t)]$ e dispersione $\sigma^2[k(t)]$.

Possiamo inoltre per maggior semplicità approssimare $\sigma(k)$ col suo valore $\sigma_0 = \sigma(k_0)$ nel punto di minimo del potenziale effettivo[10].

La densità di probabilità di un processo siffatto è data dalla distribuzione di Boltzmann

$$\mathcal{P}(x) \;=\; \frac{1}{Z} \ \exp[-V(x)/\sigma_0] \quad\quad\quad (27)$$

dove Z è un fattore di normalizzazione, scelto in modo da garantire

$$\int \mathcal{P}(x)\,\mathrm{d}x \;=\; 1 \ . \quad\quad\quad (28)$$

---

[10] Notiamo che la differenza non è solo quantitativa: infatti ora non è più vero che lo stato $k = 0$ è "assorbente", ossia che quando una fluttuazione eccezionale porta il sistema nello stato $k = 0$ questo vi rimane indefinitamente. Come ovvio, l'approssimazione considerata ha senso solo fintanto che restiamo vicini allo stato $k = k_0$.

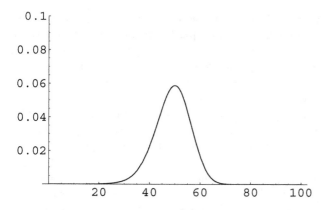

Figura 12.4. La distribuzione di probabilità $P(k) = Z \exp[-F(x)/\sigma_0]$ (ove Z è un opportuno fattore di normalizzazione) per il potenziale effettivo $F(x)$ del processo SI. La costante σ_0 è data da $\sigma_0 = \sigma(k_0)$ con k_0 il minimo del potenziale.

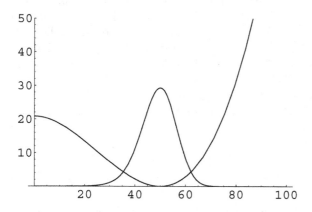

Figura 12.5. In questo grafico mostriamo, per il processo SI, il potenziale effettivo $F(x)$ insieme alla distribuzione di probabilità $P(k)$ (moltiplicata per un fattore 500 onde avere una scala grafica simile). Il processo è essenzialmente confinato all'intorno del punto di equilibrio $k_0 = b/a$.

12.6 Il processo SIR

Consideriamo ora il processo stocastico che corrisponde al modello SIR. Qui le cose sono ancora più complesse; infatti lo stato del sistema è identificato da due numeri (S ed I). Ciò non toglie che possiamo numerare tutti gli stati e scrivere la matrice di transizione, ma la dimensione di questa cresce quadraticamente con la taglia della popolazione. E' evidentemente preferibile considerare invece una simulazione stocastica.

Anche qui sappiamo che alla fine l'infezione si estinguerà, non solo per effetto di fluttuazioni eccezionali ma proprio per la dinamica del sistema (e su tempi finiti), cosicché le domande che ci facciamo non riguardano il comportamento di equilibrio ma sono di altra natura: ad esempio, il massimo raggiunto da $I(t)$, o per quanto tempo questo si mantiene al di sopra di un valore di riferimento determinato I_r.

Lo schema per simulare il processo SIR è il seguente. Innanzitutto, lo stato del sistema sarà determinato da due interi s e k, che rappresentano il numero dei suscettibili e quello degli infetti (ovviamente, il numero dei rimossi sarà semplicemente $n - k - s$).

Fissiamo una unità di tempo dt (sufficentemente piccola) per la simulazione. E' necessario controllare che la quantità $[sk\alpha + k\beta]dt$ sia non superiore ad uno per tutti i valori di s e k in $[0, n]$; questo è sempre vero per dt abbastanza piccolo. Le costanti $a := \alpha dt$ e $b = \beta dt$ saranno le costanti fondamentali del modello.

Consideriamo al tempo t uno stato, che indicheremo con $|s, k\rangle$, in cui vi sono s suscettibili e k infettivi. Al tempo $t + dt$, il sistema ha una probabilità bk di trovarsi nello stato $|s, k - 1\rangle$ (cioè che si sia verificata una guarigione nell'intervallo tra t e $t + dt$), una probabilità ask di trovarsi nello stato $|s - 1, k + 1\rangle$ (cioè che uno dei suscettibili sia stato infettato), ed ovviamente una probabilità $(1 - ask - bk)$ di essere ancora nello stato $|s, k\rangle$ (cioè che niente sia cambiato).

Si estrae un numero casuale r uniformemente distribuito tra 0 ed 1; l'intervallo $I = [0, 1]$ viene diviso in tre sottointervalli (valgono le avvertenze menzionate in precedenza),

$$I = I_+ \cup I_0 \cup I_- = [0, ask] \cup [ask, 1 - bk] \cup [1 - bk, 1]$$

e lo stato $|s, k\rangle$ diviene $|s - 1, k + 1\rangle$ se $r \in I_+$, diviene $|s, k - 1\rangle$ se $r \in I_-$, e resta invariato se $r \in I_0$.

Mostriamo in figura 6 una tipica realizzazione partendo da un piccolo nucleo di infettivi.

12.7 Processo SI(R)

Nel caso del processo SI(R), nuovamente descriviamo lo stato del sistema con i due numeri s e k. Le probabilità di transizione non nulle sono ora, trascurando i termini $o(dt)$,

$$
\begin{aligned}
P(|s, k\rangle \to |s - 1, k + 1\rangle) &= \alpha sk\, dt \\
P(|s, k\rangle \to |s, k - 1\rangle) &= \beta k\, dt \\
P(|s, k\rangle \to |s + 1, k\rangle) &= \rho(n - s - k)\, dt \\
P(|s, k\rangle \to |s, k\rangle) &= 1 - [\alpha sk + \beta k + \rho(n - s - k)]\, dt .
\end{aligned}
$$

I parametri fondamentali saranno $a = \alpha dt$, $b = \beta dt$ e $c = \rho dt$. Per effettuare la simulazione, dividiamo l'intervallo unitario negli intervalli

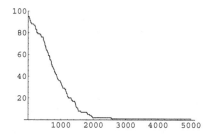
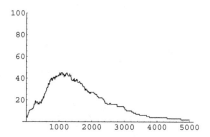

Figura 12.6. Simulazione del processo SIR per una popolazione di $n = 100$ individui con dato iniziale $S = 95$, $I = 5$, $R = 0$; i parametri del processo sono $a = 5 \cdot 10^{-5}$, $b = 10^{-3}$. A sinistra, l'andamento di S, a destra quello di I. I tempi sono misurati in termini di cicli di update.

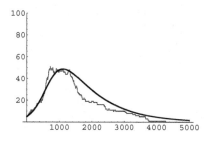
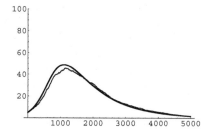

Figura 12.7. Il processo SIR con parametri $\alpha = 0.005$, $\beta = 0.1$ è stato simulato con passo $dt = 0.01$ (dunque con $a = 0.00005$, $\beta = 0.001$) su 5000 passi per una popolazione di $n = 100$ individui con dato iniziale $I(0) = 5$, $S(0) = 95$. A sinistra, confronto tra il risultato di una simulazione stocastica e la soluzione delle equazioni SIR deterministiche; a destra confronto tra queste ultime e la media di $I(T)$ su 20 realizzazioni del processo SIR.

$$I_a = [0, ask] \, , \qquad\qquad I_b = [ask, (as + b)k] \, ,$$
$$I_c = [(as + b)k, 1 - c(n - s - k)] \, , \quad I_d = [1 - c(n - s - k), 1] \, .$$

Quindi, per ogni passo di tempo dt, provvediamo ad estrarre un numero casuale r distribuito uniformememnte nell'intervallo $[0, 1]$, e provvediamo ad aggiornare lo stato del sistema secondo le regole

$$\begin{cases} |s, k\rangle \to |s - 1, k + 1\rangle & \text{se } r \in I_a, \\ |s, k\rangle \to |s, k - 1\rangle & \text{se } r \in I_b, \\ |s, k\rangle \to |s + 1, k\rangle & \text{se } r \in I_c, \\ |s, k\rangle \to |s, k\rangle & \text{se } r \in I_d. \end{cases}$$

Il risultato di una tipica simulazione condotta in questo modo a partire da un piccolo nucleo di infettivi è mostrato nella figura 9, in cui si osserva l'approccio all'equilibrio; nella figura 10 mostriamo una simulazione su una scala di tempo sostanzialmente più lunga, in cui si osserva come il sistema fluttui intorno all'equilibrio.

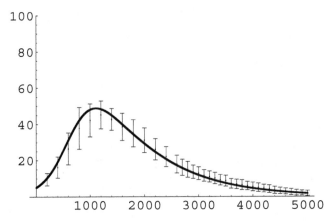

Figura 12.8. Parametri come nella figura precedente. Confronto tra i dati ottenuti da 20 simulazioni del processo SIR (la barra di errore corrisponde alla deviazione standard) e la soluzione delle equazioni SIR deterministiche.

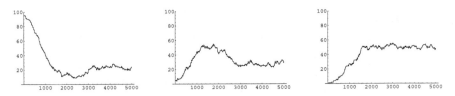

Figura 12.9. Simulazione del processo SI(R) per una popolazione di $n = 100$ individui con dato iniziale $S = 95$, $I = 5$, $R = 0$; i parametri del processo sono $a = 5 \cdot 10^{-5}$, $b = 10^{-3}$. A sinistra, l'andamento di S, al centro quello di I, a destra quello di R. I tempi sono misurati in termini di cicli di update.

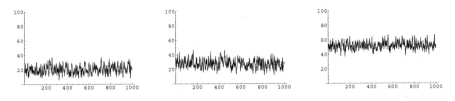

Figura 12.10. Simulazione del processo SI(R) per una popolazione di $n = 100$ individui con dato iniziale corrispondente ai valori di equilibrio attesi ($S = 20$, $I = 26$); i parametri del processo sono $a = 5 \cdot 10^{-5}$, $b = 10^{-3}$. La rilevazione dei valori di S, I, R è effettuata ogni 250 cicli di update, ed il processo è seguito per 250.000 cicli. A sinistra, l'andamento di S, al centro quello di I, a destra quello di R. I tempi sono misurati in unità di 250 cicli di update.

Competizione e cooperazione

Nel capitolo 7 abbiamo considerato il modello di Lotka-Volterra; in questo modello l'interazione tra le specie – o più precisamente i gruppi di specie – è a danno dell'una (le prede) ed a vantaggio dell'altra (i predatori). In natura, però, può anche succedere che l'interazione tra specie sia a danno di ambedue – nel caso in cui competano per le stesse risorse – o anche a vantaggio di entrambe, in caso di simbiosi o cooperazione. In questo capitolo considereremo questi casi.

13.1 Competizione interspecie ed intraspecie

Vogliamo innanzitutto discutere ancora il modello di Lotka-Volterra, ed in particolare il significato dei parametri che lo caratterizzano.

Ricordiamo che nel modello di crescita Malthusiana (esponenziale) la popolazione evolve secondo

$$\frac{dp}{dt} = \alpha\, p\, . \tag{1}$$

Il parametro α è per ovvie ragioni detto *coefficiente di crescita*.

Secondo il modello di crescita logistica, v. capitolo 3, la (1) va sostituita da un'equazione che tenga conto del fatto che l'ambiente può sostenere stabilmente una popolazione massima x_*; quando questa viene superata si ha un meccanismo di reazione, e la competizione per le risorse porta allora ad una diminuzione della popolazione. Abbiamo caratterizzato il modello con la più semplice equazione che presenta questo comportamento, ossia

$$\frac{dp}{dt} = \beta\, p\, (p_* - p)\, , \tag{2}$$

che fornisce $p'(t) > 0$ per $0 < p < p_*$, e $p'(t) < 0$ per $p > p_*$.

E' ora conveniente pensare la (2) come la (1) in cui α non è più una costante ma dipende da p. Confrontando (1) e (2), vediamo che questa interpretazione richiede

$$\alpha \;=\; \beta\,(p_* - p) \;=\; \beta\,p_* \left(1 - \frac{p}{p_*}\right). \tag{3}$$

E' naturale indicare con α_0 il valore di α quando l'effetto di reazione dovuto alla competizione non è presente ($p = 0$), dunque $\alpha_0 = \beta p_*$. Con questa notazione la (3) diviene

$$\alpha \;=\; \alpha_0 - \beta\,p \;\; ; \;\; \beta = \alpha_0/p_* . \tag{4}$$

Dunque β misura la competizione tra elementi della stessa popolazione; diremo quindi che β è il *coefficiente di competizione intraspecifica* (ossia nell'ambito della stessa specie).

Nel modello di Lotka-Volterra, come già notato, stiamo in realtà trascurando la competizione all'interno della specie, ossia stiamo ponendo eguali a zero i coefficienti di competizione intraspecifica per ambedue le specie ("predatori" e "prede").[1]

Abbiamo infatti scritto il modello come (usiamo ora dei simboli leggermente diversi da quelli usati nel capitolo 7 per i coefficienti; in questa scrittura essi sono comunque tutti positivi, come nel capitolo 7)

$$\begin{cases} dx/dt \;=\; Ax \;-\; axy \\ dy/dt \;=\; -By \;+\; bxy \;\;. \end{cases} \tag{5}$$

In questo caso i coefficienti a e b tengono conto dell'interazione tra le due specie. Possiamo quindi dire[2] che a e $(-b)$ sono i *coefficienti di competizione interspecifica* (ossia tra specie distinte).

Come già notato, un modello più realistico sarebbe quello in cui si ha anche competizione intraspecifica. Scriviamo quindi, in tutta generalità,

$$\begin{cases} dx/dt \;=\; \alpha_1 x \;+\; a_{11}x^2 \;+\; a_{12}xy \\ dy/dt \;=\; \alpha_2 y \;+\; a_{21}xy \;+\; a_{22}y^2 \;\;. \end{cases} \tag{6}$$

Va sottolineato che qui non abbiamo fatto alcuna assunzione a priori riguardo ai segni dei vari coefficienti. In effetti, ognuno di questi può assumere segni diversi: sebbene in generale sia $\alpha_i > 0$ e $a_{ii} < 0$, possono esistere popolazioni che una volta scese al di sotto di una certa soglia si riducono fino ad estinguersi (effetto Allee, v. capitolo 1), mentre al di sopra di questa soglia si espandono; inoltre, i coefficienti interspecifici a_{12} e a_{21} possono essere di segno opposto come nel caso di predatori e prede, ma anche dello stesso segno, positivo (cooperazione) o negativo (competizione), come discuteremo nel seguito.[3]

---

[1] Ricordiamo anche che nel capitolo 7 abbiamo poi brevemente considerato un modello più generale, in cui si teneva conto di questi coefficienti: la loro presenza rendeva impossibile separare le variabili.

[2] Con un pò di forzatura linguistica, dato che c'è un segno negativo.

[3] E' comunque sempre necessario assicurarsi (eventualmente introducendo termini di ordine superiore) che sia impossibile la crescita indefinita delle popolazioni, per tenere conto della limitatezza delle risorse.

Sottolineamo che in assenza dell'altra specie le popolazioni massime stabili per le due specie sono, secondo il modello (6),

$$x_* = -\frac{\alpha_1}{a_{11}} \;\; ; \;\; y_* = -\frac{\alpha_2}{a_{22}} \, . \tag{7}$$

Naturalmente, queste hanno senso – nell'ambito sel modello che stiamo considerando – solo quando sono positive.

Abbiamo così formulato un modello "generale" per l'interazione – in particolare, ma non solo, la competizione – tra due specie. Vogliamo ora utilizzarlo per studiare dei casi diversi da quello di predatori e prede; in particolare, considereremo il caso in cui le due specie sono in un certo senso molto simili e competono per le stesse risorse, e quello in cui le due specie sono non in competizione ma in cooperazione (o, al limite, in simbiosi), e dunque traggono ognuna giovamento dalla presenza dell'altra.

13.2 Il principio dell'esclusione competitiva

Iniziamo con considerare il caso in cui le due specie sono in un certo senso molto simili. Vedremo come il nostro semplice modello porti al principio della **esclusione competitiva**: *in presenza di competizione per le risorse, la specie meno adattata all'ambiente, per quanto lieve sia questa differenza, si estingue.*

In particolare, nel caso in cui le due "specie" siano in realtà due varianti di una stessa specie, ad esempio una specie ed una sua variante dovuta ad una mutazione genetica, questo modello dà un quadro semplice (fin troppo) per comprendere i meccanismi che sono alla base dell'evoluzione Darwiniana[4]

Consideriamo dunque il caso in cui le due specie sono simili; in particolare assumiamo che crescano allo stesso ritmo in presenza di risorse abbondanti, ossia

$$\alpha_1 = \alpha_2 = \alpha > 0 \, ,$$

e siano equivalenti nella competizione interspecifica, ossia

$$a_{12} = a_{21} = -\gamma < 0 \, ;$$

ma una delle due, diciamo y, è meglio adattata[5]. Ciò significa che la popolazione stabile massima di y è, sia pur di poco, maggiore di quella di x. Dalla (7), scrivendo $a_{ii} = -\beta_i$ (con $\beta_i > 0$), ciò significa che

---

[4] A questo proposito è bene notare fin d'ora che quando teniamo in conto non solo i meccanismi "medi" come in questa classe di modelli, ma anche le fluttuazioni casuali, può benissimo avvenire che a sopravvivere sia la variante meno adattata, in particolare quando questa differenza è lieve. Si veda in proposito la discussione contenuta nel seguito (capitolo 16).

[5] E' suggestivo pensare che questa differenza sia dovuta all'adozione di un comportamento "cooperativo" (ad esempio, cacciare in gruppo).

$$\frac{\alpha}{\beta_2} > \frac{\alpha}{\beta_1}$$

e dunque, dato che $\alpha > 0$,

$$\beta_2 < \beta_1 \ .$$

Scriveremo dunque

$$\beta_1 := \beta \ ; \ \beta_2 = \beta - \delta \ .$$

Con queste notazioni, il modello (6) diventa nel caso in esame[6]

$$\begin{cases} dx/dt = \alpha x - \beta x^2 - \gamma xy \\ dy/dt = \alpha y - \gamma xy - (\beta - \delta)y^2 \end{cases} \tag{8}$$

I coefficienti sono ora tutti positivi, e $0 < \delta \ll \beta$. Inoltre, perché il modello abbia senso, è necessario che ognuna delle popolazioni possa arrivare ad un livello maggiore[7] di uno. Dunque, deve essere anche $\alpha > \beta > \beta - \delta > 0$.

Quanto al coefficiente γ, è naturale supporre che esso sia intermedio tra β e $\beta - \delta$, ovvero soddisfi

$$\beta - \delta < \gamma < \beta \ .$$

Questa relazione si può anche esprimere scrivendo

$$\gamma = \beta - \nu\delta \ , \quad 0 < \nu < 1 \ . \tag{9}$$

Popolazione di equilibrio

I punti di equilibrio non banali (in cui ambedue le popolazioni sono non nulle) per il modello (8) sono dati da

$$\begin{cases} \alpha - \beta x - \gamma y = 0 \ ; \\ \alpha - \gamma x - (\beta - \delta)y = 0 \ . \end{cases}$$

---

[6] Una situazione in cui si può applicare il modello che stiamo studiando è anche la seguente: i "tipi" x ed y corrispondono a dei comportamenti diversi nella competizione per le risorse, aggressivo per il tipo x (ad esempio gli individui lottano per avere accesso alle risorse quando queste scarseggiano) – il che aggiunge dei possibili danni derivanti dagli scontri per accaparrarsi le risorse disponibili quando il confronto si svolge tra individui di questo tipo – e "collaborativo" per il tipo y (ad esempio in caso di risorse scarse gli individui segnalano agli altri membri del gruppo dove queste possono essere reperite con minore sforzo); quando due individui di tipo diverso si trovano ad accedere alle stesse risorse, essi non lottano né collaborano. Un modello di questo tipo (con una importante differenza nell'interazione interspecifica, non simmetrica in quel caso) verrà considerato nel capitolo 15.

[7] In effetti, molto maggiore: stiamo considerando effetti medi dell'interazione, e perché questo abbia senso dal punto di vista della modellizzazione è necessario che la media sia effettuata su molti esemplari.

In altre parole, questi si trovano[8] all'incrocio delle due rette

$$y \;=\; \frac{\alpha}{\gamma} - \frac{\beta}{\gamma}x \;\; ; \;\; y \;=\; \frac{\alpha}{\beta - \delta} - \frac{\gamma}{\beta - \delta}x \; .$$

L'intersezione tra queste due rette è daterminata ponendo a sistema queste due equazioni; con trasformazioni successive otteniamo

$$(\alpha/\gamma) - (\beta/\gamma)x \;=\; \alpha/(\beta - \delta) - [\gamma/(\beta - \delta)]\, x \; ;$$
$$\alpha[1/\gamma - 1/(\beta - \delta)] \;=\; [\beta/\gamma - \gamma/(\beta - \delta)]\, x \; ;$$
$$\alpha\,(\beta - \delta - \gamma)/(\gamma(\beta - \delta)) \;=\; [(\beta^2 - \beta\delta - \gamma^2)/(\gamma(\beta - \delta))]\, x \; ;$$
$$x \;=\; \alpha\,(\beta - \delta - \gamma)/(\beta^2 - \beta\delta - \gamma^2) \; .$$

Il valore di y in questo punto è dato da

$$y \;=\; \frac{\alpha}{\gamma} - \frac{\beta}{\gamma}x \;=\; \frac{\alpha}{\gamma} - \frac{\alpha\beta}{\gamma}\left(\frac{\beta - \delta - \gamma}{\beta^2 - \beta\delta - \gamma^2}\right) \;=$$

$$=\; \left(\frac{\alpha}{\gamma}\right)\left[1 - \left(\frac{\beta^2 - \beta\delta - \beta\gamma}{\beta^2 - \beta\delta - \gamma^2}\right)\right] \;=\; \frac{\alpha\,(\beta - \gamma)}{\beta^2 - \beta\delta - \gamma^2} \; .$$

Abbiamo dunque una espressione generale per il punto di equilibrio non banale:

$$(x_e, y_e) \;=\; \left(\frac{\alpha(\beta - \delta - \gamma)}{\beta^2 - \beta\delta - \gamma^2} \;,\; \frac{\alpha(\beta - \gamma)}{\beta^2 - \beta\delta - \gamma^2}\right) \; . \tag{10}$$

Bisogna però ricordare che x ed y devono rappresentare delle popolazioni: dunque, devono essere numeri positivi (o nulli se una delle due si estingue), e non ha senso – dal punto di vista del modello – considerare numeri negativi.

Quindi, si ha un equilibrio non banale significativo se e solo se ambedue x_e e y_e sono positivi, ossia se e solo se

$$\begin{cases} (\beta - \delta - \gamma) > 0 \;, \;\; \beta^2 - \beta\delta - \gamma^2 > 0 \;, \;\; (\beta - \gamma) > 0 \quad \text{oppure} \\ (\beta - \delta - \gamma) < 0 \;, \;\; \beta^2 - \beta\delta - \gamma^2 < 0 \;, \;\; (\beta - \gamma) < 0 \quad . \end{cases} \tag{11}$$

Stabilità

Nel caso ciò avvenga, dobbiamo inoltre considerare la stabilità del punto di equilibrio. Per far ciò, si procede come sappiamo (si veda il complemento matematico I). Alla fine di calcoli non difficili ma che non riportiamo qui risulta che i due esponenti rilevanti, cioè gli autovalori della matrice che descrive la dinamica linearizzata intorno al punto di equilibrio, sono

$$\lambda_1 \;=\; -\alpha \;\; ; \;\; \lambda_2 \;=\; -\alpha\,\frac{(\beta - \gamma)(\beta - \gamma - \delta)}{\beta^2 - \beta\delta - \gamma^2} \; . \tag{12}$$

---

[8] O meglio questo si trova, dato che due rette non coincidenti né parallele si intersecano in un solo punto.

Dunque λ_1 è sempre negativo, mentre il segno di λ_2 può variare. Dalla (11) segue che il numeratore della frazione è sempre positivo, in quanto i due termini devono avere lo stesso segno perché l'equilibrio sia significativo[9], mentre il denominatore avrà – a seconda dei valori dei parametri β, γ, δ – segno positivo o negativo. Solo nel primo caso il segno complessivo di λ_2 è negativo (a causa del fattore $-\alpha$, ricordando che $\alpha > 0$) ed abbiamo a che fare con un equilibrio stabile.

Il lettore attento avrà notato che finora i nostri calcoli sono stati effettuati con un coefficiente γ generale. Come detto in precedenza, però, nel caso in esame (specie simili) sarà naturale richiedere che γ soddisfi la (9). In questo caso il punto di equilibrio non banale è dato – come si ottiene inserendo la (9) nella (10) – da

$$(x_e, y_e) \; = \; \left(\frac{\alpha(1 - \nu)}{\beta(1 - 2\nu) + \delta\nu^2} \; , \; \frac{-\alpha\nu}{\beta(1 - 2\nu) + \delta\nu^2} \right) . \qquad (13)$$

Notiamo che il denominatore è lo stesso, mentre segue dalla (9) che i due numeratori hanno segno contrario.[10]

In altre parole, se la (9) è verificata, allora *non* è possibile avere un equilibrio non banale accettabile. In questo caso, una delle due specie si estingue, qualsiasi sia il dato iniziale. Notiamo inoltre che si tratterà sempre della specie meno adattata, qualunque sia la sua predominanza iniziale.[11]

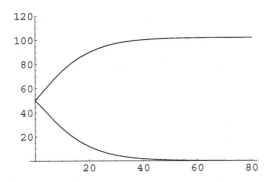

Figura 13.1. Integrazione numerica delle equazioni (8) per $\alpha = 10$, $\beta = 0.1$, $\gamma = 0.099$, $\delta = 0.002$ con popolazioni iniziali $x(0) = y(0) = 40$. In questo caso le popolazioni limite sono $x_m = 100$, $y_m = 102$. Nonostante y abbia un vantaggio del solo 2%, la popolazione x si estingue.

---

[9] In effetti, possiamo anche riscrivere λ_2 come $\lambda_2 = -\alpha^{-1}(\beta^2 - \gamma - \delta)(x_e y_e)$.

[10] Alla stessa conclusione si giunge considerando il rapporto y_e/x_e, che in questo caso è pari a $\nu/(\nu - 1)$, e ricordando che $0 < \nu < 1$.

[11] Se la (9) non è verificata, le nostre conclusioni non sono valide, e si possono avere situazioni differenti; si vedano a questo proposito le figure 3 e 4.

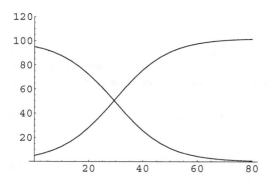

Figura 13.2. Come nella figura precedente, ma con dati iniziali $x(0) = 95$, $y(0) = 5$. Nuovamente, la popolazione x si estingue sebbene sia ampiamente dominante al tempo iniziale.

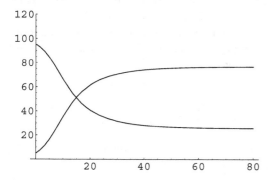

Figura 13.3. Integrazione numerica delle equazioni (8) per $\alpha = 10$, $\beta = 0.1$, $\gamma = 0.097$, $\delta = 0.002$ (si noti che ora $\gamma < \beta - \delta$) con popolazioni iniziali $x(0) = 95$, $y(0) = 5$. In questo caso le popolazioni limite sono $x_m = 100$, $y_m = 102$. La situazione di equilibrio si ha per $x = 26$, $y = 77$, e risulta stabile, v. le formule (10)-(12). In effetti, dopo un transiente in cui la popolazione x decresce rapidamente, e la y aumenta altrettanto rapidamente, si raggiunge l'equilibrio.

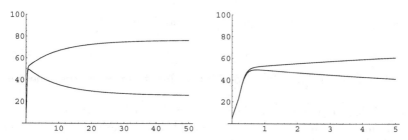

Figura 13.4. Come la figura precedente, ma con $x(0) = y(0) = 5$. A destra, dettaglio dell'evoluzione iniziale. Le due popolazioni crescono insieme fino ad una popolazione $x \simeq y \simeq 50$, dopodiché le evoluzioni si differenziano nettamente.

13.3 Cooperazione

Come detto in precedenza, il semplice modello (6) permette anche di studiare il caso in cui si abbia una cooperazione tra le due specie: ognuna di esse, in presenza dell'altra, può raggiungere una popolazione stabile maggiore che se vivesse da sola.

In questo caso nel modello (6), avremo $a_{ii} := -\beta_i < 0$, e $a_{12} = \gamma_1 > 0$, $a_{21} = \gamma_2 > 0$. Con queste notazioni, il modello (6) si riscrive come

$$\begin{cases} dx/dt = \alpha_1 x - \beta_1 x^2 + \gamma_1 xy \\ dy/dt = \alpha_2 y + \gamma_2 xy - \beta_2 y^2 \end{cases} . \tag{14}$$

Abbiamo tre casi diversi: (a) le popolazioni possono esistere anche da sole (per $\alpha_i > 0$), oppure (b) possono vivere solo l'una in presenza dell'altra ($\alpha_i < 0$); oppure, infine, (c) una di esse può vivere anche da sola, mentre l'altra ha bisogno della prima per sopravvivere ($\alpha_1 > 0$, $\alpha_2 < 0$).

La situazione di equilibrio non banale è ancora descritta dall'intersezione delle rette $(\alpha_1 + a_{11}x + a_{12}y) = 0$ e $(\alpha_2 + a_{21}x + a_{22}y) = 0$. Con la notazione usata nella (14), queste si scrivono come

$$(\alpha_1 - \beta_1 x + \gamma_1 y) = 0 \ ; \ (\alpha_2 + \gamma_2 x - \beta_2 y) = 0 \ .$$

Risulta che l'intersezione di queste due rette avviene nel punto

$$x_e = \frac{\alpha_1 \beta_2 + \alpha_2 \gamma_1}{\beta_1 \beta_2 - \gamma_1 \gamma_2} \ , \ y_e = \frac{\alpha_1 \gamma_2 + \alpha_2 \beta_1}{\beta_1 \beta_2 - \gamma_1 \gamma_2} \ . \tag{15}$$

Ricordiamo che i parametri γ_i e β_i sono positivi, mentre i parametri α_i non hanno segno determinato.

Nel caso (a) la richiesta che l'equilibrio (x_e, y_e) sia accettabile dal punto di vista del modello – ossia che sia $x_e > 0$, $y_e > 0$ – equivale a

$$\gamma_1 \gamma_2 < \beta_1 \beta_2 \ ; \tag{16}$$

nel caso (b) la stessa richiesta equivale alla condizione contraria,

$$\gamma_1 \gamma_2 > \beta_1 \beta_2 \ ; \tag{16'}$$

infine nel caso (c) si dovrebbero considerare diversi sottocasi, cosa che non faremo.

Anziché discutere in generale le caratteristiche – ed in particolare la stabilità – di questi equilibri, scegliamo di concentrarci sul caso (a); supporremo dunque che la (16) sia verificata.

La linearizzazione del sistema (14) intorno al punto (x_0, y_0) si ottiene ponendo $x = x_0 + \xi$, $y = y_0 + \eta$, e fornisce un sistema lineare

$$\frac{\mathrm{d}\zeta}{\mathrm{d}t} = A \zeta$$

dove abbiamo indicato con ζ il vettore di componenti (ξ, η). La matrice A risulta essere

$$A \;=\; \begin{pmatrix} \alpha_1 - 2\beta_1 x_0 + \gamma_1 y_0 & \gamma_1 x_0 \\ \gamma_2 y_0 & \alpha_2 + \gamma_2 x_0 - 2\beta_2 y_0 \end{pmatrix} \;.$$

Siamo naturalmente interessati al caso in cui $(x_0, y_0) = (x_e, y_e)$; sostituendo le espressioni (15) per x_e ed y_e nell'espressione generale di A, e scrivendo per comodità $\Delta = 1/(\beta_1\beta_2 - \gamma_1\gamma_2)$, otteniamo

$$A_e \;=\; \Delta \begin{pmatrix} -\beta_1(\alpha_1\beta_2 + \alpha_2\gamma_1) & \gamma_1(\alpha_1\beta_2 + \alpha_2\gamma_1) \\ \gamma_2(\alpha_1\gamma_2 + \alpha_2\beta_1) & -\beta_2(\alpha_1\gamma_2 + \alpha_2\beta_1) \end{pmatrix} \;. \tag{17}$$

Gli autovalori di A_e sono facili da calcolare ma hanno delle espressioni poco maneggevoli. E' pertanto preferibile calcolare la traccia ed il determinante di questa matrice, che sono

$$\begin{aligned} \mathrm{Tr}(A_e) &= -\Delta \; (\alpha_2\beta_1(\beta_2 + \gamma_1) + \alpha_1\beta_2(\beta_1 + \gamma_2)) \;; \\ \mathrm{Det}(A_e) &= \Delta \; (\alpha_1\beta_2 + \alpha_2\gamma_1)(\alpha_2\beta_1 + \alpha_1\gamma_2) \;. \end{aligned} \tag{18}$$

Nel caso che stiamo considerando, i parametri sono tutti positivi ed inoltre la (16) è verificata. Pertanto, segue dalle (18) che $\mathrm{Tr}(A_e) < 0$, $\mathrm{Det}(A_e) > 0$. Ricordando che (si veda il complemento matematico G)

$$\mathrm{Tr}(A_e) = \lambda_1 + \lambda_2 \;, \quad \mathrm{Det}(A_e) = \lambda_1 \lambda_2 \;,$$

segue immediatamente che gli autovalori λ_i di A_e sono ambedue negativi, e dunque il punto di equilibrio non banale (x_e, y_e) – quando esiste, ossia quando la (16) è verificata – è stabile ed anzi attrattivo.

Notiamo infine che per $y = 0$, il livello di equilibrio per la popolazione x è dato da $x_* = \alpha_1/\beta_1$; e per $x = 0$ il livello di equilibrio per la popolazione y è dato da $y_* = \alpha_2/\beta_2$. Confrontando queste e le (15), otteniamo che

$$x_e \;>\; x_* \,, \quad y_e \;>\; y_* \;:$$

ognuna delle specie ha effettivamente un vantaggio dalla presenza dell'altra.

Problemi

Problema 1. Al termine della sezione 2 si è affermato che (come ragionevole attendersi, una volta mostrato che solo una specie sopravvive) è sempre la specie meglio adattata a sopravvivere. Dimostrare questa asserzione a partire dal modello (8) e dalla discussione svolta nella sezione 2.
[*Suggerimento:* mostrare che la specie più adattata y ha sempre $dy/dt > 0$ per y abbastanza piccolo ($0 < y < y_*$), quindi non può estinguersi.]

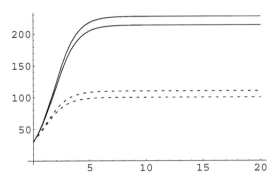

Figura 13.5. Integrazione numerica del modello (14) con $\alpha_1 = \alpha_2 = 1$, $\beta_1 = 1/100$, $\beta_2 = 1/110$, e $\gamma_1 = \gamma_2 = 0.005$, per diversi dati iniziali. Le curve continue rappresentano le soluzioni con, $x(0) = 30$, $y(0) = 0$, quindi per la sola popolazione x (curva inferiore); e per $x(0) = 0$, $y(0) = 30$, quindi per la sola popolazione y (curva superiore). Le curve tratteggiate rappresentano le soluzioni per $x(t)$ (curva inferiore) e per $y(t)$ (curva superiore) con dato iniziale $x(0) = 30$, $y(0) = 30$. L'effetto cooperativo è evidente.

Problema 2. Linearizzare la dinamica del sistema (8) intorno al punto di equilibrio (10), verificando che essa è descritta dalla matrice

$$A_e = -\frac{1}{\beta^2 - \beta\delta - \gamma^2} \begin{pmatrix} \alpha\beta(\beta - \delta - \gamma) & \alpha\gamma(\beta - \delta - \gamma) \\ \alpha\gamma(\beta - \gamma) & \alpha(\beta - \delta)(\beta - \gamma) \end{pmatrix} .$$

Verificare inoltre che gli autovalori di questa matrice sono forniti dalla (12).

Problema 3. Con riferimento alla classificazione proposta all'inizio della sezione 3, studiare il caso (b) (in cui $\alpha_i < 0$) nell'approssimazione $\beta_i = 0$; si richiede in particolare di determinare esattamente (in questa approssimazione) la relazione tra x ed y prevista dal modello.

Problema 4. Determinare la velocità di approccio all'equilibrio (x_e, y_e) per il sistema (14) nel caso (a).
[*Suggerimento:* questa è determinata dagli autovalori della matrice (17).]

Problema 5. Nel quadro della discussione della sezione 3, definiamo il *vantaggio cooperativo* come la differenza tra la taglia della popolazione all'equilibrio in presenza dell'altra popolazione e la stessa taglia in assenza dell'altra popolazione. Con le notazioni introdotte sopra, questo è $\Delta_x = (x_e - x_*)$ per la popolazione x, $\Delta_y = (y_e - y_*)$ per la popolazione y. Mostrare che (sempre nel caso (a) della classificazione) $\Delta_x = (\gamma_1/\beta_1)(\alpha_2\beta_1 + \alpha_1\gamma_2)\Delta$, $\Delta_y = (\gamma_2/\beta_2)(\alpha_1\beta_2 + \alpha_2\gamma_1)\Delta$.

Problema 6. Considerare la discussione condotta nella sezione 2 rinunciando all'assunzione (9); in particolare, mostrare che per $\gamma < \beta - \delta$ si può avere un equilibrio stabile tra i due tipi, come mostrato dalle figure 3 e 4.

Adattamento all'ambiente

In questo capitolo e nel successivo vogliamo considerare dei modelli estremamente semplici che però possono in parte rendere conto di come i meccanismi alla base dell'evoluzione nella teoria di Darwin – ossia la competizione e la differente fitness di forme diverse della stessa specie – possano effettivamente essere inseriti in modelli matematici dell'evoluzione delle specie.

14.1 Introduzione

Alla base della Teoria dell'Evoluzione vi sono due concetti: *mutazione* e *selezione*.

La prima fornisce la sorgente della variabilità degli organismi viventi, e la possibilità di esplorare nuove forme viventi e quindi migliorare l'*adattamento* all'*ambiente*.[1]

La seconda fa sì che tra tutte le forme possibili prodotte dalle mutazioni "sostenibili", vengano a sopravvivere solo quelle che meglio si adattano all'ambiente, mentre quelle meno adatte vengono ad essere "scartate"; in effetti questo processo, che Darwin chiamava semplicemente *lotta per la vita*, è basato sulla *competizione* per le risorse disponibili, che in generale non sono illimitate. Ben al contrario, tranne periodi particolari[2] i viventi tendono ad essere sempre al massimo livello di popolazione sostenibile dall'ambiente, cosicché degli ulteriori incrementi sono possibili solo migliorando il loro adattamento all'ambiente.

Naturalmente, come il lettore con conoscenze di Biologia – ed ancor più lo studente – ben sa, i concetti di "adattamento" ed ancor più "ambiente" vanno

---

[1] La traduzione italiana dei termini inglesi usati da Darwin – *fitness* ed *environment* – non rende appieno il loro significato; in particolare, per il primo preferiremo usare il termine inglese, v. in seguito.

[2] Ad esempio dopo una epidemia che ha ridotto di molto le popolazioni, o al seguito di un brusco cambio climatico che rende accessibili dei territori prima non adatti alla vita.

maneggiati con una certa cura. Ad esempio, in uno stesso ambiente sono presenti molte *nicchie ecologiche*, e specie diverse possono trarre vantaggio dalle loro specificità per meglio sfruttare una di queste nicchie.

Ancor più importante è il fatto che dell'ambiente con cui una data specie animale deve misurarsi per sopravvivere non fanno parte solo le caratteristiche del territorio, siano esse di tipo geografico (clima, geologia) o anche vegetale (vegetazione, disponibilità di piante commestibili); ma anche le altre specie animali[3].

Va da sè che considerare una tale complessità di interazioni tra le specie – e tra queste e l'ambiente – è ben al di là delle nostre possibilità; e questo non solo nell'ambito di questo testo ed in generale di un Corso di Laurea, ma proprio nel senso delle possibilità umane.

Inoltre, anche l'analisi dell'adattamento di una singola specie all'ambiente è ben più complessa di quanto vorremmo: dei caratteri molto diversi, ed apparentemente assolutamente scollegati tra di loro, del vivente possono interagire in modi spesso imprevedibili ed influenzare il suo adattamento all'ambiente.

Così il più delle volte non è possibile isolare un singolo carattere, genetico o fenotipico, e discutere come questo, o una sua mutazione, porti ad un vantaggio o svantaggio evolutivo. Ciò non toglie che sia possibile comprendere dei meccanismi generali che sono alla base dell'evoluzione, ossia di come mutazione e selezione interagiscono per dar vita al processo evolutivo – in effetti, questo è ciò che ha fatto Darwin nella sua opera.

Per far questo, è utile considerare situazioni semplificate – che sono almeno concettualmente possibili – in cui si analizza il ruolo di un singolo carattere o di una singola variabile genetica[4]. Ciò vale a maggior ragione nell'ambito della trattazione, estremamente semplificata, che faremo in questa sede.

Il nostro scopo, nei capitoli finali di questo testo, è discutere come si possa dare una formulazione matematica ai meccanismi evolutivi (in realtà ci occuperemo in prevalenza della parte di competizione e selezione – piuttosto che di mutazione – per evitare di doverci addentrare troppo nella teoria della Probabilità), e come questa formulazione permetta di render conto, in linea di principio, delle interazioni tra ogni specie ed il suo ambiente così come tra le diverse specie.

Naturalmente, la caratteristica importante di una formulazione quantitativa è che saremo in grado di descrivere non solo il risultato ultimo della selezione naturale (*survival of the fittest*), ma anche di fare predizioni sulla scala di tempo in cui ciò avviene; o anche ad esempio sulla probabilità che

---

[3] Naturalmente il discorso vale anche, *mutatis mutandis* se ci occupiamo della selezione tra specie vegetali: oltre all'interazione con il terreno ed il clima, e con le specie animali che abitano il territorio, ci sarà anche una interazione – spesso di tipo competitivo, ma a volte anche di tipo cooperativo o simbiotico – con le altre specie vegetali.

[4] Dopo tutto le leggi della Genetica sono state scoperte da Mendel lavorando su un singolo carattere di una singola specie vegetale; un carattere fortunatamente controllato da un solo gene, e dunque più facilmente studiabile.

in gruppi non troppo numerosi (i rettili delle Galapagos, tanto per fare un esempio storicamente importante per lo sviluppo del pensiero biologico), a seguito di fluttuazioni, non si abbia la prevalenza del più adatto, ma invece della specie meno favorita.

14.2 Fitness

Nei capitoli successivi considereremo la competizione tra specie (o tra "tipi" nell'ambito di una stessa specie: ad esempio, varietà mutanti); la fitness di ogni specie dipenderà – come in effetti dipende in Natura – dalla distribuzione della popolazione complessiva tra le diverse specie.[5]

Vogliamo però in un primo momento considerare una situazione diversa – e più semplice da analizzare – ossia quella in cui la fitness delle diverse specie (o dei diversi tipi) *non* dipende dalla distribuzione della popolazione.

In questo capitolo, considereremo inoltre il caso in cui *non* ci sono mutazioni: in un certo senso, studiamo la situazione in cui le mutazioni sono già avvenute e vogliamo studiare come i diversi tipi modificano la loro rilevanza nell'ambito della popolazione a seguito della loro differente fitness.

Considereremo il caso semplice in cui la riproduzione avviene in modo asessuato (il genoma è integralmente trasmesso ai discendenti) ed ogni tipo ha una sua fitness; considereremo la popolazione (e la frequenza) di ogni tipo in generazioni successive.

Ricordiamo il significato biologico della *fitness*: ogni specie, o tipo nell'ambito di una stessa specie (ma non ogni individuo: la fitness è un concetto che riguarda gruppi di individui), ha una fitness, che rappresenta il numero atteso in media (in senso probabilistico) di discendenti per individuo nell'ambito della specie o del tipo.

14.3 Evoluzione delle frequenze

In questo caso ogni specie o tipo – o più in generale ogni genoma – ha una sua fitness w_i; la popolazione n_i del tipo i diviene alla generazione successiva (notiamo che stiamo considerando per ora una dinamica Malthusiana, più semplice matematicamente; nella sezione successiva abbandoneremo questa ipotesi)

$$\widehat{n}_i = w_i\, n_i \,. \tag{1}$$

Naturalmente possiamo anche indicare con $n_i(k)$ la popolazione alla generazione k-ima, e segue dalla (1) che

---

[5] Un esempio dichiaratamente futile di questo fatto è rappresentato dal fascino (con conseguente vantaggio nella competizione riproduttiva) esercitato dai capelli biondi su popolazioni in prevalenza scure, e dai capelli scuri su popolazioni in prevalenza bionde.

$$n_i(k) \;=\; (w_i)^k \, n_i(0) \;.\tag{2}$$

Consideriamo ora le frequenze p_i dei diversi tipi. Indicando con N la popolazione totale,

$$N \;=\; \sum_i n_i \;,$$

queste saranno date per definizione da

$$p_i \;=\; \frac{n_i}{N} \;.\tag{3}$$

Dunque, la (1) diviene $\widehat{N}\widehat{p}_i = w_i p_i N$, che si riscrive anche come

$$\widehat{p}_i \;=\; w_i \, p_i \, \frac{N}{\widehat{N}} \;.\tag{4}$$

Notiamo ora che, dalla (1),

$$\widehat{N} \;=\; \sum_i \widehat{n}_i \;=\; \sum_i w_i n_i \;;$$

ricordando anche la (3), questa fornisce

$$\widehat{N} \;=\; \sum_i w_i p_i N \;=\; N \sum_i p_i w_i \;.\tag{5}$$

Notiamo ora che il termine di somma non è altri che la fitness media $\langle W \rangle$ della popolazione originaria: infatti esso fornisce la somma delle fitness degli N membri della popolazione, divisa per il loro numero N; o meglio la media delle fitness w_i dei tipi, ognuna pesata con il peso statistico p_i del tipo nella popolazione totale.

Quindi la (5) si riscrive come

$$\widehat{N} \;=\; \langle W \rangle \, N \;.\tag{5'}$$

Inserendo questa relazione nella (4), otteniamo la *legge di evoluzione delle frequenze*:

$$\widehat{p}_i \;=\; \frac{w_i p_i}{\langle W \rangle} \;=\; \frac{w_i}{\langle W \rangle} \, p_i.\tag{6}$$

In particolare, otteniamo che (come ovvio dalla definizione di fitness) la frequenza del tipo i aumenta se la sua fitness è superiore alla fitness media della popolazione, diminuisce se essa è inferiore alla fitness media della popolazione.

14.4 Competizione globale per le risorse

Consideriamo ora il caso in cui le fitness dei vari tipi non dipendono dalla distribuzione della popolazione, ma dipendono comunque dalla taglia totale della popolazione. Ciò corrisponde a dire che si ha una competizione "globale" per le risorse, in cui gli effetti competitivi sono gli stessi per tutti i tipi, e dunque non dipendono dalla distribuzione della popolazione tra i diversi tipi.[6]

In altre parole, assumiamo che sia

$$w_i = z_i \, f(N) \qquad (7)$$

con z_i delle costanti, che chiameremo *fitness relative*. In questo caso,

$$\langle W \rangle = \sum_i p_i w_i = \sum_i p_i z_i f(N) = f(N) \sum_i p_i z_i := f(N) \, \langle Z \rangle$$

dove $\langle Z \rangle$ rappresenta la *fitness relativa media*.

Possiamo quindi scrivere che

$$\widehat{N} = \langle Z \rangle \, f(N) \, N \,.$$

Inoltre, l'evoluzione delle popolazioni sarà data da

$$\widehat{n}_i = z_i \, f(N) \, n_i = z_i \, p_i \, f(N) \, N \,.$$

Dunque, l'evoluzione delle frequenze è ora descritta da

$$\widehat{p}_i = \frac{\widehat{n}_i}{\widehat{N}} = \frac{z_i}{\langle Z \rangle} \, p_i \,. \qquad (8)$$

In questo caso, l'evoluzione delle frequenze è controllata dalle fitness relative, come descritto dalla (8), nello stesso modo in cui nel caso Malthusiano era controllato dalle fitness assolute, come descritto dalla (6).

A scanso di malintesi, chiariamo che la (6) è ancora valida: infatti

$$\frac{w_i}{\langle W \rangle} = \frac{z_i f(N)}{f(N) \langle Z \rangle} = \frac{z_i}{\langle Z \rangle} \,.$$

14.5 Il teorema di Fisher

In un capitolo precedente (capitolo 13) abbiamo visto come la selezione naturale abbia luogo in termini di modelli di popolazione deterministici, dando origine al principio dell'esclusione competitiva.

---

[6] Nell'ambito dei modelli di popolazioni interagenti discussi nel capitolo 13, avremmo delle equazioni del tipo $dn_i/dt = \alpha_i n_i - \beta n_i \sum_j n_j$, in cui il coefficiente di crescita α_i è diverso da tipo a tipo, mentre quello di competizione interspecifica tra i tipi i e j e quello di competizione intraspecifica per il tipo i sono tutti uguali fra loro.

Mostreremo ora un classico teorema, dovuto a Fisher[7] (1925), che afferma come la fitness media di una popolazione sottoposta alla selezione naturale non diminuisca mai.

E' opportuno sottolineare come questo risultato sia valido solo nell'ambito di una descrizione con fitness che non dipendono dalla distribuzione della popolazione tra i diversi tipi (ossia del tipo "competizione con l'ambiente"); a questo proposito si veda anche il capitolo 15.

Useremo alcune assunzioni per semplificare l'argomento. Vale a dire, consideriamo una riproduzione asessuata in cui i discendenti ereditano completamente il patrimonio genetico del genitore (vale a dire, senza alcuna mutazione), ed assumiamo che gli eventi riproduttivi avvengano in maniera indipendente.

Allora, sia n_i^0 il numero di individui di tipo i alla generazione iniziale[8], e sia $\sum_i n_i^0 = N^0$; ognuno di questi individui avrà un numero di discendenti proporzionale alla fitness w_i del tipo i.

Come abbiamo già visto, il numero atteso di individui di tipo i alla generazione successiva sarà in media[9]

$$n_i = N \frac{n_i^0 w_g}{\sum_j n_j^0 w_j} . \qquad (9)$$

Passiamo a considerare le frequenze x_i^0 nella generazione iniziale ed x_i in quella successiva:

$$x_i^0 = \frac{n_i^0}{\sum_j n_j^0} = \frac{n_i^0}{N^0} \quad , \quad x_i = \frac{n_i}{\sum_j n_j} = \frac{n_i}{N} .$$

Segue dalla (9) che

$$x_i \simeq \frac{x_i^0 w_i}{\sum x_j^0 w_j} . \qquad (10)$$

Se ora consideriamo la fitness media $\langle W \rangle$ nella nuova generazione, ed indichiamo con $\langle W \rangle_0$ quella della generazione iniziale, abbiamo

$$\langle W \rangle = \sum_i x_i w_i = \frac{\sum x_i^0 w_i^2}{\sum x_j^0 w_j} = \frac{\langle W^2 \rangle_0}{\langle W \rangle_0} . \qquad (11)$$

Ma da una ben nota formula di Statistica sappiamo che la varianza di W è data da

---

[7] Si tratta dello stesso Fisher che è la "F" dell'equazione di reazione-diffusione FKPP menzionata nel capitolo 9; in effetti, come detto nel capitolo 9, egli aveva introdotto questa equazione per descrivere la diffusione di un gene vantaggioso in una popolazione.

[8] Nelle discussioni del teorema di Fisher si parla abitualmente di genoma anziché di tipi. Differenti genomi corrisponderanno a diversi tipi.

[9] Più precisamente, n_j sarà una variabile casuale distribuita con una legge di Poisson: la probabilità che il numero n_g abbia un dato valore è $P(n_g) = [e^{-\nu_g}/(n_g!)]\nu_g^{n_g}$.

$$\sigma^2(W) \;=\; \langle W^2 \rangle - \langle W \rangle^2 \;;$$

questa si riscrive anche come

$$\langle W^2 \rangle \;=\; \langle W \rangle^2 + \sigma^2(W) \;, \tag{12}$$

il che implica in particolare $\langle W^2 \rangle \geq \langle W \rangle^2$ e dunque

$$\frac{\langle W^2 \rangle}{\langle W \rangle} \;\geq\; \langle W \rangle \;.$$

Applicando questa disuguaglianza all'ultimo membro della (11) abbiamo

$$\frac{\langle W^2 \rangle_0}{\langle W \rangle_0} \;\geq\; \langle W \rangle_0 \;; \tag{12}$$

risalendo la catena di uguaglianze (11) fino al suo primo membro, ciò mostra infine che

$$\langle W \rangle \;\geq\; \langle W \rangle_0 \;. \tag{13}$$

Abbiamo così mostrato, come annunciato, che ad ogni generazione la fitness media della popolazione non diminuisce.

La discussione svolta in precedenza mostra che in realtà la fitness resta costante – cioè il segno di uguaglianza si applica nella (13) – solo se la popolazione ha raggiunto un *equilibrio*, in cui la fitness di ogni tipo presente nella popolazione è uguale (e dunque uguale alla fitness media), altrimenti aumenta (la dimostrazione di questo fatto, ad esempio utilizzando la (12), è lasciata al lettore come un semplice e piacevole esercizio).

Quindi, abbiamo in realtà mostrato che nell'ambito dei modelli che stiamo considerando – cioè se la fitness non dipende dalla distribuzione della popolazione tra i diversi tipi – la fitness media $\langle W \rangle$ aumenta sempre fino a raggiungere un valore costante quando la popolazione è in equilibrio; e viceversa la popolazione può essere in equilibrio solo se $\langle W \rangle$ è (almeno localmente) in un suo massimo.

14.6 Osservazioni

Per finire, raggruppiamo qui alcune osservazioni (anche bibliografiche) che sarebbe stato naturale fare nel corso della nostra discussione, ma che la avrebbero resa troppo frammentaria.

(1) Nella parte iniziale di questo capitolo abbiamo accennato a come dei bruschi cambi climatici possano creare situazioni malthusiane in natura; un esempio di questo è fornito dal processo di "ricolonizzazione" dell'Europa da parte di specie arboree (ad esempio, querce) al termine dell'ultima glaciazione, discusso in J. Istas, *Mathematical modeling for the life sciences*, Springer.

(2) Abbiamo anche menzionato come la complessità degli ecosistemi vada ben al di là della presente comprensione umana. Il più volte citato testo di Murray contiene (cap.III) delle istruttive discussioni di come degli interventi "a fin di bene" sul territorio che non hanno tenuto conto né della complessità delle interazioni tra specie e tra queste e l'ambiente, né della fondamentale ignoranza umana di questi meccanismi, abbiano portato a catastrofi ambientali – e quindi umane per le popolazioni che in quei territori vivevano – di carattere epocale.

(3) In questo capitolo le fitness, che pure alla fin fine descrivono quanto una specie sarà efficace nella lotta per le risorse disponibili e quindi per la sopravvivenza, non dipendono dalla distribuzione della popolazione, cioè da chi sono i competitori con cui ogni individuo deve confrontarsi. In un certo senso, ed in riferimento a quanto verrà discusso nel capitolo 15, qui la competizione non è tra specie ma tra ogni specie e l'ambiente. Questo punto di vista è stato sviluppato in particolare da Lewontin, si vedano R.C. Lewontin, "Evolution and the theory of games", *J. Theor. Biol.* **1** (1961), 382-403; e R.C. Lewontin, *The genetic basis of evolutionary change*, Columbia University Press (1974).

(4) Nella nostra trattazione abbiamo supposto di poter discutere il vantaggio evolutivo di un singolo carattere, cosa che appare impossibile in natura. E' appropriato menzionare che delle situazioni di laboratorio in cui è invece possibile controllare un dato carattere sono state create e permettono di studiare l'evoluzione a livello virale. Si veda al proposito l'articolo di rassegna "Viral evolution", di S.C. Manrubia ed E. Lázaro, *Physics of Life Reviews* **3** (2006), 65-92; una breve discussione è data anche nel capitolo I di J. Maynard Smith, *Evolutionary genetics*, Oxford University Press 1989.

(5) Il teorema di Fisher è enunciato e discusso in dettaglio nel libro di R.A. Fisher, *The genetical theory of natural selection*, Clarendon Press (1930). Per una introduzione, si vedano anche le lezioni di L. Peliti alla SISSA (disponibili in rete) citate in Bibliografia. Una trattazione del teorema di Fisher e di sue (anche recenti) generalizzazioni è fornita in P. Ao, "Laws in Darwinian evolutionary theory", *Physics of Life Reviews* **2** (2005), 117-156

(6) Il teorema di Fisher si applica all'evoluzione del valore medio (in senso probabilistico) della fitness, e non tiene quindi conto delle fluttuazioni (che sono a rigore trascurabili solo nel limite in cui la taglia della popolazione diviene infinita). In una situazione reale, o comunque per una popolazione finita (anche assumendo che le fitness siano in effetti indipendenti dalla distribuzione della popolazione tra i diversi tipi), vi saranno delle fluttuazioni casuali che possono portare non solo ad una diminuzione temporanea della fitness media, ma anche a fissare un carattere genetico che sarebbe in effetti svantaggioso. Questo fenomeno verrà discusso nel capitolo 16.

15

Competizione ed equilibri evolutivi

In questo capitolo continuiamo la discussione di modelli estremamente semplici che possono (almeno in parte) rendere conto di come i meccanismi alla base dell'evoluzione possano essere inglobati inmodelli matematici di quest'ultima, ed effettivamente guidarla nella descrizione data dai modelli. A differenza di quanto fatto nel capitolo 14, supporremo qui che le fitness dei diversi tipi dipendano anche – ed anzi, per semplicità, solo – dalla distribuzione della popolazione tra i diversi tipi.

15.1 Introduzione

Per semplificare il più possibile la discussione, considereremo ancora una volta il caso in cui esistono solo due tipi in competizione, ed inoltre i due tipi in competizione sono identici a meno di un solo carattere (ad esempio, un gene per cui esistono due alleli).[1]

In questo capitolo considereremo l'approccio basato sulla cosiddetta "teoria dei giochi"; sottolineamo che si tratta ancora di una descrizione deterministica, che considera l'evoluzione di quantità medie.[2]

L'idea alla base di quest'approccio è che i differenti individui non si trovano ognuno a vivere per proprio conto ed a trarre profitto da delle risorse preassegnate ad ognuno ed uguali per tutti, ma competono per le stesse risorse (cibo, spazio, possibilità di riprodursi, ecc.).

Dunque, si ha una serie di confronti tra individui (di tipo diverso o anche dello stesso tipo) e da ogni confronto ognuno dei partecipanti trae dei

---

[1] Ripetiamo ancora una volta che va da sé che questo modello è ridicolmente semplice; ciononostante, come già nei capitoli precedenti, ci darà delle indicazioni che sono valide in casi molto ma molto più generali – che naturalmente non saremo in grado di trattare in questa sede.

[2] Mentre nel capitolo 16 ci si baserà su una descrizione in termini di processi casuali, cioè probabilistica.

vantaggi o degli svantaggi. Nella descrizione fornita dalla teoria dei giochi, si considerano delle situazioni "medie" per i diversi tipi, o piu' precisamente per i confronti tra ogni possibile coppia di tipi.

Ad esempio, se il confronto è allo scopo di appropriarsi di un territorio più favorevole e gli animali sono stati distinti in due tipi (diciamo A=grandi e B=piccoli), diremo che quando si trovano a competere un tipo A ed un tipo B, c'è un certo vantaggio per A, mentre quando si trovano a competere due animali dello stesso tipo ognuno in media ha una probabilità del 50% di vincere ed appropriarsi del territorio – ma se il confronto porta ad un combattimento, anche una certa probabilità di riportare dei danni o morire.

Dunque, considereremo i risultati attesi *in media* dai confronti tra i diversi tipi in cui abbiamo suddiviso la popolazione considerata, e trarremo delle indicazioni da questi, in particolare per quanto riguarda gli equilibri tra i diversi tipi all'interno della stessa popolazione.

Va detto che quest'approccio è stato utilizzato anche per comprendere l'evoluzione non dei caratteri genetici ma del *comportamento* degli animali. E' dunque comune trovare una certa confusione tra questi due aspetti nei testi che discutono l'argomento (e questo testo non farà eccezione); anche perché in molti casi non è facile determinare quali aspetti siano determinati geneticamente e quali non siano invece fenotipici.[3]

Infine, sottolineamo come da una parte l'approccio basato sulla teoria dei giochi riconosca come la competizione che è alla base dell'evoluzione si svolga in ultima analisi sempre tra individui e non tra gruppi (o tra gruppi e non tra insiemi di tutte le popolazioni con un certo gene), ma consideri poi unicamente il risultato medio[4] dei confronti tra gli attori.

Per andare più a fondo, e cioè considerare il fatto che vi saranno delle fluttuazioni intorno alla media (per cui, nell'esempio dato sopra, può avvenire a volte che un animale piccolo riesca a sconfiggerne uno più grande nella lotta per un territorio), bisognerebbe considerare dei modelli che mettano in gioco la teoria delle probabilità; cosa questa che faremo, nel caso più elementare possibile, nel capitolo 16.

---

[3] E' forse il caso di sottolineare che, come rilevato da J. Maynard Smith (*Evolutionary Genetics*, Oxford University Press; capitolo I), se c'è una classe di caratteri per cui le ipotesi alla base della teoria di Darwin sicuramente *non* si applicano, ed anzi è valida una descrizione Lamarckiana, questi sono i caratteri culturali, trasmissibili per via non-genetica. Ciononostante, la descrizione della teoria dei giochi sembra applicarsi altrettanto bene – con le dovute cure nella formulazione dei modelli ed interpretazione dei risultati – sia a caratteri genetici che a caratteri culturali.

[4] Naturalmente vi sono molte sottigliezze riguardo a come questo "risultato medio" vada inteso; rimandiamo però al corso di Probabilità per questo, e supponiamo che si sia in grado di dare una definizione operativa o una stima concreta di cosa sia questo risultato medio.

15.2 Teoria dei giochi

Consideriamo per semplicità, come detto sopra, il caso in cui la competizione si svolga tra due sole possibilità (ad esempio, due possibili alleli per un dato gene, o due possibili fenotipi, o due strategie comportamentali per un animale, o due specie interagenti in un ecosistema, etc). Stabiliamo, per semplicità di linguaggio, di chiamare queste due possibilità i "tipi" A e B, fermo restando che "tipo" può voler dire allele. specie, etc.; vedi sopra.

In questo capitolo la competizione tra i tipi sarà considerata, come già annunciato, in termini di **teoria dei giochi**[5]. L'idea alla base di questo approccio è che si ha una competizione per le risorse disponibili (ad esempio, un territorio più favorevole) che è tra gli individui; vogliamo sapere come evolveranno le cose – in questo caso gli equilibri (o squilibri) tra i tipi – *in media*.[6]

Quando due individui del tipo A si confrontano, avranno una uguale probabilità di accaparrarsi la risorsa, così come quando si confrontano due individui del tipo B. Quando invece si confrontano due individui di diverse specie, le probabilità sono asimmetriche. D'altra parte, in ogni confronto è insita la possibilità che uno dei due contendenti – o ambedue – riporti anche dei danni; ciò significa che il perdente potrà avere non solo un mancato guadagno, ma anche un vero e proprio danno (e lo stesso potrebbe avvenire per il vincitore).

L'oggetto fondamentale della teoria dei giochi è una "tabella dei vantaggi" (*payoff matrix* in inglese). Essa sarà scritta come segue:

	A	B
A	α	β
B	γ	δ

Per brevità, indicheremo sempre, nel seguito, la tabella (che in termini matematici è una matrice) come

$$V = \begin{pmatrix} \alpha & \beta \\ \gamma & \delta \end{pmatrix} . \tag{1}$$

La tabella o matrice va interpretata come segue: il numero V_{ij} che si trova all'intersezione tra la riga i-ima e la colonna j-ima rappresenta il vantaggio acquisito in media dal tipo che corrisponde alla riga i-ima (quindi quella scritta

---

[5] E' importante notare che stiamo considerando la competizione tra i tipi (ad esempio le specie, o gli alleli), e non una "competizione tra una specie e l'ambiente", come nell'approccio di Lewontin menzionato nelle osservazioni al termine del capitolo 14.

[6] In un'analisi realistica, si dovrebbe anche tener conto delle fluttuazioni; queste possono introdurre dei cambiamenti anche significativi, in particolare per popolazioni piccole. Si veda anche, in un ambito semplificato, il capitolo 16.

a sinistra a margine della tabella) quando si confrontano un individuo del tipo i-imo (quello scritto al margine sinistro nella tabella) ed uno del tipo j-imo (quello scritto nel margine superiore della tabella).

A volte si usa anche un'altra notazione: indichiamo con $E(A, B)$ il vantaggio medio acquisito da A in un confronto con B, e una notazione analoga per gli altri possibili confronti. In altre parole, abbiamo $V_{ij} = E(i, j)$; nel caso di V dato da (1), avremmo

$$E(A, A) = \alpha \, , \; E(A, B) = \beta \; ; \; E(B, A) = \gamma \, , \; E(B, B) = \delta \, . \qquad (1')$$

E' importante notare che V riporta solo i vantaggi rispetto ad una *fitness a priori*, non le risorse ottenute in assoluto. Ad esempio, consideriamo il caso in cui l'allele A prevale sempre sull'allele B, e la risorsa in questione è un territorio particolarmente favorevole, in cui un animale potrà avere N eredi, mentre l'animale scacciato e costretto a vivere in un territorio meno favorevole avrà solo $n < N$ eredi. In questo caso la tabella dei vantaggi avrebbe $V_{12} = N - n$, e $V_{21} = 0$.

15.3 Falchi e colombe

Continuiamo ad analizzare l'esempio accennato alla fine della sezione precedente, scrivendo $w = N - n$; immaginiamo che il tipo B corrisponda ad un comportamento "pacifico", ed il tipo A ad un comportamento "aggressivo". Questo modello è quindi anche detto "falchi e colombe", (*hawks and doves* in inglese); esso può anche descrivere l'equilibrio tra strategie comportamentali all'interno di una stessa specie.

Quando due individui B si confrontano, avranno ognuno una probabilità $1/2$ di accaparrarsi la risorsa, e quindi il vantaggio medio da ogni tale confronto è $w/2$. Quando un individuo A ed uno B si confrontano, d'altra parte, è sempre A a prevalere, con un vantaggio w. Quando due individui A si confrontano, può seguire un combattimento, in cui chi soccombe[7] riporta uno svantaggio s. Allora abbiamo

$$V = \begin{pmatrix} (w - s)/2 & w \\ 0 & w/2 \end{pmatrix} \, . \qquad (2)$$

Vediamo ora che informazioni ci dà questa V riguardo all'equilibrio tra i due tipi. Immaginiamo di avere una popolazione di N individui, composta inizialmente da $n_a = pN$ individui del tipo A ed $n_b = (1 - p)N$ individui del tipo B; dunque p rappresenta la frequenza del tipo A nella popolazione, e $q = (1 - p)$ la frequenza del tipo B.

Supponiamo ora che gli individui abbiano una fitness a priori uguale a W_0, e si confrontino per la scelta del territorio (che dà un vantaggio w, come

---

[7] Supponiamo per semplicità che il vincitore non riporti danni; altrimenti s dovrebbe tener conto sia dei danni riportati dal soccombente che di quelli riportati dal vincitore.

sopra) a coppie scelte in modo completamente casuale. Quando ogni individuo ha affrontato un confronto, c'è una probabilità p che questo sia stato con un tipo A, e una probabilità q che sia stato con un tipo B; quindi in media le fitness dei due tipi saranno

$$
\begin{aligned}
W(A) &= W_0 + p\,E(A,A) + (1-p)\,E(A,B) = \\
&= W_0 + p\,V_{11} + (1-p)\,V_{12}\,, \\
W(B) &= W_0 + p\,E(B,A) + (1-p)\,E(B,B) = \\
&= W_0 + p\,V_{21} + (1-p)\,V_{22}\,.
\end{aligned}
\tag{3}
$$

A questo punto gli individui si riproducono; diciamo in modo asessuato o comunque accoppiandosi all'interno del gruppo di appartenenza geneticamente omogeneo (il che semplifica notevolmente l'analisi del modello, dato che il genoma si trasmette in modo semplice da una generazione alla successiva) e con un numero di discendenti corrispondente in media alla loro fitness. Naturalmente, essendo le fitness differenti, ciò porta ad un cambiamento nelle frequenze dei due tipi.

Infatti, il numero di individui dei tipi A e B nella nuova generazione sarà, rispettivamente,

$$
\widehat{n}_a = n_a W(A) = N p\,W(A)\,, \quad \widehat{n}_b = n_b W(B) = N q\,W(B)\,;
$$

ed il numero totale di individui nella nuova generazione sarà quindi

$$
\widehat{N} = [(pN)W(A) + (qN)W(B)] = N\,[pW(A) + (1-p)W(B)]\,.
$$

Le frequenze sono quindi[8]

$$
\begin{aligned}
\widehat{p} &= \widehat{n}_a/\widehat{N} = pW(A)/[pW(A) + (1-p)W(B)]\,; \\
\widehat{q} &= \widehat{n}_b/\widehat{N} = (1-p)W(B)/[pW(A) + (1-p)W(B)]\,.
\end{aligned}
\tag{4}
$$

Questa si esprime in termini della *fitness media* $\langle W \rangle$, data da

$$
\langle W \rangle = pW(A) + qW(b)\,,
$$

come

$$
\widehat{p} = [W(A)/\langle W \rangle]\,p\,, \quad \widehat{q} = [W(B)/\langle W \rangle]\,q\,.
\tag{4'}
$$

Le equazioni (3) e (4) descrivono il cambiamento delle frequenze p e q da una generazione all'altra; in effetti, si tratta di equazioni non troppo semplici da studiare: inserendo le (3) nella (4) otteniamo

$$
\widehat{p} = \frac{p\,(p\,(V_{11} - V_{12}) + V_{12} + W_0)}{p\,(V_{12} + V_{21} - 2\,V_{22}) + V_{22} + p^2\,(V_{11} - V_{12} - V_{21} + V_{22}) + W_0}\,.
$$

Nel caso del modello falchi e colombe identificato dalla (2), abbiamo

---

[8] Naturalmente, trattandosi di frequenze, sarebbe sufficiente esaminare come cambia p, dato che per definizione $q = 1 - p$.

$$\widehat{p} \;=\; \frac{p\,(p\,(s+w)-2\,(w+W_0))}{p^2\,s-w-2\,W_0}\;. \tag{5}$$

Consideriamo il cambiamento di p, ossia[9]

$$\delta p \;:=\; \widehat{p}-p \;:$$

usando la (5) questo risulta uguale a

$$\delta p \;=\; \frac{(1-p)\,p\,(ps-w)}{p^2 s-w-2W_0}\;. \tag{6}$$

Notiamo, osservando il numeratore, che possono esistere degli stati stazionari, ossia con p e q che restano costanti da una generazione all'altra, non solo con una popolazione omogenea (tutti A o tutti B, vale a dire $p=1$ o $p=0$ rispettivamente) ma anche con una convivenza tra i due tipi, per

$$p_e \;=\; w/s \;; \tag{7}$$

purché naturalmente sia $0 < p_e < 1$, ossia (dato che w ed s sono ambedue positivi e p_e è quindi sempre positivo)

$$w/s \;<\; 1\;. \tag{7'}$$

Il significato delle condizioni (7), (7') è evidente: in un confronto tra due "falchi" lo svantaggio del perdente deve essere maggiore del vantaggio del vincitore. In questo caso quando la percentuale di falchi sale oltre p_e il rischio insito nel comportamento aggressivo risulta eccessivo, ed è invece conveniente, in una popolazione così distribuita, il comportamento prudente delle "colombe".

Scrivendo $\widehat{p}=f(p)$, siamo nel caso studiato quando trattavamo i modelli discreti di popolazione (si veda il capitolo 1). Sappiamo che per avere informazioni sulla stabilità dei punti fissi, ossia dei punti per cui $f(p)=p$, dobbiamo studiare la derivata di $f(p)$ in questi punti, come discusso nel complemento matematico D.

Per il modello che stiamo studiando, ossia per $f(p)$ definita dalla (5), risulta che

$$f'(p) \;=\; 2\,\frac{w^2 + 3wW_0 + 2w_0^2 + p^2 s(w+W_0) - p(s+w)(w+2\,W_0)}{(-p^2 s + w + 2W_0)^2}\;.$$

Fortunatamente questa formula si semplifica alquanto se valutiamo $f'(p)$ nel punto $p=p_e$ definito dalla (7): infatti abbiamo semplicemente

$$f'(p_e) \;=\; \frac{2\,sW_0}{sw+2sW_0-w^2}\;. \tag{8}$$

---

[9] Il lettore è invitato a ripetere l'analisi che segue studiando il cambiamento relativo $\Delta p := \widehat{p}/p$ anzichè il cambiamento assoluto δp.

Ci interessa sapere quando è $|f'(p_e)| < 1$, ovvero equivalentemente quando $1/|f'(p_e)| > 1$. Questa seconda relazione si scrive

$$\frac{1}{|f'(p_e)|} = \frac{2sW_0 + sw - w^2}{2sW_0} = 1 + \frac{w}{2W_0}\left(1 - \frac{w}{s}\right) > 1 , \qquad (9)$$

ossia la condizione di stabilità è

$$1 - w/s > 0 .$$

Questa condizione è a sua volta equivalente a $w/s < 1$, che è proprio la (7'); in conclusione, abbiamo mostrato che: *quando la situazione di equilibrio p_e esiste, essa è stabile.*[10]

Naturalmente, una conclusione così semplice è possibile solo in quanto abbiamo due soli tipi, e ci basta pertanto analizzare la frequenza di un solo tipo. Per modelli più complessi, con tre o più tipi in interazione, sarà molto raro raggiungere delle conclusioni così semplici.

15.4 Equilibrio in generale

Possiamo chiederci più in generale quali siano le condizioni per avere un equilibrio tra diversi tipi. Nel caso di due soli tipi, dalla (4) abbiamo evidentemente che l'equilibrio sarà caratterizzato da $\hat{p} = [W(A)/\langle W \rangle]p = p$, e dunque da $W(A) = \langle W \rangle$, il che implica che sia anche $W(B) = \langle W \rangle$ se la frequenza q del tipo B nella popolazione non è zero.[11]

Dunque, abbiamo una condizione necessaria (e sufficiente) per l'equilibrio nella forma

$$W(A) = W(B) . \qquad (10)$$

In altre parole, come ovvio dal punto di vista biologico, all'equilibrio la fitness dei due tipi è uguale – e pertanto uguale anche alla fitness media.

Ricordiamo ora che le fitness sono date dalla (3): dunque la (10) si riscrive

$$p\,E(A,A) + (1-p)\,E(A,B) = p\,E(B,A) + (1-p)\,E(B,B) . \qquad (10')$$

A questo punto, possiamo anche considerare la situazione generale, con $n \geq 2$ tipi interagenti. Indichiamo i diversi tipi con A_i, ed ovviamente avremo in questa notazione

$$V_{ij} = E(A_i, A_j) .$$

Le frequenze dei tipi saranno p_i, e per definizione di frequenza,

---

[10] Una situazione di questo tipo è indice di una *biforcazione* nel comportamento del sistema al variare del parametro $\lambda = s/w$; per maggiori dettagli si vedano ad esempio i testi di Françoise, Glendinning e Verhulst citati in Bibliografia.

[11] Nel seguito, parlando di equilibrio intenderemo sempre che le frequenze dei due tipi siano ambedue non nulle, ossia studieremo il caso di un equilibrio non banale.

$$\sum_{i=1}^{n} p_i = 1 \ .$$

Quando ogni individuo ha sostenuto un confronto, le fitness sono

$$W(A_i) = W_0 + \sum_{j=1}^{n} E(A_i, A_j)\, p_j \ . \tag{11}$$

La fitness media sarà

$$\langle W \rangle = \sum_{i=1}^{n} p_i\, W(A_i) \ ,$$

e le frequenze dei tipi nella generazione successiva saranno quindi, effettuando gli stessi calcoli[12] che nel caso $n = 2$,

$$\widehat{p}_i = [W(A_i)/\langle W \rangle] p \ . \tag{12}$$

La condizione di equilibrio è che si abbia $\widehat{p}_i = p_i$ per ogni $i = 1, ..., n$. La (12) dice che questo è equivalente ad avere $W(A_i) = \langle W \rangle$ per $i = 1, ..., n$.

Grazie alla (11), questa condizione si riscrive come

$$\sum_{k=1}^{n} E(A_i, A_k)\, p_k = \sum_{k=1}^{n} E(A_j, A_k)\, p_k \quad \text{per tutte le coppie } i, j = 1, ..., n \ . \tag{13}$$

Notiamo che la (13) si scrive anche come

$$\sum_{k=1}^{n} [E(A_i, A_k) - E(A_j, A_k)]\, p_k = 0 \quad i, j = 1, ..., n \ . \tag{14}$$

Infine, nella notazione matriciale della (1) queste sono scritte come[13]

$$V_{ik} p_k = V_{jk} p_k \ ; \quad (V_{ik} - V_{jk})\, p_k = 0 \ .$$

15.5 Stabilità

Lo studio della stabilità degli stati stazionari va effettuato caso per caso. La matrice i cui autovalori controllano detta stabilità è, scrivendo $W(A_k) = W_k$,

---

[12] Cosa che, come al solito, il lettore è invitato a fare per esercizio.

[13] I lettori che conoscano il linguaggio delle matrici e dei vettori (ad esempio dal complemento matematico G) sapranno subito come calcolare le frequenze di equilibrio: infatti queste equazioni dicono che il vettore $\pi = (\pi_1, ..., \pi_n)$ dato da $\pi_i = V_{ik} p_k^*$ con p^* il vettore delle frequenze di equilibrio, ha tutte le componenti uguali, $\pi_i = 1/n$. Dunque le p^* si ottengono dal vettore π come $p^* = V^{-1}\pi$.

$$F_{ik} = \frac{1}{(\langle W \rangle)^2} \left[\langle W \rangle (W_k + p_i V_{ik}) + W_0 p_i \left(W_i - \sum_k p_m V_{mk} \right) - W_i p_i W_k \right].$$

E' bene considerare in dettaglio cosa significhi la stabilità matematica del punto fisso p^* per l'applicazione $p \to \widehat{p} = f(p)$ dal punto di vista biologico.[14]

Notiamo prima di tutto che in linea di principio la tabella dei vantaggi dovrebbe tenere conto di *tutti* i tipi possibili (ad esempio tutti quelli che potrebbero sorgere a causa di mutazioni), anche se in una popolazione determinata solo alcuni di questi saranno effettivamente presenti.[15]

Bisognerà dunque considerare due possibili fonti di instabilità: fluttuazioni nei tassi riproduttivi dei tipi presenti; ed introduzione di nuovi tipi.

Stabilità riproduttiva

In effetti, il numero di discendenti per individuo sarà corrispondente alla fitness solo in media, e vi saranno delle fluttuazioni il cui effetto è di portare il sistema fuori dal punto di equilibrio – ma con spostamenti che rimangono entro l'ambito dei tipi effettivamente presenti.

In questo caso, la stabilità è controllata dalla restrizione F_0 della matrice F ai soli tipi presenti nella popolazione.[16]

Va sottolineato come dal punto di vista biologico questa sia la stabilità rilevante, pur di trascurare la possibilità dell'insorgere di mutazioni o dell'introduzione di nuovi tipi. Chiameremo questo tipo di stabilità (rispetto a perturbazioni dell'equilibrio risultanti da fluttuazioni nei tassi riproduttivi reali), *stabilità riproduttiva*.

Stabilità rispetto all'introduzione di nuovi tipi

La situazione è diversa quando si considera anche la possibilità di introdurre nuovi tipi; in particolare, può risultare che un equilibrio stabile in senso riproduttivo, risulti instabile rispetto alla possibile introduzione di nuovi tipi. Questa può avvenire sia a seguito di mutazioni, sia a seguito dell'introduzione di uno o più individui provenienti da una diversa popolazione.

---

[14] Il lettore è invitato a consultare, per approfondimenti a questo proposito, i testi di Maynard-Smith e quello di Hofbauer e Sigmund citati in Bibliografia.

[15] Da questo punto di vista, è molto differente avere a che fare con "tipi" in senso generico (ad esempio, animali grandi e piccoli; o prede e predatori) o con sequenze del genoma. In quest'ultimo caso, le sequenze possibili sono in numero di gran lunga maggiore al numero di individui di una qualsiasi popolazione.

[16] In linguaggio matriciale, bisogna considerare solo gli autovalori i cui autovettori giacciono nel sottospazio L_0 generato dai tipi A_i che hanno $p_i \neq 0$. La discussione diventa più complicata se L_0 non ammette una base di autovettori di F_0; non considereremo questo caso, rinviando il lettore interessato al testo di Hofbauer e Sigmund.

Supponiamo che una popolazione sia nello stato stazionario descritto da p^*, e che a seguito di mutazioni od immigrazione da una diversa popolazione si abbia una perturbazione di questo stato in cui appare un nuovo tipo (che deve essere previsto dalla tabella dei vantaggi).

Una volta introdotto il nuovo tipo nella popolazione, supporremo che non si abbiano altre mutazioni od immigrazioni – almeno per il tempo rilevante per la nostra analisi. Ci troviamo dunque ancora a considerare una dinamica "ristretta ai tipi presenti", ma con un tipo in più.

E' naturale chiedersi se questa mutazione porta ad un cambiamento nell'equilibrio della popolazione o meno. In altre parole ci chiediamo se questo nuovo tipo troverà posto nella popolazione, o se verrà eliminato dalla selezione naturale.

Dovremo ancora considerare la stabilità in ambito ristretto – ossia in senso riproduttivo – ma con un tipo in più. Naturalmente, dato che p^* era per ipotesi stabile prima dell'introduzione del nuovo tipo, sarà sufficente considerare la stabilità rispetto al nuovo tipo.

Strategie miste

Per analizzare questo problema, è anche possibile considerare l'intera popolazione di equilibrio, con i diversi tipi in coesistenza, come un unico tipo che adotta un comportamento misto (con probabilità corrispondenti alla frequenza di equilibrio dei diversi tipi nella popolazione) e vedere come questo reagisce all'introduzione di un intruso. Va detto anche che questa schematizzazione è molto ragionevole anche da altri punti di vista: infatti se stiamo pensando a confronti tra animali, questi non adotteranno sempre la stessa strategia (ad esempio, aggressiva o pacifica), ma oscilleranno tra diverse strategie con certe frequenze.

D'altra parte, una volta introdotto questo punto di vista è quasi inevitabile porsi una domanda lievemente (almeno in apparenza) diversa. Cioè, se una popolazione ha raggiunto un equilibrio tra alleli (adottato una strategia comportamentale), esiste una mutazione che, una volta verificatasi per (rispettivamente, una strategia alternativa che, se adottata da) un piccolo gruppo della popolazione, permette a questo di espandersi a danno della popolazione dominante ?

Il problema non è del tutto uguale a quello della stabilità generale del punto fisso che rappresenta la dinamica di equilibrio. Infatti, in questa formulazione stiamo permettendo solo due strategie miste: quella originale (rappresentata da $p_* := \{p_1 = k_1, ..., p_n = k_k\}$ e quella degli invasori, che indicheremo con $p_j := \{p_1 = j_1, ..., p_n = j_n\}$. La dinamica non è quindi libera di esplorare tutto lo spazio degli stati (tutti i possibili valori delle frequenze), ma è limitata a distribuzioni che combinano la strategia originaria (diciamo con peso α) e quella alternativa (con peso $\beta = 1 - \alpha$). In conseguenza di ciò, il sistema può esplorare solo la retta su cui

$$p_1 = \alpha k_1 + \beta j_1 , \ ... \ p_n = \alpha k_n + \beta j_n .$$

Naturalmente non vi è alcuna differenza tra le due formulazioni quando esistono dolo due tipi puri: in questo caso lo stato del sistema è identificato da una singola p (dato che $p_1 + p_2 = 1$), e la restrizione alla retta di cui sopra non toglie generalità alla dinamica consentita.

Nella sezione seguente vedremo come trattare la stabilità degli equilibri evoluzionistici dal punto di vista delle strategie miste, ed anche come trattare il problema della stabilità rispetto a strategie alternative (non flessibili).

15.6 Strategie miste e stabilità evolutiva

Come annunciato sopra, vogliamo ora osservare come il formalismo sviluppato fin qui possa essere interpretato anche in modo diverso: anziché avere una popolazione composta di diversi tipi A_i che si comportano ognuno sempre allo stesso modo (in modo "aggressivo" e "pacifico" nel caso di falchi e colombe), possiamo avere una popolazione omogenea che adotta di volta in volta i comportamenti A_i con delle frequenze (ovvero probabilità per ogni singolo confronto) p_i; queste frequenze possono variare, ed in generale variano, di generazione in generazione.[17]

Ovvero, possiamo considerare una popolazione mista vista da un intruso che non sappia distinguere tra i diversi tipi A_i: egli incontrerà a volte individui che adottano un comportamento di tipo A_1, a volte di tipo A_2, e così via; dal suo punto di vista tutto sarà come se la popolazione originaria fosse uniforme ma con comportamenti "misti".

Parleremo quindi di "strategia pura" per descrivere il comportamento di un tipo specifico (ad esempio, A o B) e di "strategia mista" per descrivere un comportamento che è a volte di un tipo e a volte dell'altro, in modo casuale ma con frequenze determinate.

Introduciamo ora il concetto di *strategia evolutivamente stabile*, o ESS (dal termine inglese *evolutionary stable strategy*).

Una strategia è evolutivamente stabile se, quando questa è adottata da tutti i membri della popolazione, qualsiasi "mutante" che adotti una strategia diversa ha una fitness inferiore. Ripetiamo ancora che qui si tratta di adottare una strategia diversa che però combini sempre tra loro le strategie disponibili – cioè previste dalla tabella dei vantaggi V – anche se non effettivamente presente nella popolazione di equilibrio.

Sottolineiamo ancora una volta che la stabilità evolutiva è rispetto a mutazioni che riguardino solo una piccola parte della popolazione: non si richiede che sia stabile rispetto a cambiamenti adottati da tutta la popolazione (cioè ad

---

[17] Naturalmente in questo caso si può anche pensare ad una eredità di tipo non genetico ma culturale: il comportamento – le frequenze con cui adottare i due tipi di comportamento – può essere non innato ma anche appreso dai genitori. Per queste questioni rimandiamo ai già citati testi di Maynard-Smith.

un cambiamento "non continuo" di strategia media). Si dice anche che una situazione evolutivamente stabile è *stabile rispetto a tentativi di invasione* (non è necessario commentare il perché di questo nome).

Consideriamo dunque il caso in cui si abbia una popolazione che adotta una "strategia mista" omogenea (tipo I) corrispondente ad un equilibrio, in cui appaia una piccola frazione di mutanti (tipo J).

La tabella dei vantaggi sarà del tipo (1), e se conosciamo la tabella dei vantaggi per i diversi tipi "puri" possiamo facilmente ricavare la tabella dei vantaggi per il confronto tra individui della popolazione originaria ed i mutanti.

Infatti, se la strategia mista I combina i tipi puri $i = 1, ..., n$ con probabilità p_i; e la strategia mista J li combina con probabilità q_i (ricordiamo che alcune o anche molte delle p_i e/o q_i potrebbero essere nulle), allora

$$E(I,I) = \sum_{i,j=1}^{n} p_i V_{ij} p_j \ ,$$

$$E(J,J) = \sum_{i,j=1}^{n} q_i V_{ij} q_j \ ,$$

$$E(I,J) = \sum_{i,j=1}^{n} p_i V_{ij} q_j \ .$$

Se ora nel territorio occupato da una popolazione in equilibrio di N individui (strategia I) arriva un gruppo esterno di n individui (strategia J), la fitness dei due tipi (autoctoni ed invasori) è data da:

$$\begin{aligned} W(I) &= W_0 + (N/(N+n))E(I,I) + (n/(N+n))E(I,J) \ , \\ W(J) &= W_0 + (N/(N+n))E(J,I) + (n/(N+n))E(J,J) \ . \end{aligned}$$

Se $n \ll N$ ed indichiamo il numero $n/(N+n) \ll 1$ con ε, abbiamo

$$\begin{aligned} W(I) &= W_0 + (1-\varepsilon)E(I,I) + \varepsilon E(I,J) \ , \\ W(J) &= W_0 + (1-\varepsilon)E(J,I) + \varepsilon E(J,J) \ . \end{aligned} \tag{15}$$

Come sappiamo dalla nostra discussione precedente, l'evoluzione delle frequenze sarà data dalla (4'); in particolare, la condizione perché gli invasori *non* riescano ad espandersi è che $W(J)/\langle W \rangle < 1$; dato che $\langle W \rangle$ è la media (pesata sulle frequenze) delle fitness, questo avviene se $W(J) < W(I)$.

Possiamo anche arrivare a questa conclusione in modo più preciso. Infatti, $\langle W \rangle = (1-\varepsilon)W(I) + \varepsilon W(J)$, e quindi

$$\frac{W(J)}{\langle W \rangle} = \frac{W(J)}{(1-\varepsilon)W(I) + \varepsilon W(J)} < 1$$

significa

$$W(J) < (1-\varepsilon)W(I) + \varepsilon W(J) \ ;$$

raggruppando i termini con $W(J)$ questa è

$$(1 - \varepsilon)\, W(J) \; < \; (1 - \varepsilon)\, W(I) \; .$$

Dato che $(1 - \varepsilon) > 0$, abbiamo come annunciato

$$W(J) \; < \; W(I) \; . \tag{16}$$

Ricordando ora la (15), abbiamo che la (16) significa

$$E(J,I) \; + \; \varepsilon[E(J,J) - E(J,I)] \; < \; E(I,I) \; + \; \varepsilon[E(I,J) - E(I,I)] \; . \tag{17}$$

Ricordiamo che $\varepsilon \ll 1$. Dunque i termini del primo ordine in ε sono ininfluenti – a meno che quelli di ordine zero (che non dipendono da ε) non siano uguali. In altre parole, la (17) dice che perché gli invasori non possano espandersi deve essere

$$E(J,I) \; \leq \; E(I,I) \; . \tag{18a}$$

Nel caso valga il segno di uguaglianza, $E(J,I) = E(I,I)$, dobbiamo inoltre richiedere che

$$E(J,J) - E(J,I) \; < \; E(I,J) - E(I,I) \; ;$$

ma dato che in questo caso $E(J,I) = E(I,I)$, possiamo eliminare questi termini e richiedere semplicemente

$$E(J,J) \; < \; E(I,J) \; . \tag{18b}$$

Naturalmente, qui I è fissa, mentre J può essere una qualsiasi strategia scelta dagli invasori. Ovvero, le (18) devono valere *per ogni possibile J*.

In particolare, è necessario e sufficiente che valgano quando si sono scelte come J tutte le possibili strategie "pure" A_i. Che sia necessario è evidente, che sia pure sufficiente viene dal fatto che essendo J una combinazione delle A_i, se I batte tutte le A_i batterà anche ogni loro possibile combinazione.[18]

15.7 Esempio: falchi e colombe

Sarà bene, per fissare le idee, considerare nuovamente il caso di falchi e colombe. La strategia I corrisponde ad avere un comportamento di tipo A con frequenza p_e, ed uno di tipo B con frequenza $q_e = (1 - p_e)$.

Quindi nel confronto tra un autoctono ed un invasore, si ha in realtà con frequenza p_e un confronto tra A e J, e con frequenza $(1 - p_e)$ un confronto tra B e J. Ne segue che

---

[18] Quando si guarda con attenzione la derivazione delle (18), si può dubitare di questa proprietà di "sovrapposizione", che non è del tutto evidente; bisogna però ricordare che $\varepsilon \ll 1$, cosicché $\langle W \rangle \simeq W(I)$.

$$E(I, J) = p_e E(A, J) + (1 - p_e) E(B, J) \; ;$$
$$E(J, I) = p_e E(J, A) + (1 - p_e) E(J, B) \; .$$

(19)

Allo stesso modo, abbiamo

$$E(I, I) = p_e^2 E(A, A) + p_e(1 - p_e)[E(A, B) + E(B, A)] + (1 - p_e)^2 E(B, B) \; .$$

Dunque la (18a) diventa

$$p_e E(J, A) + (1 - p_e) E(J, B) \leq$$
$$\leq p_e^2 E(A, A) + p_e(1 - p_e)[E(A, B) + E(B, A)] + (1 - p_e)^2 E(B, B) \; ;$$

(20)

ricordando la tabella dei vantaggi (2) per questo modello, abbiamo la condizione

$$(1/2)(p_e^2 s - w) + p_e E(J, A) + (1 - p_e) E(J, B) \leq 0 \; ;$$

(21)

ricordando inoltre che $p_e = w/s$ (e che $s > 0$), questa diventa

$$2w E(J, A) + (w - s)(w - 2E(J, B)) < 0 \; .$$

Dobbiamo considerare i due casi $J = A$ e $J = B$. Nel primo caso il membro di sinistra della (21) diviene

$$(1/2)(p - 1)(ps - w) \; ,$$

che si annulla per $p = p_e = w/s$. Nel secondo caso il membro di sinistra della (21) diviene

$$(1/2)p(ps - w) \; ,$$

che anch'esso si annulla per $p = p_e = w/s$. Dobbiamo quindi, in ambedue i casi, fare ricorso alla (18b).

In questo caso la (18b) si scrive, procedendo come sopra ad esprimere I come sovrapposizione di A e B con frequenze p_e ed $(1 - p_e)$ rispettivamente, come

$$E(J, J) < p_e E(A, J) + (1 - p_e) E(B, J) \; .$$

(22)

Per $J = A$ la (22) diviene

$$(1/2)(w - s)(1 - p) < 0 \; ,$$

e per $p = p_e$ il membro di sinistra si scrive come

$$-\frac{(w - s)^2}{2s}$$

che è sempre negativo (ricordiamo che w ed s sono parametri positivi).

Per $J = B$ la (22) diventa

$$-pw/2 < 0 \; ,$$

che è sempre verificata (in particolare, per $p = p_e$ abbiamo $-pw/2 = -w^2/(2s) < 0$).

Ne concludiamo che l'equilibrio p_e è evolutivamente stabile.[19]

---

[19] Abbiamo sviluppato tutti i calcoli seguendo l'approccio usuale nei testi di biologia evoluzionistica. Va comunque rilevato che non ce n'era bisogno, in quanto avevamo

15.8 Teorema di Fisher ed equilibri evolutivi

Data la generalità dell'affermazione contenuta nel teorema di Fisher (si veda il capitolo 14), si sarebbe tentati di pensare che essa sia valida anche quando consideriamo la competizione tra i diversi tipi, ossia nel quadro della situazione descritta in questo capitolo.

In effetti non è così, come può essere mostrato da un esempio concreto nel quadro del modello di falchi e colombe descritto sopra. Indichiamo come in precedenza con p la frequenza del tipo "falco".

In questo caso le formule ottenute sopra permettono di calcolare esplicitamente la fitness media $\langle W \rangle$ nella generazione originaria e quella $\langle \widehat{W} \rangle$ nella generazione successiva; notiamo che queste dipendono dalla frequenza p nella generazione iniziale. Possiamo dunque anche calcolare la funzione

$$F(p) := \langle \widehat{W} \rangle - \langle W \rangle , \tag{23}$$

che dovrebbe essere sempre positiva o nulla se la fitness aumentasse sempre.

Utilizzando le formule ricavate nella sezione 3, e la notazione ivi introdotta, risulta con semplici calcoli che

$$F(p) = \frac{(1-p)\,p\,[W(A) - W(B)]^2}{p[W(A) - W(B)] + W(B)} . \tag{24}$$

Questa funzione *non* è sempre positiva. In effetti, il denominatore della frazione corrisponde a $\langle W \rangle - W_0$; questo può essere negativo quando, sempre con le notazioni introdotte nella sezione 3, si ha $s > w$. Un esempio di questa situazione è mostrato nella figura 1.

In effetti, usando appieno le formule ricavate nella sezione 2, cioè utilizzando le espressioni esplicite (3) per $W(A)$ e $W(B)$, otteniamo

$$F(p) = \frac{(1-p)\,p\,(w - ps)^2}{2(p^2 s - w - 2W_0)} . \tag{24}$$

15.9 Osservazioni

(1) Il punto di vista sviluppato in questo capitolo è quello di John Maynard-Smith; si vedano J. Maynard-Smith, *Evolution and the theory of games*, Cambridge 1982; J. Maynard Smith, *Evolutionary genetics*, Oxford University Press 1989.

(2) La teoria dei giochi è stata introdotta nello studio dell'evoluzione biologica ad opera di Lewontin; si vedano R.C. Lewontin, "Evolution and the theory of

---

già provato la stabilità in senso forte di p_e, e questa implica (in effetti è equivalente a) la stabilità in senso evolutivo.

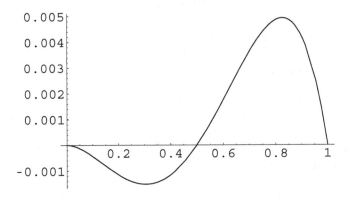

Figura 15.1. La variazione di fitness media in un passaggio di generazione come funzione di p per il modello di falchi e colombe con $w_0 = 3$, $r = 0.5$, $s = 1$.

games", *J. Theor. Biol.* **1** (1961), 382-403; R.C. Lewontin, *The genetic basis of evolutionary change*, Columbia University Press.

Per una introduzione divulgativa si puo' vedere il libro di R. Dawkins, *Il gene egoista*, edito in Italia da Mondadori; una discussione breve ma quantitativa e' fornita da J. Istas, *Mathematical modeling for the life sciences*, Springer. Si veda anche R. Axelrod, *The complexity of cooperation*, Princeton University Press.

(3) Una discussione della dinamica evoluzionistica condotta con accuratezza matematica ma che non richiede eccessivi prerequisiti (e che considera sia l'evoluzione deterministica del tipo considerato nel capitolo 13 che l'approccio discusso in questo capitolo) è data nel libro di J. Hofbauer and K. Sigmund, *Evolutionary games and population dynamics*, Cambridge University Press. Una discussione più esigente dal punto di vista delle capacità matematiche del lettore è data in J. Weibull,*Evolutionary game theory*, MIT Press.

(4) Nel capitolo 4 di *Evolutionary genetics*, J. Maynard Smith discute alcuni meccanismi che possono portare ad una dipendenza della fitness dalla distribuzione della popolazione, ed in particolare che possono portare a favorire i tipi meno frequenti (così da favorire un equilibrio polimorfico, con più tipi o specie presenti). In particolare, sottolinea alcuni meccanismi, che riportiamo qui (invitando il lettore a consultare il testo di Maynard Smith per più dettagli); per semplicità di linguaggio, ci riferiremo ad una popolazione animale. (*a*) Virus e parassiti evolveranno in modo da essere efficienti nell'attaccare i tipi più frequenti nella popolazione, cosicché quelli più rari saranno meno soggetti alle malattie più comuni; e d'altro canto il sistema immunitario degli animali si evolverà in modo da contrastare efficacemente in primo luogo i virus e parassiti più comuni, e quindi i più rari tra questi avranno un vantaggio.

(b) I predatori acquisiranno capacità specializzate per catturare gli animali del tipo (e/o con il comportamento) più comune; e d'altra parte gli animali svilupperanno capacità e comportamenti per sfuggire ai predatori e tecniche di caccia più comuni. Dunque nuovamente in ambedue i gruppi gli individui di tipo meno comune avranno un vantaggio. (c) Se tipi diversi usano risorse anche solo leggermente diverse, gli animali di tipo più raro avranno delle risorse "dedicate" (cioè usate solo da essi) più abbondanti che non gli animali di tipo più comune.

(5) In questo capitolo abbiamo considerato la stabilità sia in senso riproduttivo, sia rispetto all'introduzione di un nuovo tipo (sia per mutazione che per immigrazione); queste venivano controllate da opportune restrizioni della nostra matrice generale F.

Più in generale – in particolare se la popolazione analizzata è grande, ed il tasso di mutazione non troppo piccolo – possiamo pensare alla possibilità che nel passaggio da una generazione alla successiva si abbiano varie nascite con mutazione, cosicché dovremo studiare la stabilità dello stato stazionario rispetto ad un cambiamento generale delle p, ossia la stabilità del punto p^* rispetto a dati iniziali del tipo $p = p^* + \varepsilon s$ (con come al solito $0 < \varepsilon \ll 1$). In questo caso l'evoluzione successiva del sistema non è limitata alla retta identificata da p_* e $p_* + \varepsilon s$, né allo spazio corrispondente ai tipi inizialmente presenti, ma può esplorare anche altre direzioni.

La risposta alla domanda se il punto fisso p^* sia stabile rispetto ad una tale evoluzione è naturalmente contenuta negli autovalori della matrice F (senza alcuna restrizione) identificata in precedenza. Notiamo che va comunque fatta attenzione a che nell'evoluzione non si raggiungano stati con $p_i < 0$; questo punto è in particolare delicato quando si trattano equilibri per cui $p_i = 0$ per qualche tipo i. Infatti, in questo caso soluzioni oscillanti intorno all'equilibrio porterebbero a raggiungere la regione in cui $p_i < 0$ e non sono quindi accettabili.

6) Il lettore si troverà forse confuso nel leggere le discussioni della stabilità evolutiva presenti in letteratura, che peraltro fanno spesso riferimento al modello di falchi e colombe. Come menzionato in precedenza, nel caso di due soli tipi "puri", non è possibile distinguere tra stabilità evolutiva, stabilità riproduttiva, e stabilità *tout court*, cosicché il modello falchi e colombe può essere fuorviante. Inoltre con "stabilità" si intende solitamente, nella letteratura di Biologia Evoluzionistica, una stabilità nell'ambito del sottospazio definito dai tipi (genomi, specie) effettivamente presenti nella popolazione, cioè quella che qui abbiamo chiamato stabilità riproduttiva, e non la stabilità "generale" che abbiamo sempre considerato in questo testo e nei complementi matematici. D'altra parte, la stabilità in senso proprio (autovalori tutti con parte reale negativa) e stabilità evoluzionistica sono equivalenti (almeno nel caso in cui F sia diagonalizzabile), in quanto le mutazioni permesse nell'analisi della stabilità in senso evoluzionistico potrebbero esplorare qualsiasi direzione nello spazio dei tipi.

16

Fissazione casuale di caratteri genetici

In questo capitolo considereremo il più semplice problema (e modello) genetico dal punto di vista della teoria delle probabilità; questo ci permetterà di prendere in considerazione le fluttuazioni, e discutere il loro ruolo nell'evoluzione di una popolazione o di una specie.[1]

Consideriamo per semplicità – e per concentrarci sui meccanismi essenziali, evitando difficoltà di natura unicamente matematica – una popolazione di individui tutti identici tranne che per un solo gene, che può esistere in due soli alleli, che danno luogo ad una fitness lievemente diversa. In questo capitolo le fitness sono, come già nel capitolo 14, indipendenti dalla distribuzione della popolazione – cioè dalle frequenze dei due alleli – ed il gene è trasmesso ai discendenti senza errori, cioè non sono possibili mutazioni (nell'ultima sezione presenteremo delle brevi osservazioni su come il rinunciare a queste ipotesi semplificatrici inciderebbe sui risultati ottenuti).

In questa situazione, ci chiediamo se può aversi una *fissazione* del carattere genetico (cioè l'estinzione di un allele, col che l'intera popolazione resta con il gene determinato sull'altro allele), e se questo avviene sempre a favore dell'allele con fitness maggiore.

La risposta al primo quesito è sì, ed anzi che se la popolazione è finita si ha *sempre* la fissazione dell'allele (pur di aspettare un tempo sufficentemente lungo); la risposta al secondo quesito è no: sebbene l'allele con fitness maggiore abbia una molto maggiore probabilità di sopravvivenza, può anche essere questo ad estinguersi (in particolare se presente in piccola percentuale inizialmente: ad esempio, se prodotto per mutazione casuale in un piccolo gruppo della popolazione).

---

[1] Questo capitolo dovrà dunque far uso di semplici concetti tratta dalla teoria della Probabilità, come già nel capitolo 11. Il lettore che non voglia affrontarli può evitare di leggere questo capitolo in dettaglio, ma giunto a questo punto potrebbe comunque cercare di capire le conclusioni a cui si giunge, pur non entrando nel merito della discussione e nei (semplici) dettagli delle dimostrazioni.

Prima di iniziare la discussione, è bene notare che ci occuperemo solo dell'aspetto di quale allele sia alla fine fissato, ma non ci occuperemo della scala di tempo su cui ciò avviene. In pratica, se questa è troppo lunga, avverrà che altre mutazioni casuali potranno introdurre altri caratteri (diversi alleli) nella popolazione, che i parametri ambientali varieranno e quindi la fitness dei due alleli non sarà costante, così come può avvenire che l'intera popolazione si estingua.

Dunque il risultato secondo cui si arriva sempre a fissare un carattere va preso *cum grano salis*: una discussione più completa e più utile per considerare veri problemi di biologia evolutiva non può prescindere dal considerare l'aspetto temporale.

16.1 Variazione casuale di una popolazione illimitata

Supponiamo di avere una popolazione di N individui della stessa specie, e supponiamo inoltre che per un determinato gene siano possibili solo due alleli, A e B, con valori diversi della fitness W; per fissare le idee con $W(A) < W(B)$.

Supponiamo di poter scegliere un intervallo di tempo δt abbastanza piccolo per cui in esso sono possibili solo tre tipi di eventi, mutuamente esclusivi: (a) la composizione della popolazione resta invariata; (b) un solo individuo della popolazione si riproduce in questo intervallo di tempo, dando vita ad un solo nuovo individuo che ne eredita l'allele A o B; (c) un solo individuo della popolazione muore.

La probabilità che il nuovo nato abbia l'uno o l'altro dei due alleli non è la stessa (gli individui con B hanno fitness superiore, e dunque si riproducono con frequenza maggiore), così come non è la stessa la probabilità che l'eliminato sia del tipo A o B per il gene in questione (se la probabilità di eliminazione è la stessa per tutti gli individui, la probabilità che l'eliminato sia di un tipo è pari alla frequenza del tipo nella popolazione).

Gli eventi (a), (b), (c) si ripercuotono, ovviamente, sul numero $n(A)$, $n(B)$ degli individui di tipo A e B. Se guardiamo alla differenza tra queste popolazioni,

$$\xi := n(B) - n(A) \,,$$

abbiamo tre possibilità per la variazione $(\delta \xi)(t)$ di ξ nell'intervallo di tempo di lunghezza δt tra t e $t + \delta t$: $\delta \xi$ è $\{-1, 0, +1\}$, e quindi $\xi(t + \delta t)$ può prendere i valori

$$\{\xi(t) \,, \xi(t) + 1 \,, \xi(t) - 1\} \,.$$

Nel seguito supponiamo per semplicità che le probabilità con cui $\delta \xi$ prende uno dei possibili valori siano indipendenti[2] da $n(A)$ ed $n(B)$, ed indichiamole

---

[2] Questa situazione sarebbe molto rara in Natura; è però possibile elaborare dei protocolli sperimentali che la realizzino in laboratorio, e soprattutto ci permetterà di concentrarci su un aspetto importante senza essere costretti ad affrontare troppe difficoltà di natura matematica.

con p, q, r:

$$\mathcal{P}(\delta\xi = +1) = p \ , \quad \mathcal{P}(\delta\xi = -1) = q \ , \quad \mathcal{P}(\delta\xi = 0) = r \ .$$

Naturalmente, $\{p, r, q\}$ devono essere numeri compresi tra zero ed uno, e la loro somma deve essere $p + r + q = 1$.

Il modello sopra descritto corrisponde ad un cosiddetto *cammino casuale* (in inglese, *random walk*) omogeneo; l'ultimo termine si riferisce al fatto che le probabilità di transizione p, q, r sono indipendenti sia da t che dal valore assunto da ξ.

16.2 Cammino casuale illimitato

La modellizzazione della precedente sezione ci porta dunque a considerare una catena di stati, identificati con numeri interi $\xi \in \mathbf{Z}$. In un primo momento, supponiamo che questa sia infinita; dunque i numeri saranno tra $-\infty$ e $+\infty$ (risulta più facile fare i calcoli in questo modo; però gli effetti interessanti per la genetica che vogliamo mostrare si avranno nel caso di catena finita, si vedano le sezioni successive).

Il sistema si trova inizialmente in un certo stato $\xi(0)$; sarà conveniente considerare la variabile

$$x := \xi - \xi(0) \ .$$

Con questa scelta, le probabilità per δx coinciudono con quelle per $\delta\xi$, e lo stato iniziale corrisponde a $x(0) := 0$.

Il sistema evolve, ed in ogni intervallo di tempo di durata δt, può passare dallo stato i allo stato j con una certa probabilità $P = p_{ij}\delta t$.

Segue dalla discussione precedente che nell'intervallo di tempo i-imo il sistema fa un passo s_i, cioè passa da x_i a

$$x_{i+1} = x_i + s_i \ ,$$

ed i passi s_i sono variabili casuali (a tre possibili valori: $-1, 0, 1$) *identicamente distribuite*. Supponiamo inoltre che il passo s_i non sia influenzato dalle mosse precedenti, e non abbia nessuna influenza su quelle successive. Vale a dire, i passi successivi s_i sono eventi casuali *indipendenti*.

La distanza a cui si trova il sistema rispetto allo stato iniziale $x(0) = 0$ dopo N passi sarà data dal numero μ_+ di eventi che hanno dato come risultato "+1" meno il numero μ_- di eventi che hanno dato come risultato "−1":

$$x(N) = x(0) + \mu_+ - \mu_- \ .$$

Ci interessa conoscere la probabilità $P(k; n)$ che dopo n passi (ossia al tempo $t = n\delta t$) il sistema sia nello stato k; in particolare vogliamo conoscere il valore di aspettazione di $x(n)$ e di $x^2(n)$.

Come già osservato, abbiamo una sequenza di eventi casuali identicamente distribuiti ed indipendenti. Sappiamo dai teoremi generali studiati nel corso di Probabilità che, avendo una somma di variabili casuali indipendenti (e finite), la distribuzione della loro somma sarà ben descritta da una distribuzione di Gauss – o normale – e quindi descritta in termini di due parametri, la media A e la varianza D:

$$P(k;n) \simeq \frac{1}{\sqrt{2\pi D}} e^{-(k-A)^2/2D} . \tag{1}$$

Sarà quindi necessario (e sufficiente, nell'approssimazione gaussiana che consideriamo) determinare le due quantità A e D, che dipenderanno da n, per avere la risposta al nostro problema.

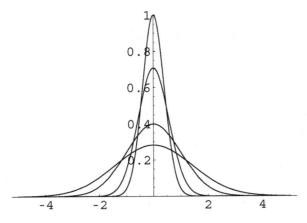

Figura 16.1. Grafico della funzione (1) dopo n passi, per diversi valori di n. Come ben noto, la curva a campana tipica della gaussiana si allarga nel tempo.

La posizione dopo n passi, avendo posto $x(0) = 0$, sarà

$$x(n) = \sum_{i=1}^{n} s_i ;$$

dato che le s_i sono indipendenti, la media della loro somma è pari alla somma delle medie:

$$\langle x(n) \rangle = \langle \sum_{i}^{n} s_i \rangle = \sum_{i}^{n} \langle s_i \rangle ; \tag{2}$$

ed inoltre per la varianza abbiamo

$$\sigma^2(x(n)) = \sigma^2 \left(\sum_{i}^{n} s_i \right) = \sum_{i}^{n} \left[\sigma^2(s_i) \right] . \tag{3}$$

Dato che le s_i sono non solo indipendenti ma anche, come già sottolineato, identicamente distribuite, le somma nelle equazioni precedenti (2) e (3) sono in realtà somme di termini tutti uguali tra di loro:

$$\langle x(n) \rangle = n \langle s \rangle \ ; \ \ \sigma^2(x(n)) = n\sigma^2(s) \ . \tag{4}$$

Notiamo che dalla seconda delle (4) segue anche che

$$\sigma(x(n)) = \sqrt{n}\,\sigma(s) \ . \tag{5}$$

La prima delle (4) significa che il cammino casuale ha un moto medio, detto anche *drift*, con "velocità" costante $\langle s \rangle$. Il termine "velocità" è tra virgolette in quanto non si può parlare di velocità in senso proprio: si tratta del coefficiente che moltiplica n nell'espressione per $\langle x(n) \rangle$. Notiamo che se ogni passo avviene in un tempo δt, allora $x(n)$ è $x(t)$ al tempo $t = n\delta t$, il che giustifica il nome velocità. D'altra parte, questa *non* è il limite di $[x(t + dt) - x(t)]/dt$ per $dt \to 0$, e quindi non si può parlare di velocità in senso proprio.

Inoltre, si ha una dispersione intorno al moto medio, con una deviazione standard che cresce solo come la radice quadrata del numero di passi. Un comportamento di questo tipo so chiama anche *diffusione* (vedi anche il capitolo 9), ed il coefficiente che moltiplica $\sqrt{n}$ nell'espressione per $\sigma(x(n))$ è detto *coefficiente di diffusione*. Quindi, in un cammino casuale abbiamo una diffusione (intorno al moto medio, o drift) con coefficiente di diffusione $\sigma(s)$.

Possiamo ora determinare facilmente $\langle s \rangle$ e $\sigma(s)$ in termini delle probabilità $\{p, q, r\}$. Innanzi tutto, abbiamo

$$\langle s \rangle = (-1)\,q + (0)\,r + (+1)\,p = p - q \ ,$$
$$\langle s^2 \rangle = (+1)\,q + (0)\,r + (+1)\,p = p + q \ .$$

Pertanto, usando $\sigma^2(s) = \langle s^2 \rangle - \langle s \rangle^2$ (come visto nel corso di Probabilità od in quello di Statistica), abbiamo

$$\sigma(s) = \sqrt{(p+q) - (p-q)^2} \ .$$

Inserendo queste nella (4), otteniamo infine che

$$\langle x(n) \rangle = (p - q)\,n \ ,$$
$$\sigma(x(n)) = \sqrt{[(p+q) - (p-q)^2]n} \ . \tag{6}$$

Esercizio 1. Come si semplificano queste formule quando $r = 0$?

Esercizio 2. Calcolare $\langle x(n) \rangle$ e $\sigma(x(n))$ nel caso simmetrico $p = q$ generale (cioè con $r \neq 0$).

16.3 Fissazione di un allele

Nella discussione precedente, x può variare senza limiti. Se però consideriamo la limitatezza delle risorse, sappiamo che in realtà x può variare solo entro determinati limiti (in quanto la popolazione è necessariamente finita). Questo introdurrà dei cambiamenti sostanziali, ed in particolare porterà (pur di aspettare abbastanza a lungo) alla fissazione dell'allele.

Supponiamo ora di avere una popolazione di N individui della stessa specie, con N un numero *finito* che è mantenuto *costante nel tempo* da fattori esterni (scarsità di risorse, presenza di predatori, etc.[3]).

Supponiamo nuovamente che per un determinato gene siano possibili solo due alleli, A e B, con $W(A) < W(B)$. Scegliamo δt come sopra, e come sopra scriviamo $\xi = n(B) - n(A)$; ora perO' (a causa del vincolo $N = $ costante) ogni volta che c'è un nuovo nato, un membro della popolazione viene immediatamente eliminato. Abbiamo ancora tre possibilità per $\delta \xi$, che può essere uguale a $\{-2, 0, +2\}$.[4]

Ci sarà quindi una certa probabilità r che il nato e l'individuo eliminato abbiano lo stesso allele per il gene che stiamo osservando; una probabilità p che sia stato eliminato un individuo con l'allele A e sia stato introdotto nella popolazione un individuo con l'allele B, ed una probabilità q che sia stato viceversa eliminato un individuo con l'allele B ed introdotto un individuo con l'allele A.

Nel seguito supporremo nuovamente, per semplicità, che le probabilità con cui $\delta \xi$ prende uno dei possibili valori siano indipendenti da $n(A)$ ed $n(B)$, e le indicheremo ancora con p, q, r:

$$\mathcal{P}(\delta \xi = +2) = p \ , \quad \mathcal{P}(\delta \xi = -2) = q \ , \quad \mathcal{P}(\delta \xi = 0) = r \ .$$

Nuovamente, $\{p, r, q\}$ devono essere numeri compresi tra zero ed uno, e la loro somma deve essere $p + r + q = 1$.

La composizione della popolazione può essere descritta semplicemente dal numero numero di individui $n(B)$ con l'allele B; per rendere più chiaro che si tratta di una variabile casuale (e soprattutto per rendere più immediati i riferimenti alla discussione precedente) indicheremo questo con x,

$$x = n(B);$$

---

[3] Ad esempio, sperimentatori desiderosi di analizzare una colonia di batteri con poco sforzo matematico: il punto essenziale qui è che lavoriamo con N finito ed in presenza di competizione sufficientemente intensa; il fatto che N sia costante serve a semplificare alcuni aspetti matematici. Naturalmente, potremmo anche considerare le frequenze – anziché le popolazioni – dei due tipi, ma non vogliamo introdurre elementi non essenziali nella nostra discussione.

[4] Se ad esempio nasce un individuo di tipo A e ne viene eliminato uno di tipo B, abbiamo $n'(A) = n(A) + 1$, $n'(B) = n(B) - 1$, e $\xi' = n'(B) - n'(A) = n(B) - n(A) - 2 = \xi - 2$.

dunque x va da 0 (tutti gli individui con allele A) ad N (tutti con allele B), ed in ogni intervallo di tempo δt esso varia di ± 1 o resta costante. Si noti che ora in generale $x(0) = x_0 \neq 0$.

La differenza sostanziale rispetto al caso di popolazione potenzialmente infinita è nel fatto che se $x(t)$ tocca uno degli estremi dell'intervallo in cui può prendere valori (cioè se per un certo t_0 si ha $x(t_0) = 0$ o $x(t_0) = N$), allora tutta la popolazione è dello stesso tipo, e dunque tutti i nuovi nati saranno necessariamente di quel tipo: per $t > t_0$ non si hanno più cambiamenti in $x(t)$, ossia nella composizione della popolazione.

Ci aspetteremmo che a lungo andare il vantaggio dell'allele B porti a far sì che tutta la popolazione abbia questo allele, ossia che l'allele B sia *fissato* nella popolazione; si veda anche la discussione nei capitoli 13 e 14.

In realtà, quello che succede *sempre* (in queste condizioni, cioè con N costante, o comunque in presenza di vincoli alla crescita della popolazione e quindi di competizione intensa) è che uno dei due alleli viene fissato, ma non sempre è quello più favorito. Esistono delle probabilità di fissaggio $P(A)$ e $P(B)$ per i due alleli, definite in termini di x come

$$P(A) = \mathcal{P}[x(t) \to 0] \ , \quad P(B) = \mathcal{P}[x(t) \to N] \ ;$$

naturalmente $P(A) < P(B)$ se le condizioni di partenza sono pari (a causa di $W(A) < W(B)$), ma può succedere che sia l'allele A a fissarsi.

Va notato a questo proposito che il vantaggio di un allele sull'altro non è sempre grande; anzi, in generale è piccolo o addirittura inesistente[5].

16.4 Cammino casuale limitato

Ci siamo dunque ricondotti, anche nel caso di popolazione costante, ad un problema descritto da un cammino casuale; però in questo caso $x \in [0, N]$. La trattazione sarà simile a quella del cammino casuale illimitato, ma con dei risultati diversi[6]. In particolare, in questo modello, se il cammino casuale tocca uno degli stati estremi, si arresta in quello stato.

Dovremo quindi chiederci[7], in funzione del dato iniziale x_0, qual è la probabilità $P(A)$ che l'allele si fissi su A, e qual è la probabilità $P(B)$ che si fissi

---

[5] Pensiamo al caso di avere occhi verdi o azzurri. Va sottolineato come Darwin stesso abbia fatto notare che la maggior parte dei caratteri differenziati non hanno alcun vantaggio evolutivo, come ricordato nelle note alla fine di questo capitolo.

[6] Nel confronto tra formule intermedie va tenuto conto del fatto che le formule della sezione precedente sono state ottenute ponendo $x(0) = 0$, mentre in questo modello avremo uno stato iniziale $x(0) = x_0 \neq 0$. Naturalmente, non è difficile adattare le formule: dove abbiamo x bisogna intendere $x - x_0$; oppure passare a considerare $\eta := (x - x_0) \in [-x_0, N - x_0]$ con $\eta(0) = 0$.

[7] Sarebbe possibile e naturale, ma più difficile (e quindi non lo faremo), porci dei problemi più dettagliati: ad esempio, dopo quanto tempo l'allele si fissa.

su B. Queste corrispondono alle probabilità che il cammino casuale tocchi il sito 0 prima di toccare il sito N, ovvero rispettivamente che tocchi il sito N prima di toccare il sito 0.

Denotiamo, per maggior chiarezza, il dato iniziale come (a, b), essendo questa la distribuzione iniziale di individui tra i due alleli (con $a + b = N$). Scriveremo anche, per usare più facilmente la simmetria del problema nel caso sia $p = q$, $P(A) = \pi(a)$ e $P(B) = \chi(b)$. Ovviamente, $\pi(0) = 1$ e $\pi(N) = 0$; e corrispondentemente $\chi(0) = 0$, $\chi(N) = 1$.

Notiamo che non siamo sicuri, a priori, che il cammino non continui indefinitamente, ossia che i due alleli non continuino a coesistere: potrebbe avvenire, in linea di principio, che sia $\pi(a) + \chi(b) < 1$. Chiameremo $\rho(a, b) = 1 - \pi(a) - \chi(b)$ la probabilità che l'allele non si fissi mai quando il dato iniziale è (a, b).

Se la popolazione iniziale di A è $a \neq 0$, questo allele può sparire sia se il primo passo porta $n(A)$ ad $a + 1$, sia se la porta ad $a - 1$, o anche se la lascia invariata. Dunque,

$$\pi(a) = p\pi(a + 1) + r\pi(a) + q\pi(a - 1) \ . \tag{7}$$

D'altra parte, essendo $p + q + r = 1$, possiamo riscrivere questa come

$$p\pi(a) + r\pi(a) + q\pi(a) = p\pi(a + 1) + r\pi(a) + q\pi(a - 1) \ ;$$

eliminando il termine $r\pi(a)$ che appare in ambedue i membri, otteniamo

$$q[\pi(a) - \pi(a - 1)] = p[\pi(a + 1) - \pi(a)] \ . \tag{8}$$

Questa è l'idea fondamentale che permette di effettuare i calcoli.

Vediamo dalla (8) che quello che conta è solo il rapporto p/q; ciò suggerisce che il ruolo di r sarà trascurabile (purché, naturalmente, sia $r \neq 1$), e la discussione nel seguito confermerà questa ipotesi.

Il caso simmetrico

Consideriamo dapprima il caso $p = q$. Allora la (8) si riduce a

$$[\pi(k) - \pi(k - 1)] = [\pi(k + 1) - \pi(k)] = c \ ,$$

e quindi, scrivendo $\pi(k) - \pi(0)$ nella forma

$$[\pi(k) - \pi(k - 1)] + [\pi(k - 1) - \pi(k - 2)] + ... + [\pi(1) - \pi(0)] \ ,$$

otteniamo facilmente

$$\pi(k) = \pi(0) + kc \ .$$

Dato che $\pi(0) = 1$, $\pi(N) = 0$, ricaviamo immediatamente (scegliendo $k = N$ nella formula precedente) che $c = -1/N$ e quindi in generale

$$\pi(k) = 1 - \frac{k}{N} \ .$$

In particolare, per $k = a$ (il dato iniziale per la popolazione di A) abbiamo

$$\pi(a) = 1 - \frac{a}{N} \ = \ \frac{b}{N}.$$

Possiamo procedere allo stesso modo per calcolare $\chi(b)$, ottenendo che

$$\chi(b) \ = \ 1 - \frac{b}{N} \ = \ \frac{a}{N} \ ;$$

abbiamo quindi $\pi(a) + \chi(b) = 1$, e questo implica che $\rho(a, b) = 0$.

Il caso generale

Consideriamo ora il caso generale, $p \neq q$. La (8) vale per ogni a. Possiamo quindi moltiplicare tra di loro i termini di sinistra per diversi a, ed altrettanto per i termini di destra, ottenendo ancora un'uguaglianza:

$$\prod_{k=1}^{m} q[\pi(k) - \pi(k-1)] \ = \ \prod_{k=1}^{m} p[\pi(k+1) - \pi(k)] \ ;$$

questa si riscrive anche come

$$q^m \prod_{k=1}^{m} [\pi(k) - \pi(k-1)] = p^m \prod_{k=1}^{m} [\pi(k+1) - \pi(k)] \ . \tag{9}$$

Ora, quasi tutti i termini appaiono sia a sinistra che a destra, e possono quindi essere eliminati: infatti il termine con $k = j$ a sinistra corrisponde al termine con $k = j - 1$ a destra. Eliminando questi termini, la (9) diviene

$$q^m [\pi(1) - \pi(0)] = p^m [\pi(m+1) - \pi(m)] \ ,$$

che si può riscrivere, usando anche $\pi(0) = 1$, come

$$[\pi(m+1) - \pi(m)] = \left(\frac{q}{p} \right)^m [\pi(1) - 1] \ . \tag{10}$$

Sappiamo che $\pi(N) = 0$. Possiamo riscrivere $\pi(N) - \pi(m)$ come

$$\pi(N) - \pi(m) \ = \ \sum_{k=m}^{N-1} [\pi(k+1) - \pi(k)] \ . \tag{11}$$

Ricordiamo ora la formula per la serie geometrica:

$$\sum_{k=a}^{b} \alpha^k \ = \ \frac{(\alpha^{b+1} - \alpha^a)}{(\alpha - 1)} \ .$$

Usando questa e la (10), la (11) diventa

$$\sum_{k=m}^{N-1} \left(\frac{q}{p}\right)^k [\pi(1) - 1] = [1 - \pi(1)] \frac{(q/p)^m - (q/p)^N}{1 - (q/p)} . \qquad (11')$$

Usando ora $\pi(N) = 0$, la (11') diventa

$$\pi(m) = [\pi(1) - 1] \frac{(q/p)^m - (q/p)^N}{1 - (q/p)}$$

e per $m = 0$, usando $\pi(0) = 1$, abbiamo

$$\pi(0) = 1 = [\pi(1) - 1] \frac{1 - (q/p)^N}{1 - (q/p)} .$$

Confrontando le ultime due equazioni, possiamo eliminare $\pi(1)$, ottenendo

$$\pi(m) = \frac{(q/p)^N - (q/p)^m}{(q/p)^N - 1} = \frac{q^N - q^m p^{N-m}}{q^N - p^N} = \frac{1 - (p/q)^{N-m}}{a - (p/q)^N} .$$

Considerando le probabilità di fissazione per il dato iniziale (a, b) otteniamo quindi

$$\pi(a) = \frac{1 - (p/q)^b}{1 - (p/q)^{a+b}} . \qquad (12)$$

Procedendo allo stesso modo si ottiene anche

$$\chi(b) = \frac{1 - (q/p)^a}{1 - (q/p)^{a+b}} . \qquad (13)$$

Sommando la (12) e la (13), ricordando $a + b = N$, e scrivendo per comodità $\alpha = p/q$, otteniamo

$$\pi(a) + \chi(b) = \frac{1 - \alpha^b}{1 - \alpha^N} + \frac{1 - \alpha^{-a}}{1 - \alpha^{-N}} = \frac{1 - \alpha^b}{a - \alpha^N} + \frac{\alpha^N}{\alpha^a} \frac{\alpha^a - 1}{\alpha^N - 1} =$$

$$= \frac{1 - \alpha^b}{a - \alpha^N} + \alpha^b \frac{1 - \alpha^a}{1 - \alpha^N} = \frac{1}{1 - \alpha^N}[(1 - \alpha^b) + \alpha^b(1 - \alpha^a)] =$$

$$= \frac{1}{1 - \alpha^N}[1 - \alpha^b + \alpha^b - \alpha^{a+b}] = \frac{1 - \alpha^{a+b}}{1 - \alpha^N} = 1 .$$

Otteniamo quindi che anche nel caso generale $\rho(a, b) := 1 - \pi(a) - \chi(b) = 0$. Vale a dire che anche nel caso generale la probabilità che il cammino continui indefinitamente, senza mai giungere a fissare l'allele, è pari a zero.

Le formule (12) e (13) sono completamente esplicite, e le probabilità di fissare l'uno o l'altro allele che ne risultano sono graficate nelle figure 2 e 3. Può essere comunque interessante considerare dei casi limite per comprendere meglio il comportamento descritto dalle (12) e (13).

Innanzitutto, consideriamo il caso $n \to \infty$; in questo limite conta solo avere $p/q > 1$ o $p/q < 1$: l'allele che ha un vantaggio, non importa quanto piccolo, viene fissato con probabilità uno.

Consideriamo ora il caso di n finito, con $b \ll a$ ed un piccolo vantaggio competitivo per il tipo B, $p > q$ con $p = 1/2 + \delta$, $q = 1/2 - \delta$. Per semplificare alcune formule nel seguito, scegliamo questo piccolo vantaggio nella forma $\delta = \alpha/(2n)$ con $\alpha < 1$. Scrivendo $b/n = \varepsilon$, $a/n = 1 - \varepsilon$ (con $0 < \varepsilon \ll 1$), le (12) e (13) diventano, sviluppando dapprima in serie per eps al primo ordine,

$$\pi(a) = \pi[(1 - \varepsilon)n] \; simeq \; \left(\frac{n \; \log(q/p)}{1 - (p/q)^n} \right) \varepsilon \; ;$$

$$\chi(b) = \chi(\varepsilon n) = 1 - \left(\frac{n \, (q/p)^n \; \log(p/q)}{1 - (q/p)^n} \right) \varepsilon \; .$$

Sviluppando inoltre anche in serie di δ, sempre al primo ordine, abbiamo

$$\pi(a) \simeq (1 - \alpha) \varepsilon \; , \; \chi(b) \simeq 1 - (1 - \alpha) \varepsilon \; . \tag{14}$$

Dunque con queste scelte risulta $\pi(a) < \chi(b)$ anche per $b \ll a$: pur essendo inizialmente di gran lunga dominante, il carattere A si estingue più facilmente (con probabilità maggiore) di B. Questa conclusione concorda con quella ottenuta nel capitolo 13, ma va sottolineato che ora la probabilità di estinzione di B è diversa da zero.

16.5 Mutazioni

La discussione di questo capitolo è stata condotta sotto l'assunzione che nella popolazione in esame *non* si verifichino mutazioni. Non e' difficile convincersi che se si ammettono mutazioni, sia pure con un tasso estremamente piccolo, buona parte delle conclusioni che abbiamo raggiunto non sono più valide.

Infatti, supponiamo che si sia fissato l'allele meno favorito A. La possibilità di mutazioni farà sì che nelle generazioni successive si presentino nuovamente degli individui con l'allele più favorito B; naturalmente esso partirà da numeri molto bassi (con ogni probabilità un solo mutante nel modello che abbiamo considerato), ma – eventualmente dopo un certo numero di nuove estinzioni temporanee – essendo B più favorito, ad un certo punto si verificherà una fluttuazione abbastanza grande da portare il sistema verso la fissazione dell'allele B. A questo punto l'allele A può nuovamente apparire a causa di mutazioni, ma essendo esso sfavorito la sua affermazione sarà molto più difficile che non quella dell'allele B in condizioni simili.

Se guardiamo alla distribuzione attesa della popolazione dopo tempi molto lunghi (all'equilibrio), essa non sarà con un solo allele, ma avremo piuttosto, statisticamente, una distribuzione di probabilità (in questo caso, di Poisson) che si accumula vicino alla configurazione più favorevole.

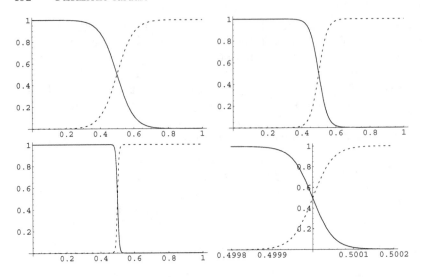

Figura 16.2. Le probabilità di fissare l'allele A (linea continua) o B (linea trat-teggiata) partendo da una popolazione con $a = b$, al variare di p (per $q = 1 - p$ e $r = 0$). In alto: popolazione totale $N = 10$ (a sinistra), $N = 20$ (a destra). In basso a sinistra: $N = 100$. In basso a destra: $N = 20.000$; si noti che la figura comprende la regione $0.4998 < p < 0.5002$, è cioè un ingrandimento della regione centrale delle figure precedenti.

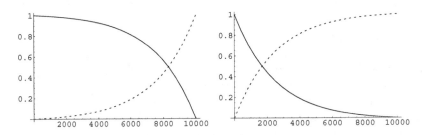

Figura 16.3. Le probabilità di fissare l'allele A o B partendo da una popolazione con diversi valori di a e $N = 10.000$, per $p = 0.4999$ e $q = 0.5001$ (sinistra), e per $p = 0.5001$ e $q = 0.4999$ (destra).

Questa conclusione è valida purchè il tasso di mutazione non sia troppo grande, ossia purchè gli effetti di selezione (differenza tra le fitness) siano predominanti su quelli di mutazione casuale. Quando avviene il contrario, si ha invece una situazione in cui non solo l'allele non si fissa, ma la popolazione varia casualmente tra tutti i possibili stati, che hanno un peso statistico sostanzialmente equivalente.

Quando si guarda non ad un solo allele ma a tutto il genoma (o ad una sua parte sostanziale), la situazione è, come ovvio, più complessa; ma la discussione testè presentata resta sostanzialmente valida. In questo caso si formano delle *quasi-specie*, con genoma che si discosta poco da quello "ottimale", purchè il tasso di mutazione non sia troppo alto. Quando il tasso di mutazione supera una certa soglia, dipendente dal vantaggio evolutivo di un genoma sugli altri e dalla complessità del genoma, si ha la cosiddetta *catastrofe degli errori*, o con termine meno drammatico *transizione degli errori* (è un esempio di transizione di fase), e tutte le sequenze genomiche che permettono la sopravvivenza acquistano un peso statistico sostanzialmente equivalente.

Naturalmente, nel caso di una caratteristica genetica per cui le determinazioni causate dai diversi alleli non siano né vantaggiose né svantaggiose – si parla allora anche di *carattere neutro* – la soglia corrisponde ad un tasso di mutazione zero: non appena si ha un tasso di mutazione positivo, per quanto piccolo, il sistema oscilla in modo completamente casuale, e quando un allele viene eliminato esso rientra in gioco dopo qualche tempo a causa di una mutazione. Avremo dunque dei periodi di tempo in cui l'allele è determinato in un modo, seguiti da periodi con coesistenza dei diversi alleli e da periodi con diversa determinazione, e così via.

16.6 Osservazioni

(1) Il risultato principale di questo capitolo è la possibilità che un carattere genetico sia selezionato in modo casuale, anche in assenza di un vantaggio evolutivo. Si parla spesso di "evoluzione neutrale"; questa teoria è stata sviluppata in particolare da Kimura. Si vedano ad esempio M. Kimura, *The Neutral Theory of Molecular Evolution*, Cambridge University Press 1983; T. Ohta and J.H. Gillespie, "Development of Neutral and Nearly Neutral Theories", *Theoretical Population Biology* **49** (1996), 128-142; S. Gavrilets, *Fitness landscape and the origin of species*, Princeton University Press 2004.

(2) Come detto in precedenza, molti caratteri non presentano un vantaggio o svantaggio ben determinato. Questo fatto – e la conseguenza accennata nell'ultima sezione, per cui in presenza di caratteristiche neutre si ha una "determinazione fluttuante" – era già chiaro a Darwin.

Infatti, nel capitolo IV de *L'origine delle specie* si legge[8], subito dopo la celeberrima frase *"A questa conservazione delle variazioni favorevoli ed all'eliminazione delle variazioni nocive ho dato il nome di selezione naturale"*, Darwin aggiunge: *"Le variazioni né utili né dannose non dovrebbero subire l'influenza della selezione naturale e dovrebbero rimanere allo stato fluttuante come vediamo, forse, nelle specie dette polimorfe"*.

(3) E' interessante notare come una caratteristica che influenza molto la possibilità di fissare un carattere genetico sfavorito sia la velocità (tasso) di muta-

---

[8] Sono grato a Luca Peliti per avermi ricordato questo passo, che riporto dalla traduzione italiana di C. Balducci pubblicata dalla Newton Compton nella collana "Grandi tascabili economici".

zione, o meglio la frequenza di mutazioni che hanno un'influenza sulla fitness. Il lettore che voglia più dettagli su questa affermazione può vedere l'articolo di J. Aguirre e S.C. Manrubia, "Out-of-equilibrium competitive dynamics of quasispecies", *Europhysics Letters* **77** (2007), 38001; per una rapida introduzione al concetto di *quasi-specie* si vedano ad esempio L. Peliti, "Quasispecies evolution in general mean-field landscapes", *Europhysics Letters* **57** (2002), 745-751 e (in un contesto molto vicino a quanto verrà discusso nel capitolo 15) M. Lassig, F. Tria e L. Peliti, "Evolutionary games and quasispecies", *Europhysics Letters* **62** (2003), 446-451. Una trattazione più particolareggiata è data nell'articolo di rassegna di E. Tannenbaum e E.I. Shakhnovich, "Semiconservative replication, genetic repair, and many-gened genomes: extending the quasispecies paradigm to living systems", *Physics of Life Reviews* **2** (2005), 290-317. Una breve discussione semplificata è anche fornita nel capitolo 17.

Mutazioni

Abbiamo finora evitato di includere il ruolo delle mutazioni nei nostri modelli (eccetto per la breve discussione al termine del capitolo 16). Una discussione, per quanto parziale e qualitativa, dei modelli matematici dell'Evoluzione non può tuttavia prescindere da questo, che è uno degli ingredienti fondamentali della costruzione di Darwin. In questo capitolo tratteremo il ruolo delle mutazioni, dapprima (in modo ragionevolmente completo) nell'ambito dei più semplici tra i modelli considerati in precedenza, ed in seguito (limitandoci a descrivere i risultati che si possono ottenere) nel quadro di modelli meno elementari.

17.1 Mutazioni nel modello a due stati

Iniziamo con il considerare il modello (discusso nel capitolo 14 – in cui abbiamo parlato più genericamente di "tipi" anziché geni – e nel capitolo 15), in cui esistono solo due alleli per un determinato gene, ovvero – come diremo usando un linguaggio suscettibile di più ampie generalizzazioni – questo gene può esistere solo in due stati $g = \{a_1, a_2\}$.

In quel modello, la fitness è diversa per i due alleli, ed inizieremo con il considerare il caso in cui la fitness di ogni stato è fissata, ossia è indipendente dalla distribuzione della popolazione tra i due alleli.

Indicheremo con x_i la frequenza dell'allele a_i nella popolazione, con $x_1 + x_2 = 1$ per definizione. Supporremo che la fitness dipenda *solo* dal gene in questione, ed indicheremo con w_1, w_2 le fitness dei due alleli.

In questo caso, come abbiamo visto nel capitolo 14, se ad una certa generazione le frequenze dei due alleli nella popolazione sono x_1, x_2, e quindi le loro popolazioni sono $n_i = x_i N$ (con N la popolazione totale), allora alla generazione successiva avremo

$$\widehat{n}_i = n_i w_i = (x_i N) w_i \tag{1}$$

per le popolazioni dei due alleli, e quindi per la popolazione totale

$$\widehat{N} = \sum_i \widehat{n}_i = N \sum_i x_i w_i = N \langle W \rangle . \tag{2}$$

Abbiamo qui indicato nuovamente, come nei capitoli precedenti, con $\langle W \rangle$ la fitness media. Le nuove frequenze dei due alleli sono dunque

$$\widehat{x}_i = \frac{\widehat{n}_i}{\widehat{N}} = \frac{n_i w_i}{N \langle W \rangle} = n_i \frac{w_i}{\langle W \rangle} . \tag{3}$$

Naturalmente, se $x_1 > x_2$, allora purché la popolazione non sia composta unicamente dell'allele a_1 o dell'allele a_2 avremo sempre $w_1 > \langle W \rangle$ e $w_2 < \langle W \rangle$. Dunque la frequenza x_1 crescerà, e la frequenza x_2 decrescerà, sempre fino a raggiungere la situazione in cui la popolazione è unicamente composta dall'allele a_1.

La discussione si estende ovviamente al caso di k alleli, e si vede facilmente con lo stesso argomento che a lungo andare resterà solo l'allele con la fitness più elevata tra quelli presenti inizialmente[1].

Passiamo ora a considerare il caso il cui sono possibili delle mutazioni. Questo vuol dire che una certa percentuale μ_1 dei nati da genitori[2] con allele a_1 avrà in realtà l'allele a_2, e viceversa una certa percentuale μ_2 dei nati da genitori con allele a_1 avrà in realtà l'allele a_2.

In questo caso le equazioni (1) sono sostituite da

$$\begin{cases} \widehat{n}_1 = (n_1 w_1)(1 - \mu_1) + (n_2 w_2)\mu_2 \\ \widehat{n}_2 = (n_2 w_2)(1 - \mu_2) + (n_1 w_1)\mu_1 ; \end{cases} \tag{4}$$

d'altra parte $\widehat{N}$ è ancora lo stesso che in precedenza, e quindi dividendo le (4) per $\widehat{N}$ otteniamo

$$\begin{cases} \widehat{x}_1 = (x_1 w_1/\langle W \rangle)(1 - \mu_1) + (x_2 w_2/\langle W \rangle)\mu_2 \\ \widehat{x}_2 = (x_2 w_2/\langle W \rangle)(1 - \mu_2) + (x_1 w_1/\langle W \rangle)\mu_1 . \end{cases} \tag{5}$$

Dato che $\widehat{x}_2 = 1 - \widehat{x}_1$ (e $x_2 = 1 - x_1$), possiamo considerare una sola equazione, diciamo quella per x_1, ed indicare per semplicità di notazione la frequenza che stiamo osservando con x. Allora la prima delle (5) si riscrive come

$$\widehat{x} = (x w_1/\langle W \rangle)(1 - \mu_1) + (1 - x)(w_2/\langle W \rangle)\mu_2 . \tag{6}$$

Poniamoci ora il problema della determinazione di (eventuali) soluzioni di equilibrio. Queste corrispondono ovviamente ad avere $\widehat{x} = x$, e sostituendo questa condizione nella (6) otteniamo l'equazione

---

[1] Ovviamente, stiamo qui trascurando (oltre alla possibilità di mutazione) il ruolo delle fluttuazioni, discusso nel capitolo 16; in altri termini, questa discussione a rigore si applica solo nel limite di popolazioni infinite, in cui le fluttuazioni solo completamente trascurabili – o con meno rigore, è valida a meno che le popolazioni in esame non siano troppo piccole.

[2] Stiamo sempre considerando il caso di riproduzione asessuata, in cui il patrimonio genetico – e quindi in particolare il gene in questione – è integralmente trasmesso (a meno di mutazioni) da una generazione alla successiva.

$$x\langle W\rangle = (xw_1)(1 - \mu_1) + (1 - x)(w_2)\mu_2 \ .$$

D'altra parte, $\langle W\rangle = x_1w_1 + x_2w_2$; inserendo questa espressione nell'equazione precedente e portando tutti i termini a sinistra otteniamo infine

$$(w_1 - w_2)\,x^2 + [(\mu_1 w_1 + \mu_2 w_2) - (w_1 - w_2)]\,x - \mu_2 w_2 = 0 \ . \tag{7}$$

Si tratta di un'equazione di secondo grado per x, che può essere risolta applicando la formula generale. Scriveremo

$$\alpha := (w_1 - w_2 - \mu_1 w_1 - \mu_2 w_2) \ , \quad \delta = w_1 - w_2 > 0 \ ,$$

cosicché la (7) si riscrive come

$$\delta\,x^2 - \alpha\,x - \mu_2\,w_2 = 0 \ ;$$

le soluzioni della (7) sono dunque date da

$$x_\pm = \frac{\alpha \pm \sqrt{\alpha^2 + 4\delta\mu_2 w_2}}{2\,\delta} \ . \tag{8}$$

Supponiamo d'ora in avanti, per semplicità di discussione[3], che sia $\alpha > 0$, lasciando al lettore la discussione del caso $\alpha < 0$ (e quella del caso $\alpha = 0$).

Come al solito, per essere accettabili le soluzioni devono essere $0 \le x \le 1$. E' evidente che la soluzione x_- non è accettabile, essendo negativa: infatti x_- si riscrive come

$$x_- = \frac{\alpha}{2\delta}\left(1 - \sqrt{1 + 4\delta\mu_2 w_2/\alpha^2}\right) \ ,$$

che è sempre negativa avendo $\delta > 0$ ed avendo supposto $\alpha > 0$.

D'altra parte, per x_+ abbiamo

$$x_+ = \frac{\alpha}{2\delta}\left(1 + \sqrt{1 + 4\delta\mu_2 w_2/\alpha^2}\right) \ ; \tag{9}$$

dunque x_+ è sicuramente positivo (sempre in forza di $\alpha > 0$, $\delta > 0$), e deve soddisfare la condizione $x_+ \le 1$ per essere accettabile. Questa condizione si riscrive anche come

$$\alpha\left(1 + \sqrt{1 + 4\delta\mu_2 w_2/\alpha^2}\right) \le 2\delta \ , \tag{10}$$

o ancora (dividendo per α e portando il termine fuori radice del membro di sinistra anch'esso a destra)

$$\sqrt{1 + 4\delta\mu_2 w_2/\alpha^2} \le 2(\delta/\alpha) - 1 \ . \tag{11}$$

Notiamo ora che $\alpha = [(w_1 - w_2) - (\mu_1 w_1 + \mu_2 w_2)] < (w_1 - w_2) = \delta$; quindi $\delta/a > 1$, ed i due membri della (11) sono ambedue positivi (ed anzi maggiori

---

[3] Le complicazioni del caso generale riguardano l'attenzione da porre al segno dei vari termini, e non toccano il significato evoluzionistico della conclusione.

di uno). La disuguaglianza (11) è quindi equivalente a quella che si ottiene prendendo il quadrato di ambo i membri, cioè alla

$$1 + 4\delta\mu_2 w_2/\alpha^2 \leq 4(\delta/\alpha)^2 + 1 - 4(\delta/\alpha) ; \tag{12}$$

questa a sua volta si riduce alla $4(\delta/\alpha^2)\mu_2 w_2 \leq 4(\delta/\alpha)^2 - 4(\delta/\alpha)$, ed eliminando il fattore comune $4(\delta/\alpha)$ ci si riduce alla

$$\mu_2 w_2/\alpha \leq (\delta/\alpha) - 1 ;$$

moltiplicando ancora ambedue i membri per $\alpha > 0$, otteniamo

$$\mu_2 w_2 \leq \delta - \alpha . \tag{13}$$

D'altra parte, tornando alle definizioni di α e δ, risulta

$$\delta - \alpha = \mu_1 w_1 + \mu_2 w_2 ;$$

quindi finalmente la (13) si riduce a

$$\mu_2 w_2 \leq \mu_1 w_1 + \mu_2 w_2 , \tag{13'}$$

che è banalmente vera. Dunque la (13) è vera, e con lei le disuguaglianze precedenti ed in particolare la (10); in conclusione, abbiamo mostrato che $0 < x_+ \leq 1$ e dunque x_+ dato dalla (9) è in effetti sempre accettabile.[4]

Inoltre, come si vede dalla (13'), il segno di uguaglianza (che corrisponde ad avere $x_+ = 1$) si applica se e solo se $\mu_1 w_1 = 0$, ossia – dato che la fitness è per ipotesi positiva – se e solo se il tasso di mutazione per l'allele favorevole a_1 è esattamente zero; abbiamo supposto in precedenza che questo non sia il caso, quindi $x_+ < 1$.

L'aspetto rilevante di questa discussione è l'aver mostrato che si ha un equilibrio in cui $x \neq 1$, e dunque all'equilibrio i due alleli coesistono, anche se con $x_1 > x_2$.

Consideriamo d'ora in poi il caso – molto ragionevole dal punto di vista biologico – in cui il tasso di mutazione non dipenda dall'allele; in altri termini, consideriamo il caso $\mu_1 = \mu_2 = \mu$. Ora l'equilibrio corrisponde a

$$x = \frac{\delta(1-\mu) - 2\mu w_2 + \sqrt{(\delta(1-\mu) - 2\mu w_2)^2 + 4\delta\mu w_2}}{2\delta} . \tag{14}$$

che in termini delle variabili w_1, w_2 si scrive come

$$x = \frac{(1-\mu)w_1 - (1+\mu)w_2 + \sqrt{4\mu(w_1 - w_2)w_2 + ((w_1 - w_2) - \mu(w_1 + w_2))^2}}{2(w_1 - w_2)} . \tag{15}$$

---

[4] Il lettore che abbia qualche conoscenza, per quanto superficiale, della teoria dei processi di Markov si stupirà di questa dimostrazione per calcolo esplicito, resa d'altronde necessaria dal non voler introdurre detta teoria (confermando con ciò il carattere "facoltativo" del capitolo 12).

E' conveniente scrivere $w_1 = (1+\eta)w_2$, dove $\eta = (w_1 - w_2)/w_1$ rappresenta il vantaggio relativo dell'allele a_1 sull'allele a_2; in questa notazione $\delta = w_1 - w_2 = \eta w_2$, e la (14) si scrive dunque

$$x = \frac{\eta(1-\mu) - 2\mu + \sqrt{(\eta(1-\mu) - 2\mu)^2 + 4\eta\mu}}{2\eta} . \qquad (16)$$

Questa può anche essere riscritta, ponendo $\beta := \mu/\eta$, come

$$x = \frac{(1-\mu) - 2\beta + \sqrt{[(1-\mu) - 2\beta]^2 + 4\beta}}{2} . \qquad (17)$$

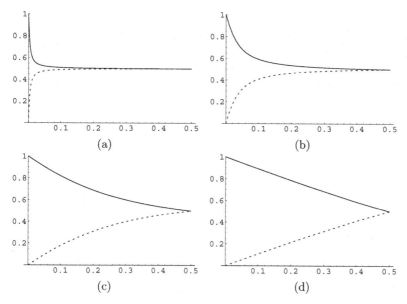

(a)   (b)   (c)   (d)

Figura 17.1. Frequenza dell'allele favorito all'equilibrio in funzione del tasso di mutazione μ. E' graficata la funzione $x(\eta, \mu)$ come descritta dalla (15) in funzione di μ per diversi valori del vantaggio relativo $\eta = (w_1 - w_2)/w_2$. Grafico (a): $\eta = 0.01$; grafico (b): $\eta = 0.1$; grafico (c): $\eta = 1$; grafico (d): $\eta = 10$. Al crescere di μ la distribuzione della popolazione tende verso una distribuzione uniforme, qualsiasi sia il vantaggio dell'allele con maggior fitness.

Il tasso di mutazione è spesso molto piccolo; sviluppando la (15) in serie di Taylor al secondo ordine in $\mu \ll 1$ otteniamo

$$x_1 = x \simeq 1 - \left(\frac{w_1}{w_1 - w_2}\right) \mu + \frac{w_1 w_2}{(w_1 - w_2)^2} \mu^2, \qquad (18')$$

e quindi la frequenza dell'allele sfavorito risulta data da

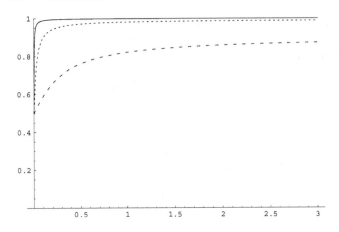

Figura 17.2. Frequenza dell'allele favorito all'equilibrio in funzione del vantaggio relativo $\eta = (w_1 - w_2)/w_2$. E' graficata la funzione $x(\eta, \mu)$ come descritta dalla (16) in funzione di η per diversi valori del tasso di mutazione μ. Dall'alto in basso, abbiamo: $\mu = 0.001$ (curva continua); $\mu = 0.01$ (curva punteggiata); $\mu = 0.1$ (curva tratteggiata).

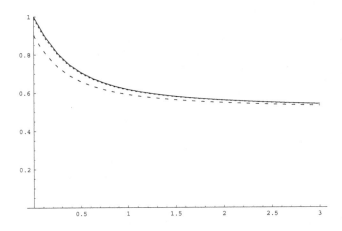

Figura 17.3. Frequenza dell'allele favorito all'equilibrio in funzione del parametro $\beta = \mu/\eta$. E' graficata la funzione $x(\beta, \mu)$ come descritta dalla (17) in funzione di β per diversi valori del tasso di mutazione μ. Dall'alto in basso, abbiamo: $\mu = 0.001$ (curva continua); $\mu = 0.01$ (curva punteggiata); $\mu = 0.1$ (curva tratteggiata). La dipendenza da μ risulta meno importante della dipendenza da β.

$$x_2 = 1 - x \simeq \left(\frac{w_1}{w_1 - w_2}\right)\mu - \frac{w_1\,w_2}{(w_1 - w_2)^2}\,\mu^2 \ . \tag{18''}$$

Queste espressioni divergono per $(w_1 - w_2) \to 0$, ossia per $\delta \to 0$ e quindi $\eta \to 0$. In questo caso può essere vantaggioso considerare l'espressione (17).

17.2 Mutazioni per genoma complesso

Nella sezione precedente abbiamo considerato un solo gene che può esistere in due alleli. Consideriamo ora cosa succede per un genoma complesso, ossia quando abbiamo svariati geni g_k, $k = 1, ..., \ell$, ognuno dei quali può esistere in vari alleli.

Per semplicità, faremo alcune ipotesi poco realistiche ma che ci eviteranno di essere distratti da difficoltà matematiche inessenziali.

Iniziamo con l'assumere che ogni gene g_k abbia due soli alleli, $a_{k,1}$ e $a_{k,2}$; considereremo sempre l'allele $a_{k,1}$ come quello vantaggioso, ossia con la fitness maggiore.

Inoltre supporremo che la fitness dipenda in modo uguale da tutti gli alleli, e linearmente da ciascuno di essi. Ossia, supporremo che

$$W_g = \sum_{k=1}^{\ell} w_{k,i} \tag{19}$$

e che inoltre si abbia

$$w_{k,1} = w_1 \ , \quad w_{k,2} = w_2 \quad \forall k = 1, ..., \ell \ . \tag{20}$$

Dunque, la fitness del genoma g sarà dipendente solo dal numero v_g di alleli vantaggiosi presenti in esso,

$$\begin{aligned} W_g &= w_1\,v(g) + w_2\,(\ell - v(g)) = W_0 + (w_1 - w_2)\,v(g) = \\ &= W_0 + \delta\,v(g) \ ; \end{aligned} \tag{21}$$

qui abbiamo ovviamente scritto $W_0 = w_2\ell$, $\delta = w_1 - w_2$. Ricorrendo alla notazione usata in precedenza, $w_1 = (1 + \eta)w_2$, e scrivendo ora $\alpha = (1 + \eta)^{-1}$ (notiamo che $\alpha < 1$), questa si scrive anche

$$W_g = W_0\,\alpha^{-v(g)} = \left(W_0\,\alpha^{-\ell}\right)\alpha^{[\ell - v(g)]} \ . \tag{21'}$$

17.3 Classi di errore

Lo spazio degli stati in questo modello è costituito da 2^ℓ diversi stati. D'altra parte, con le nostre ipotesi conta solo il numero v_g di alleli vantaggiosi o, equivalentemente, il numero $s(g) = [\ell - v(g)]$ di alleli svantaggiosi.

Possiamo quindi raggruppare i differenti genomi secondo questo numero; si dice anche che i genomi con $s(g) = k$ costituiscono una *classe di errore* S_k, in quanto hanno k alleli determinati in modo non ottimale.

Denotiamo con p_g la popolazione che ha genoma g; allora la popolazione della classe di errore

$$S_k = \{g : v(g) = \ell - k\}$$

è pari a

$$n_k = \sum_{g \in S_k} p_g \ .$$

La fitness della classe di errore S_k sarà pari a

$$\Phi_k = \Phi_0 - k\delta \ , \tag{22}$$

come segue immediatamente dalla (21). Nella notazione (21'), scriveremo anche

$$\Phi_k = \Phi_0 \, \alpha^k \ . \tag{22'}$$

Consideriamo ora l'evoluzione della popolazione nel passaggio da una generazione alla successiva, indicando come al solito con un accento circonflesso le variabili relative alla nuova generazione.

In assenza di mutazioni avremmo

$$\widehat{n}_k = \Phi_k \, n_k = (W_0 + k\delta) \, n_k \tag{23}$$

per le popolazioni delle diverse classi di errore; la popolazione totale sarebbe,

$$\widehat{N} = \sum_{k=0}^{\ell} \Phi_k \, n_k = \langle \Phi \rangle \, N \ . \tag{24}$$

Abbiamo scritto

$$N = \sum_k n_k \ , \quad \widehat{N} = \sum_k \widehat{n}_k \ ,$$

per le popolazioni totali nelle due generazioni, ed indicato con $\langle \Phi \rangle$ la fitness media della popolazione (nella prima generazione).

L'evoluzione delle frequenze p_k è data come di consueto (e come risulta da calcoli elementari, equivalenti a quelli visti a suo tempo) da

$$\widehat{p}_k = \frac{\Phi_k}{\langle \Phi \rangle} \, p_k \ . \tag{25}$$

Introduciamo ora la possibilità che si verifichino delle mutazioni, con tasso μ uguale per ogni gene ed ogni allele. Scriveremo $P_{h,k}$ per la probabilità che un discendente di un individuo della classe S_h appartenga alla classe S_k. Abbiamo evidentemente

$$\widehat{n}_k = \sum_{h=0}^{\ell} \widehat{n}_h \, P_{h,k} = \sum_{h=0}^{\ell} (\Phi_h \, n_h) \, P_{h,k} \ . \tag{26'}$$

L'evoluzione delle frequenze corrisponderà a

$$\widehat{p}_k = \sum_{h=0}^{\ell} \left(\frac{\Phi_h}{\langle \Phi \rangle} \, p_h \right) P_{h,k} \; . \tag{26''}$$

17.4 Probabilità di transizione tra classi di errore

Dobbiamo valutare[5] le probabilità $P_{h,k}$. Iniziamo con valutare le probabilità che non si abbia nessuna mutazione. Se la probabilità che un dato allele subisca una mutazione è μ, la probabilità che non subisca mutazione è pari a $(1 - \mu)$. Dato che abbiamo supposto le mutazioni dei vari alleli indipendenti, la probabilità che nessuno degli ℓ alleli subisca una mutazione è pari a $(1 - \mu)^{\ell}$, e ciò indipendentemente dal genoma considerato. Dunque,

$$\mathcal{P}(\text{zero mutazioni}) = (1 - \mu)^{\ell} \; . \tag{27}$$

Quando μ è piccolo rispetto ad ℓ^{-1}, cioè $\mu\ell \ll 1$, possiamo scrivere

$$\mathcal{P}(\text{zero mutazioni}) \simeq 1 - \mu\ell \; . \tag{27'}$$

D'altra parte, la probabilità $P_{h,h}$ corrisponde alla somma della probabilità che non si abbia nessuna mutazione e della probabilità che vi siano $2m$ mutazioni, di cui m portano un allele vantaggioso in uno svantaggioso, ed altre m un allele svantaggioso in uno vantaggioso (dunque deve essere $m \leq h$); parleremo in questo caso di "mutazioni compensate". Se vi sono $(\ell - h)$ alleli vantaggiosi, la probabilità che esattamente m di questi siano mutati è pari a $\mu^m (1 - \mu)^{(\ell-h-m)}$. D'altra parte, la probabilità che, essendoci in questo caso h alleli svantaggiosi, esattamente m di questi mutino in alleli vantaggiosi è pari a $\mu^m (1 - \mu)^{(h-m)}$. Combinando questi due risultati, e ricordando che per avere $2m$ mutazioni compensate ambedue devono verificarsi, abbiamo che

$$\mathcal{P}(2m \text{ mutazioni compensate}) = \mu^{2m} (1 - \mu)^{(\ell-2m)} \; . \tag{28}$$

In particolare, questa è di ordine $O(\mu^{2m})$ e dunque per $\mu \ll 1$ essa può essere trascurata (per $m \neq 0$). Come era facile attendersi, quando la probabilità di mutazione è piccola, la probabilità di avere mutazioni che si compensano è estremamente piccola. Abbiamo dunque mostrato che

$$P_{h,h} \simeq 1 - \mu \, \ell \; . \tag{29}$$

Il lettore potrebbe essere sconfortato considerando che questo calcolo non brevissimo è stato necessario per stabilire il valore di una sola delle probabilità

---

[5] Il risultato di questa valutazione sarà dato nella (32). Il lettore che non desideri seguire questa derivazione, e sia disposto ad accettarne il risultato, può saltare questa sezione.

$P_{h,k}$. In esso abbiamo però già visto il meccanismo all'opera nel caso generale, che ora sarà quindi facile da analizzare.

Infatti, è chiaro che se $|h - k| \geq 2$, si devono avere almeno $|h - k| \geq 2$ mutazioni per passare dalla classe S_h alla classe S_k (o più mutazioni, con quelle in eccesso compensantesi). Ma la probabilità di avere due mutazioni in un genoma di lunghezza ℓ sarà pari a

$$\mu^2 (1 - \mu)^{\ell-2} = \mu^2 [1 + O(\mu\ell)] \simeq \mu^2 ,$$

e quindi trascurabile per $\mu \ll 1$.

La probabilità di avere esattamente una mutazione sarà invece pari a $\ell[\mu(1 - \mu)^{\ell-1}]$; il fattore ℓ è dovuto al fatto che la mutazione può verificarsi in uno qualsiasi degli ℓ geni. Per $\mu\ell \ll 1$ abbiamo quindi

$$\mathcal{P}(\text{una mutazione}) \simeq \mu \ell [1 - (\ell - 1)\mu + O(\mu^2\ell^2)] \simeq \mu \ell .$$

Per valutare la probabilità di passaggio dalla classe S_h alla classe S_k con $k = h \pm 1$ dovremmo ancora considerare la possibilità che oltre ad una singola mutazione vi possano essere altre $2m$ mutazioni compensate, ma questa risulta essere trascurabile.[6]

Dobbiamo però distinguere tra mutazioni deleterie (cioè che portano dalla classe h alla classe $h + 1$) e mutazioni vantaggiose (che portano dalle classe h alla classe $h - 1$).

Nel primo caso, la mutazione si verifica in uno degli $\ell - h$ geni per cui si avevano alleli vantaggiosi, e non si verificano mutazioni negli altri geni. Dunque,

$$\begin{aligned} \mathcal{P}(h \to h + 1) &= (\ell - h) \left[\mu (1 - \mu)^{(\ell-h-1)}\right] (1 - \mu)^h \\ &= (\ell - h) \mu (1 - \mu)^{\ell-1} \simeq (\ell - h) \mu = (1 - h/\ell) \mu \ell . \end{aligned}$$
$$(30')$$

Nel secondo caso la mutazione si verifica invece in uno degli h geni per cui si avevano alleli svantaggiosi, e non si hanno mutazioni negli altri geni. Dunque,

$$\begin{aligned} \mathcal{P}(h \to h - 1) &= h \left[\mu (1 - \mu)^{(h-1)}\right] (1 - \mu)^{(\ell-h)} \\ &= h \mu (1 - \mu)^{\ell-1} \simeq h \mu = (h/\ell) \mu \ell . \end{aligned}$$
$$(30'')$$

Per le prime classi di errore, cioè per h piccolo[7] ($h = 1, 2, 3...$) e per ℓ grande, abbiamo ovviamente $h/\ell \ll 1$. Possiamo quindi trascurare la probabilità di mutazioni vantaggiose rispetto a quella di mutazioni svantaggiose.

Riassumendo, abbiamo mostrato che per $\mu\ell \ll 1$ possiamo considerare tutte le $P_{h,k}$ come nulle tranne quelle in cui $|h - k| \leq 1$; queste sono date da

---

[6] Lo si dimostra procedendo nello stesso modo che per giungere alla (28).

[7] Ricordiamo che la fitness Φ_h della classe S_k decresce velocemente con h; ci aspettiamo quindi che solo le prime classi S_h rappresentino una frazione apprezzabile della popolazione.

$$\begin{cases} P_{h,h} = 1 - \mu\ell \,, \\ P_{h,h-1} = (h/\ell)\,\mu\ell \,, \\ P_{h,h+1} = (1 - h/\ell)\,\mu\ell \,. \end{cases} \tag{31}$$

Nel limite di $\ell \to \infty$ e $\mu \to 0$ con $\mu\ell = \beta$ costante (e piccolo, vedi sopra), queste si semplificano ulteriormente, ed abbiamo infine

$$\begin{cases} P_{h,h} = 1 - \beta \,, \\ P_{h,h-1} = 0 \,, \\ P_{h,h+1} = \beta \,. \end{cases} \tag{32}$$

17.5 Dinamica delle frequenze

Possiamo ora tornare a considerare le equazioni (26') o (26") per l'evoluzione delle popolazioni (rispettivamente, delle frequenze) delle diverse classi di errore.

Inserendo le (32) nelle (26'), otteniamo

$$\begin{aligned} \widehat{n}_0 &= (1 - \beta)\,\Phi_0\,n_0 \,, \\ \widehat{n}_1 &= (1 - \beta)\,\Phi_1\,n_1 \,+\, \beta\,\Phi_0\,n_0 \,, \\ \widehat{n}_2 &= (1 - \beta)\,\Phi_2\,n_2 \,+\, \beta\,\Phi_1\,n_1 \,, \\ &\dots\dots\dots\dots \end{aligned} \tag{33}$$

L'evoluzione delle frequenze corrisponderà a

$$\begin{aligned} \widehat{p}_0 &= (1 - \beta)\,(\Phi_0/\langle\Phi\rangle)\,p_0 \,, \\ \widehat{p}_1 &= (1 - \beta)\,(\Phi_1/\langle\Phi\rangle)\,p_1 \,+\, \beta\,(\Phi_0/\langle\Phi\rangle)\,p_0 \,, \\ \widehat{p}_2 &= (1 - \beta)\,(\Phi_2/\langle\Phi\rangle)\,p_2 \,+\, \beta\,(\Phi_1/\langle\Phi\rangle)\,p_1 \,, \\ &\dots\dots\dots\dots \end{aligned} \tag{34}$$

Queste si scrivono in forma compatta come, rispettivamente[8],

$$\begin{aligned} \widehat{n}_k &= (1 - \beta)\,\Phi_k\,n_k \,+\, (1 - \delta_{k0})\,\beta\,\Phi_{k-1}\,n_{k-1} \,, \\ \widehat{p}_k &= (1 - \beta)\,(\Phi_k/\langle\Phi\rangle)\,p_k \,+\, (1 - \delta_{k0})\,\beta\,(\Phi_{k-1}/\langle\Phi\rangle)\,p_{k-1} \,. \end{aligned} \tag{35}$$

Si ha un equilibrio tra le diverse classi di errore quando le loro frequenze restano stazionarie, ossia quando $\widehat{p}_k = p_k$ per ogni k. Questa condizione si scrive, come segue dalle (35),

$$p_k = (1 - \beta)\,(\Phi_k/\langle\Phi\rangle)\,p_k \,+\, (1 - \delta_{k0})\,\beta\,(\Phi_{k-1}/\langle\Phi\rangle)\,p_{k-1} \,.$$

Moltiplicando ambo i membri per $\langle\Phi\rangle$, otteniamo

$$p_k\,\langle\Phi\rangle = (1 - \beta)\,\Phi_k\,p_k \,+\, (1 - \delta_{k0})\,\beta\,\Phi_{k-1}\,p_{k-1} \,. \tag{36}$$

L'equazione per $k = 0$ si scrive esplicitamente

---

[8] Ricordiamo che la delta di Kronecker soddisfa $\delta_{ij} = 0$ per $i \neq j$, $\delta_{ii} = 1$.

$$p_0 \langle \Phi \rangle = (1 - \beta) \Phi_0 \, p_0 \tag{37}$$

e quindi, dividendo per p_0, abbiamo

$$\langle \Phi \rangle = (1 - \beta) \, \Phi_0 \; .$$

Usando questa determinazione di $\langle \Phi \rangle$ nelle equazioni con $k \neq 0$, queste divengono

$$(1 - \beta) \, \Phi_0 \, p_k = (1 - \beta) \, \Phi_k \, p_k + \beta \Phi_{k-1} \, p_{k-1}$$

e quindi

$$p_k = \left(\frac{\beta}{1 - \beta} \right) \left(\frac{\Phi_{k-1}}{\Phi_0 - \Phi_k} \right) p_{k-1} \; . \tag{38}$$

Sottolineamo come questa formula sia generale, ossia non utilizzi le nostre ipotesi[9] sull'andamento di Φ_k al variare di k.

Con Φ_k della forma (22'), la (38) si riscrive come

$$p_k = \left(\frac{\beta}{1 - \beta} \right) \left(\frac{\Phi_0 \alpha^{k-1}}{\Phi_0 (1 - \alpha^k)} \right) p_{k-1} \simeq \left(\beta \alpha^{k-1} \right) p_{k-1} \; . \tag{39}$$

Ricordiamo che $\beta \ll 1$, $\alpha < 1$. Quindi la (39) mostra che le frequenze di equilibrio decrescono più che esponenzialmente all'aumentare di k: abbiamo una popolazione in cui le frequenze sono sostanzialmente diverse da zero solo per k molto piccoli[10]. La popolazione contiene solo genomi con pochi "errori" rispetto al genoma ottimale ($k = 0$), ossia tutti i genomi presenti con frequenze non nulle nella distribuzione di equilibrio sono molto simili. In questo caso si parla anche di una *quasi-specie*.

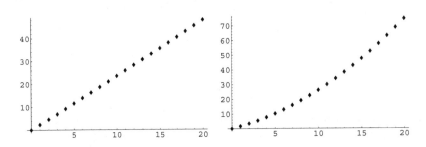

Figura 17.4. Distribuzione delle frequenze in una quasispecie. Mostriamo $y = -\log(p_k)$ desunto dalla (39). A sinistra, per $\beta = 0.1$ e $\alpha = 0.99$; a destra per $\beta = 0.2$ e $\alpha = 0.8$.

---

[9] Essa utilizza d'altra parte l'ipotesi $\beta \ll 1$, che implica tra l'altro $[\beta/(1 - \beta)] \simeq \beta$; questa permette di semplificare la (38).

[10] Va inoltre notato che il numero di diversi genomi presenti in una classe di errore cresce in modo combinatorio con k. La frequenza dei singoli genomi decresce dunque ancor più velocemente con k.

Sottolineamo che tutta la nostra derivazione è basata sull'assunzione che

$$\beta := \mu \, \ell \ll 1 \; .$$

Se il tasso di mutazione è sufficentemente grande, in particolare se

$$\mu > \mu_0 := 1/\ell$$

(che può essere un numero molto piccolo se ℓ è abbastanza grande) le approssimazioni su cui è basata la nostra discussione non si applicano più.

Inoltre, per utilizzare le (32) anziché le (31) abbiamo supposto che sia $h \ll \ell$. In effetti questa non è mai verificata per tutte le h, ma come abbiamo appena visto le classi di errore con h non piccolissimo non entrano in effetti nella dinamica.

17.6 Osservazioni

In questa discussione abbiamo fatto molte assunzioni semplificatrici (e del resto la discussione è risultata comunque ben più complicata di quanto visto nei capitoli precedenti). Oltre a quelle già sottolineate, ce ne sono due su cui si richiama l'attenzione del lettore giunto fin qui.

(1) Abbiamo supposto che per ogni gene esistessero alleli favorevoli e sfavorevoli. Come ricordato in precedenza (si veda il capitolo 16), ciò non è vero, e in generale per molti geni (o tratti fenotipici) esisteranno diversi alleli con fitness equivalente. Naturalmente, in questo caso saranno solo le mutazioni "non-neutrali" ad essere rilevanti.

(2) Pur considerando solo due alleli per ogni gene, e considerando solo alleli rilevanti per la fitness, si potrebbero considerare dei caso ben più generali (e realistici), ossia supporre che ogni carattere abbia un'influenza diversa sulla fitness. In questo caso la fitness diventa una funzione generale del genoma, $W(g)$. Questa ha un ruolo simile a quello del potenziale in Meccanica, e definisce quello che si chiama un *fitness landscape*.

(3) Abbiamo inoltre trattato solo il caso in cui la fitness di un dato genoma è indipendente dalla distribuzione delle frequenze dei diversi genomi (o classi di errore) nella popolazione, come ad esempio nel capitolo 14. Non abbiamo cioè tentato di considerare la situazione descritta nel capitolo 15.

Una discussione dei temi qui accennati ci porterebbe, come ovvio, troppo lontano. Il lettore interessato è invitato a consultare la Bibliografia, così come gli articoli menzionati nella nota (3) al termine del capitolo 16.

Bibliografia commentata

Per la preparazione della parte generale di queste dispense si sono usati i seguenti testi (il primo in modo sostanziale), a cui il lettore puo' rivolgersi in prima istanza per avere maggiori dettagli sugli argomenti qui trattati:

- J.D. Murray, *Mathematical Biology. I: An introduction*, Springer 1989 (terza edizione 2002);

- J. Maynard Smith, *Evolution and the theory of games*, Cambridge University Press, 1982;

- L. Peliti, *Introduction to the statistical theory of Darwinian evolution*, disponibile al sito http://babbage.sissa.it/pdf/cond-mat/9712027.

Una semplice introduzione alla Matematica di base (illustrata con esempi di carattere biologico) ed ai temi illustrati nei complementi matematici è data da

- E. Batschelet, *Introduction to Mathematics for life scientists*, Springer 1979.

Dei testi "generali" sui Modelli Matematici in Biologia sono quello già citato di Murray ed inoltre (in ordine crescente di difficoltà)

- J. Maynard Smith, *Mathematical ideas in Biology*, Cambridge University Press 1968;

- N.F. Britton, *Essential Mathematical Biology*, Springer 2003;

- S.I. Rubinow, *Introduction to Mathematical Biology*, Wiley 1975 (ristampa Dover 2002);

- L. Edelstein-Keshet, *Mathematical models in Biology*, SIAM 2005.

Gli studenti desiderosi di apprendere di più sui sistemi dinamici (ossia sui sistemi di equazioni differenziali del primo ordine, come quelli qui considerati) possono consultare i due testi seguenti:

- P. Glendinning, *Stability, instability and chaos: an introduction to the theory of nonlinear differential equations*; Cambridge University Press 1994;

- F. Verhulst, *Nonlinear differential equations and dynamical systems*, Springer 1996.

Inoltre, segnaliamo alcuni testi dedicati specificamente ai sistemi dinamici in Biologia:

- J.P. Françoise, *Oscillations en Biologie. Analyse qualitative et modèles*, Springer 2005;

- S.P. Ellner and J. Guckenheimer, *Dynamic models in Biology*, Princeton University Press 2006;

- L. Glass and M.C. Mackey, *From clocks to chaos. The rhythms of life*, Princeton University Press 1988;

- E.S. Allman and J.A. Rhodes, *Mathematical models in Biology*, Cambridge University Press 2004.

L'applicazione della teoria dei sistemi dinamici allo studio della dinamica delle popolazioni è un tema classico; segnaliamo oltre al solito testo di Murray ed a quelli appena menzionati, due altri testi meno recenti:

- N.S. Goel, S.C. Maitra and E.W. Montroll, *Nonlinear models of interacting populations*, Academic Press 1971;

- F.C. Hoppensteadt, *Mathematical methods of population Biology*, Cambridge University Press 1982.

Un testo molto accessibile che tratta modelli di tipo probabilistico, è

- J. Istas, *Mathematical modelling for the life sciences*, Springer 2005.

Una introduzione ai fondamenti della teoria della Probabilità ed ai processi di Markov è fornita da

- Y.A. Rozanov, *Probability theory: a concise course*, Dover 1977.

Ci siamo qui concentrati essenzialmente su modelli dinamici che richiedessero solo delle equazioni differenziali ordinarie, ad eccezione del capitolo 9 in cui abbiamo brevemente menzionato dei problemi che richiedono di considerare equazioni a derivate parziali. Il lettore che desiderasse approfondire questo tema può consultare il testo di Edelstein-Keshet nonché il secondo volume dell'opera di Murray,

- J.D. Murray, *Mathematical Biology. II: Spatial models and biomedical applications*, Springer 2002.

In questo testo abbiamo anche toccato – anche se solo di sfuggita – modelli di interesse medico e piu' in generale che riguardassero la fisiologia (umana o animale); il lettore puo' riferirsi per questo ai due volumi di Murray e ad alcuni capitoli del testo di Rubinow citato in precedenza, ed al monumentale

- J. Keener and J. Sneyd, *Mathematical physiology*, Springer 1998.

Per la parte dedicata ai modelli epidemiologici, il lettore potra' consultare per approfondimenti il testo di Murray. Due altri testi dedicati ai modelli matematici per l'epidemiologia sono

- V. Capasso, *Mathematical structures of epidemic systems*, Springer 1993;
- O. Diekmann and J.A.P. Heesterbeek, *Mathematical epidemiology of infectious diseases*, Wiley 2000.

Per la quarta parte (sulla teoria dell'evoluzione) rimandiamo innanzitutto a Darwin, ed a due esposizioni della sua teoria tradotte in italiano che mettono l'accento, tra l'altro, sull'approccio discusso in questo testo:

- R. Dawkins, *Il gene egoista*, Mondadori 1995 (edizione originale: *The selfish gene*, Oxford University Press 1976);
- J. Maynard Smith, *La teoria dell'evoluzione*, Newton Compton 2005 (edizione originale: *The theory of evolution*, Penguin 1975).

Ad un livello più tecnico, il lettore può rifarsi a diverse fonti, oltre che ai testi di Maynard-Smith e Peliti già citati in precedenza:

- R. Axelrod, *The complexity of cooperation*, Princeton University Press 1997;
- J. Hofbauer and K. Sigmund, *Evolutionary games and population dynamics*, Cambridge University Press 1998;
- R.C. Lewontin, "Evolution and the theory of games", *J. Theor. Biol.* **1** (1961), 382-403;
- R.C. Lewontin, *The genetic basis of evolutionary change*, Columbia University Press 1974;
- J. Maynard Smith, *Evolution and the theory of games*, Cambridge University Press, 1982;
- J. Maynard Smith, *Evolutionary genetics*, Oxford University Press 1989;
- L. Peliti, *Introduction to the statistical theory of Darwinian evolution*, disponibile al sito http://babbage.sissa.it/pdf/cond-mat/9712027;
- L. Peliti, *Fitness landscape and evolution*, in T. Riste and D. Sherrington eds., *Fluctuations, selfassembly and evolution*, Kluwer 1996;
- J. Weibull, *Evolutionary game theory*, MIT Press 1996.

Per argomenti più avanzati – in particolare, la teoria delle quasi-specie e la teoria neutralista dell'evoluzione, si possono consultare le opere seguenti (questa lista riflette i gusti dell'autore e non ha pretesa di rappresentatività dei diversi approcci):

- J. Aguirre e S.C. Manrubia, "Out-of-equilibrium competitive dynamics of quasispecies", *Europhysics Letters* **77** (2007), 38001;

- R. Burger, *The mathematical theory of selection, recombination, and mutation*, Wiley 2000;

- M. Eigen, "Selforganization of matter and the evolution of biological macromolecules", *Naturwissenschaften* **58** (1971), 465-523;

- M. Eigen, J. McCaskill and P. Schuster, "The molecular quasi-species", *Advances in Chemical Physics* **75** (1989), 149-263;

- S. Gavrilets, *Fitness landscape and the origin of species*, Princeton University Press 2004;

- J.H. Gillespie, *The causes of molecular evolution*, Oxford University Press 2005;

- M. Kimura, "Evolutionary rate at the molecular level", *Nature* **217** (1968), 624-626;

- M. Kimura, *The neutral theory of molecular evolution*, Cambridge University Press 1983;

- M. Lassig, F. Tria e L. Peliti, "Evolutionary games and quasispecies", *Europhysics Letters* **62** (2003), 446-451;

- S.C. Manrubia and E. Lázaro, "Viral evolution", *Physics of Life reviews* **3** (2006), 65-92;

- T. Ohta and J.H. Gillespie, "Development of neutral and nearly neutral theories", *Theoretical Population Biology* **49** (1996), 128-142;

- L. Peliti, "Quasispecies evolution in general mean-field landscapes", *Europhysics Letters* **57** (2002), 745-751;

- E. Tannenbaum e E.I. Shakhnovich, "Semiconservative replication, genetic repair, and many-gened genomes: extending the quasispecies paradigm to living systems", *Physics of Life Reviews* **2** (2005), 290-317.

Per il materiale discusso nei complementi matematici, si vedano ad esempio i testi già citati di Batschelet, Françoise, Glendinning e Verhulst, o qualsiasi testo di Analisi Matematica.

Complementi Matematici

A

Alcuni derivate ed integrali utili

A.1 Regole di derivazione

E' forse opportuno ricordare innanzi tutto alcune semplici regole di derivazione di funzioni non elementari. Nel seguito f, g, h indicheranno delle funzioni di x, mentre a, b, c saranno costanti numeriche. La derivata della funzione $f(x)$ sarà indicata con df/dx (anziché con la notazione più precisa $df(x)/dx$) o anche con $f'(x)$.

(1) La derivata di una somma è la somma delle derivate:

$$(d/dx)[f(x) + g(x)] = df/dx + dg/dx = f' + g' \; .$$

(2) La derivata di un prodotto obbedisce alla regola di Leibniz:

$$(d/dx)[f(x)g(x)] = (df/dx)g + f(dg/dx) = f'g + fg' \; .$$

(3) Come segue da questa, la derivata del prodotto tra una costante ed una funzione è pari al prodotto tra la costante e la derivata della funzione:

$$(d/dx)[af(x)] = a(df/dx) = af' \; ;$$

naturalmente segue anche da questa e dalla (1) che

$$(d/dx)[af(x) + bg(x)] = a(df/dx) + b(dg/dx) = af' + bg' \; .$$

(4) La derivata di un quoziente tra funzioni è data da

$$(d/dx)[f(x)/g(x)] = \frac{(df/dx)g - f(dg/dx)}{[g(x)]^2} = \frac{f'g - fg'}{g^2} \; .$$

(5) Infine, ricordiamo la regola di derivazione di una funzione composta:

$$(d/dx)[f(g(x))] = f'[g(x)] \, g'(x) \; ;$$

A.2 Derivate elementari

Ricordiamo alcune derivate di funzioni semplici. Con log si indica qui il logaritmo naturale (in base e), $\log_a$ è il logaritmo in base a. I simboli a, b, c denotano costanti numeriche reali, mentre n, m, k denotano numeri interi.

$f(x)$	$f'(x)$		$f(x)$	$f'(x)$
x^n	nx^{n-1} $(n \neq 0, -1)$		$\sqrt{x}$	$1/(2\sqrt{x})$
x^a	ax^{a-1} $(a \neq 0, -1)$		a^x	$a^x \log(a)$
e^x	e^x		$\log(x)$	$1/x$ $(x > 0)$
e^{ax}	ae^x		$\log_a(x)$	$(1/x)\log_a(e)$ $(x > 0,\ a > 0)$
$\sin(x)$	$\cos(x)$		$\cos(x)$	$-\sin(x)$
$\tan(x)$	$1/\cos^2(x)$		$\cot(x)$	$-1/\sin^2(x)$
$\arcsin(x)$	$1/\sqrt{1-x^2}$ $(\|x\| < 1)$		$\arccos(x)$	$-1/\sqrt{1-x^2}$ $(\|x\| < 1)$
$\arctan(x)$	$1/(1+x^2)$		$\text{arccot}(x)$	$-1/(1+x^2)$
$\sinh(x)$	$\cosh(x)$		$\cosh(x)$	$\sinh(x)$
$\tanh(x)$	$1/\cosh^2(x)$		$\coth(x)$	$-1/\sinh^2(x)$
$\text{arcsinh}(x)$	$1/\sqrt{1+x^2}$		$\text{arccosh}(x)$	$-1/\sqrt{x^2-1}$ $(x > 1)$
$\text{arctanh}(x)$	$1/(1-x^2)$ $(\|x\| < 1)$		$\text{arccoth}(x)$	$-1/(x^2-1)$ $(\|x\| > 1)$
x^x	$x^x[1 + \log(x)]$ $(x > 0)$		x^{ax}	$ax^{ax}[1 + \log(x)]$ $(x > 0)$

A.3 Proprietà degli integrali

Iniziamo anche in questo caso col ricordare alcune fondamentali regole di integrazione. Cominciamo col ricordare che gli integrali indefiniti (le *primitive*) sono sempre determinati a meno di una costante arbitraria (che verrà omessa nel seguito): se F è una primitiva di f, allora lo è anche $F(x)+C$, per qualsiasi costante C. (1) L'integrale di una funzione moltiplicata per una costante è pari all'integrale della funzione moltiplicato per la costante,

$$\int af(x)dx = a\int f(x)dx \ .$$

(2) L'integrale di una somma è uguale alla somma degli integrali:

$$\int [f(x) + g(x)]dx = \int f(x)dx + \int g(x)dx \ .$$

(3) Naturalmente, le due proprietà precedenti affermano la linearità dell'operazione di integrazione:

$$\int [af(x) + bg(x)]dx = a\int f(x)dx + b\int g(x)dx \ .$$

(4) Infine, ricordiamo la proprietà alla base del metodi di integrazione per sostituzione: se $\int f(x)dx = F(x)$, allora

$$\int f[g(x)]d[g(x)] = F[g(x)] \ .$$

(5) Per quanto riguarda gli integrali definiti, ricordiamo semplicemente che se $F(x)$ è una primitiva di $f(x)$, allora

$$\int_a^b f(x)dx = F(b) - F(a) \ .$$

A.4 Integrali elementari

Ricordiamo alcuni integrali di funzioni semplici; in tutte queste formule abbiamo posto uguale a zero, per semplicità di notazione, la costante di integrazione. Con log si indica qui il logaritmo naturale (in base e); per esigenze grafiche, abbiamo scritto

$$\mathcal{Q}(x,a) := \log\left(|(x-a)/(x+a)|\right) \ .$$

Si indica con $F(x)$ la primitiva di $f(x)$.

$f(x)$	$F(x)$	$f(x)$	$F(x)$
x^p	$x^{p+1}/(p+1)$ $(p \neq -1)$	$1/x$	$\log(|x|)$
e^x	e^x	e^{ax}	$(1/a)\,e^x$
$1/(x^2+a^2)$	$(1/a)\arctan(x/a)$ $(a \neq 0)$	$1/(x^2-a^2)$	$[1/(2a)]\mathcal{Q}(x,a)$ $(a \neq 0)$
$1/\sqrt{x^2+a^2}$	$\log\left(x+\sqrt{x^2+a^2}\right)$ $(a \neq 0)$		
$1/(\sqrt{x^2-a^2})$	$\log|x+\sqrt{x^2-a^2}|$ $(a \neq 0)$	$1/(\sqrt{a^2-x^2})$	$\arcsin(x/|a|)$ $(a \neq 0)$
$\sin(x)$	$-\cos(x)$	$\cos(x)$	$\sin(x)$
$\tan(x)$	$-\log(|\cos(x)|)$	$\cot(x)$	$\log(|\sin(x)|)$
$[1/\sin(x)]$	$\log(|\tan(x/2)|)$	$[1/\cos(x)]$	$\log(|\tan(\pi/4+x/2)|)$
$[1/\sin^2(x)]$	$-\cot(x)$	$[1/cos^2(x)]$	$\tan(x)$
$\sin(x)/\cos^2(x)$	$1/\cos(x)$	$\cos(x)/\sin^2(x)$	$-1/\sin(x)$
$\sinh(x)$	$\cosh(x)$	$\cosh(x)$	$\sinh(x)$
$1/\sinh(x)$	$\log(|\tanh(x/2)|)$	$1/\cosh(x)$	$2\arctan[\tanh(x/2)]$

B

Sviluppi di Taylor ed approssimazione di funzioni

B.1 Serie di Taylor

Una funzione derivabile un numero sufficiente di volte può essere approssimata attraverso la sua *serie di Taylor*.

Consideriamo una funzione reale $f(x)$ che possieda derivate almeno fino all'ordine $(n+1)$ per $x \in [a, b]$, ed un punto $x_0 \in (a, b)$. Allora, per $x \in [a, b]$,

$$f(x) = f(x_0) + \sum_{k=1}^{n} f^{(k)}(x_0) \frac{(x - x_0)^k}{k!} + \mathcal{R} , \qquad (1)$$

dove $\mathcal{R}$ indica un "resto" (v. sotto per una sua stima) e $f^{(k)}$ è la derivata di f di ordine k, cioè $f^{(k)} := d^k f / dx^k$.

Quanto al resto $\mathcal{R}$, si può mostrare che esiste un punto $c \in [a, b]$ tale che

$$\mathcal{R} = \frac{f^{(n+1)}(c)}{(n+1)!} (x - x_0)^{n+1} . \qquad (2)$$

Questa formula costituisce una generalizzazione di un ben noto teorema di Lagrange dell'Analisi Matematica elementare (a cui si riduce per $n = 0$).

Notiamo che se è possibile mostrare che $f^{(n+1)}(x) \le M$ per $x \in [a, b]$, allora la (2) afferma che la serie contenuta nella (1) approssima la funzione $f(x)$ a meno di un errore che è sicuramente non maggiore di

$$\mathcal{R}_* = [M/(n+1)!](x - x_0)^{n+1} ;$$

naturalmente questa maniera di descrivere la $f(x)$ è particolarmente utile quando $f(x_0)$ è nota, e siamo interessati a conoscere $f(x)$ per $|x - x_0| = \varepsilon \ll 1$.

La serie di Taylor permette di fornire un'espressione approssimata di una funzione (valida intorno ad un punto x_0) calcolando semplicemente alcune sue derivate (nel punto x_0); ai primi ordini abbiamo

$$f(x) \simeq f(x_0) + f'(x_0)(x - x_0) + \frac{1}{2} f''(x_0)(x - x_0)^2 + \dots . \qquad (3)$$

Tale espressione può essere riscritta, in forma più espressiva, come

$$f(x_0 + \varepsilon) \simeq f(x_0) + f'(x_0)\,\varepsilon + \frac{1}{2}f''(x_0)\,\varepsilon^2 + \ldots . \qquad (4)$$

B.2 Tabella di sviluppi di Taylor

Riportiamo qui di seguito gli sviluppi di Taylor (con $x_0 = 0$; in tal caso si parla anche di serie di MacLaurin) per alcune funzioni di uso comune; scriveremo le funzioni nella forma

$$f(x) = \sum_{k=0}^{n} f_k + \mathcal{R} ,$$

indicando nella tabella il generico termine f_k nel suo sviluppo in serie.

$f(x)$	f_k	$f(x)$	f_k
e^x	$(x^k/k!)$	$\log(1+x)$	$[(-1)^{k+1}x^k/k]$
$(1+x)^{-1}$	$[(-1)^k x^k]$		
$\sin(x)$	$[(-1)^k x^{2k+1}/(2k+1)!]$	$\cos(x)$	$[(-1)^k x^{2k}/(2k)!]$
$\arctan(x)$	$[(-1)^k x^{2k+1}/(2k+1)]$		
$\sinh(x)$	$[x^{2k+1}/(2k+1)!]\frac{1}{1}$	$\cosh(x)$	$[x^{2k}/(2k)!]$
$\sqrt{1+x}$	$[(-1)^k x^k (2k-3)!!/(2k)!!]$	$\sqrt{1/(1+x)}$	$[(-1)^k x^k (2k-1)!!/(2k)!!]$

Può essere comodo avere a portata di mano i primi ordini degli sviluppi delle funzioni di cui sopra (ed alcune altre); nella tabella seguente consideriamo termini di ordine $|x|^3$.

$e^x \simeq 1 + x + x^2/2 + x^3/6$	$\log(1+x) \simeq x - x^2/2 + x^3/3$
$\sqrt{1+x} \simeq 1 + x/2 - x^2/8 + x^3/16$	$\log(\sqrt{1+x}) \simeq x/2 - x^2/4 + x^3/6$
$\sin(x) \simeq x - x^3/6$	$\arcsin(x) \simeq x + x^3/6$
$\cos(x) \simeq 1 - x^2/2$	$\arccos(x) \simeq \pi/2 - x - x^3/6$
$\sinh(x) \simeq x + x^3/6$	$\operatorname{arcsinh}(x) \simeq x - x^3/6$
$\cosh(x) \simeq 1 + x^2/2$	$\operatorname{arccosh}(x) \simeq i(\pi/2 - x - x^3/6 + \ldots)$
$(1+x)^{-1} \simeq 1 - x + x^2 - x^3$	$(1+x)^{-2} \simeq 1 - 2x + 3x^2 - 4x^3$
$(1+ax^2)^{1/2} \simeq 1 + ax^2/2$	$(1+ax^3)^{1/2} \simeq 1 + ax^3/2$
$(1+ax^2)^{-1/2} \simeq 1 - ax^2$	$(1+ax^3)^{-1/2} \simeq 1 - ax^3$

C

I numeri complessi

E' ben noto che nessun numero reale ha quadrato negativo; dunque le radici quadrate di numeri negativi non esistono (nell'ambito dei numeri reali), e nell'ambito del sistema dei numeri reali espressioni come $\sqrt{-1}$ non hanno senso.

Possiamo però definire un "nuovo numero" che abbia la proprietà che il suo quadrato sia proprio uguale a meno uno. Tale numero è indicato con il simbolo i e detto **unità immaginaria**. Esso soddisfa

$$i^2 = -1 \, . \tag{1}$$

C.1 Operazioni con i numeri immaginari

Il numero i va considerato alla stregua di qualsiasi altro numero. Con ciò si intende che si può operare su di esso come su qualsiasi altro "vero" numero.

Ad esempio, le sue potenze si calcolano secondo le regole abituali, ed abbiamo

$$i^0 = 1 \, , \ i^2 = -1 \, , \ i^3 = i^2 i = -i \, , \ i^4 = (i^2)^2 = 1$$

(e pertanto $i^{4+k} = i^k$).

Abbiamo dunque, accanto ai numeri reali, una nuova classe di numeri, i numeri *immaginari puri*; essi sono dei numeri tali che il loro quadrato è un numero reale negativo. E' chiaro che un qualsiasi numero y di questo tipo può essere scritto nella forma

$$y = i \, x$$

per x un qualche numero reale; più precisamente, se cerchiamo un numero il cui quadrato sia pari a $-x^2$ possiamo sempre scegliere $y = \pm ix$ ed ottenere in effetti $y^2 = -x^2$.

E' anche chiaro che la somma o la differenza di numeri immaginari saranno nuovamente numeri immaginari. Infatti, se y_1 ed y_2 sono numeri immaginari puri, abbiamo $y_1 = ix_1$ e $y_2 = ix_2$ per certi numeri reali x_1, x_2. Considerando la somma abbiamo

$$y_1 + y_2 = ix_1 + ix_2 = i(x_1 + x_2)$$

e dunque nuovamente un numero immaginario puro.

D'altra parte, i numeri immaginari puri non si comportano altrettanto bene rispetto al prodotto ed al quoziente. Con la stessa notazione, abbiamo

$$y_1 y_2 = (ix_1)(ix_2) = i^2 x_1 x_2 = -x_1 x_2 \ ;$$

$$y_1 / y_2 = [(ix_1)/(ix_2)] = x_1 / x_2 \ :$$

il prodotto ed il quoziente di due numeri immaginari puri sono dei numeri reali.

Dunque per avere un "buon sistema" di numeri (ossia un insieme chiuso rispetto alle quattro operazioni) è necessario considerare allo stesso tempo numeri reali ed immaginari. Osserviamo che in questo modo il sistema sarà anche chiuso rispetto ad altre operazioni, ad esempio l'estrazione della radice quadrata[1].

Consideriamo dunque numeri che siano, in generale, somma di numeri reali e numeri immaginari puri. Un tale numero si potrà sempre scrivere, per definizione, nella forma

$$z = a + ib \, , \tag{2}$$

con a e b dei numeri reali che, con una notazione ovvia, saranno detti la *parte reale* e la *parte immaginaria* di z. Scriveremo spesso in questo caso

$$Re(z) = a \ , \quad Im(z) = b \ .$$

Numeri della forma (2) saranno detti **numeri complessi**; il loro insieme viene indicato con **C**. Notiamo che i numeri immaginari puri sono un tipo speciale di numero complesso (corrispondente ad avere $a = 0$ nella (2)); e d'altra parte anche i numeri reali **R** sono una classe speciale di numeri complessi (corrispondenti a $b = 0$).

Dunque, allo stesso modo in cui i numeri razionali **Q** rappresentano un'estensione dei numeri interi **Z**, ed i numeri reali **R** un'estensione della classe dei numeri razionali **Q**, i numeri complessi costituiscono un'ulteriore estensione del concetto di numero.[2]

Lo studente può chiedersi a questo punto se altre estensioni sono possibili. La risposta è negativa: se chiediamo che siano preservate le proprietà di commutatività ed associatività delle operazioni, ossia

$$a + b = b + a \ , \qquad a \cdot b = b \cdot a \ ;$$
$$(a + b) + c = a + (b + c) \ , \quad (ab)c = a(bc) \ ;$$

allora non vi sono altre estensioni possibili del sistema di numeri.

---

[1] In effetti, non sappiamo ancora cosa significhi estrarre la radice quadrata di un numero immaginario; ma questo sarà visto tra breve.

[2] In altre parole, abbiamo $\{1\} \subset \mathbf{N} \subset \mathbf{Z} \subset \mathbf{Q} \subset \mathbf{R} \subset \mathbf{C}$.

C.2 Rappresentazione geometrica

Un numero complesso $z = x + iy$ è dunque identificato da una coppia (ordinata) di numeri reali (x, y). Questo fatto suggerisce che la coppia di numeri si possa considerare come le coordinate cartesiane di un punto in un piano. In questo caso l'asse delle x corrisponde all'asse dei numeri reali, mentre quello delle y corrisponde all'asse dei numeri immaginari puri. Il piano così costruito si chiama *piano complesso*. Il numero complesso $z = x + iy$ corrisponde ad un punto del piano complesso, più precisamente al punto di coordinate cartesiane (x, y).

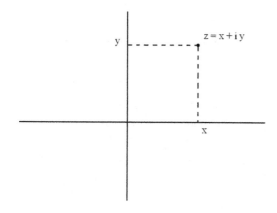

Figura C.1. Il piano complesso. Un numero complesso $z = x + iy$ corrisponde al punto di coordinate cartesiane (x, y).

Notiamo che essendo un numero complesso un punto del piano, è chiaro che non possiamo dire quale di due numeri complessi sia più grande. Possiamo certo dire quale abbia parte reale o parte immaginaria più grande, ma non ha senso discutere di quale punto (e quindi quale numero complesso) sia più grande. Per un punto del piano, la nozione che più si avvicina a quella di grandezza è la sua distanza dall'origine; naturalmente in questo caso possiamo giungere ad un ordinamento, ma solo parziale. In altre parole, ha senso parlare della nozione di maggiore o minore distanza, ma punti alla stessa distanza dall'origine non sono necessariamente coincidenti (devono solo giacere su una stessa circonferenza centrata nell'origine).

C.3 Rappresentazione polare

I punti del piano possono essere rappresentati sia attraverso le loro coordinate cartesiane che attraverso un sistema di *coordinate polari*. In queste coordinate, diamo un raggio R ed un angolo θ.

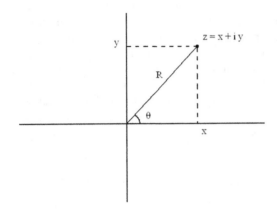

Figura C.2. Rappresentazione polare di punti del piano complesso. Il numero complesso $z = x + iy$ corrisponde al punto di coordinate cartesiane (x, y); lo stesso punto ha coordinate polari (R, θ). Il passaggio da un sistema di coordinate all'altro si effettua con le formule (3).

Le formule di passaggio da coordinate cartesiane a coordinate polari e viceversa sono date da

$$R = \sqrt{x^2 + y^2}\,, \quad \theta = \arctan(Y/x)\,.$$
$$x = R\cos\theta\,, \quad y = R\sin\theta\,. \tag{3}$$

Stabiliamo che il numero z corrispondente alle coordinate polari (R, θ) si scriverà come

$$z = R\,e^{i\theta}\,. \tag{4}$$

Il numero (reale) R è detto **modulo** di z; esso è sempre non negativo, e positivo per ogni numero complesso tranne $z = 0$. Quanto al numero reale θ, esso è detto essere la **fase** (o anche in alcuni testi l'*angolo polare*) di z; θ può essere positivo o negativo.

Confrontando la (4) con la (2) e ricordando la (3), otteniamo che la notazione $e^{i\theta}$ va intesa come

$$e^{i\theta} := \cos\theta + i\,\sin\theta\,. \tag{5}$$

Infatti, sappiamo che $z = x + iy$, e d'altra parte usando la seconda delle (3) questa si legge come $z = R\cos\theta + iR\sin\theta$. Inserendo questa nella (4) ed eliminando una R che appare in tutti i termini, otteniamo proprio la (5). [3]

---

[3] Dalla (5) segue che i numeri reali positivi hanno $\theta = 0$, quelli reali negativi hanno $\theta = \pi$.

Abbiamo dunque due rappresentazioni possibili per un numero complesso; possiamo usare l'una o l'altra secondo i nostri desideri. E' chiaro che ad esempio per le operazioni di somma (o differenza) la rappresentazione "cartesiana" sarà più comoda, mentre per calcolare prodotti o quozienti tra numeri complessi, ed ancor più le potenze di un numero complesso, sarà conveniente usare la rappresentazione "polare".

Esempio. Ad esempio, sia

$$z = (1 + i) = \sqrt{2}\, e^{i\pi/4} \; ;$$

se vogliamo calcolare una potenza elevata di z, diciamo z^{14}, non è pratico utilizzare la rappresentazione cartesiana, che richiederebbe di sviluppare la potenza del binomio. Utilizzando invece la rappresentazione polare, abbiamo immediatamente

$$z^{14} = (\sqrt{2}\, e^{i\pi/4})^{14} = (\sqrt{2})^{14}\, (e^{i\pi/4})^{14} = 2^7\, e^{i\pi(14/4)} = 64\, e^{-i\pi/2} \; ;$$

nell'ultimo passaggio abbiamo usato $(7/2)\pi = 4\pi - \pi/2$, nonché l'indentità, che segue immediatamente dalla (5),

$$e^{i(2k\pi)} = 1 \quad \forall k \in \mathbf{Z} \; .$$

C.4 Fattorizzazione e radici di un polinomio

Dato un polinomio di ordine N nella variabile reale x,

$$P_N(x) = c_0 x^n + c_1 x^{N-1} + \ldots c_{N-1} x + c_N \; ,$$

si può in alcuni casi fattorizzarlo in tutto o in parte nell'ambito dei numeri reali $\mathbf{R}$. Ciò significa (per la fattorizzazione totale) che in alcuni casi lo si può riscrivere nella forma

$$P_N(x) = c_0 \; [(x - x_1)\,(x - x_2) \ldots (x - x_N)]$$

con x_j opportuni numeri reali; non è detto che questi numeri – se esistono – siano distinti.

Ciò non è però sempre possibile, come si vede immediatamente considerando il caso del polinomio generale di grado due. Ad esempio,

$$x^2 - x - 6 = (x - 3)\,(x + 2) \; ; \quad x^2 - 2x + 1 = (x - 1)\,(x - 1) \; ;$$

ma il polinomio $x^2 + 9$ non può essere fattorizzato (nel campo reale).

Se lavoriamo con i numeri complessi, invece, è **sempre** possibile fattorizzare il polinomio, ovvero possiamo sempre scriverlo nella forma

$$P_N(z) = c_0 \; [(z - z_1)\,(z - z_2) \ldots (z - z_N)]$$

con z_j opportuni numeri *complessi*. E' opportuno sottolineare che non è detto che questi numeri siano distinti.

Ciò ha un'interessante conseguenza riguardo alla ricerca delle radici di un polinomio, ossia delle soluzioni dell'equazione $P_N(z) = 0$, nell'ambito dei numeri complessi (nel *campo* complesso): segue da quanto detto prima che detta equazione ha sempre N soluzioni, che potrebbero non essere tutte distinte. Ovvero alcune radici z_i del polinomio potrebbero essere multiple[4]; in questo caso si parla di k_i radici coincidenti, e z_i rappresenta k_i delle N soluzioni. Tale affermazione è così rilevante che viene anche indicata come il

Teorema fondamentale dell'algebra: *Ogni equazione algebrica di grado N ammette N soluzioni nel campo complesso.*

C.5 Radici di ordine arbitrario in campo complesso

Quando vogliamo estrarre la radice quadrata di un numero reale A dobbiamo cercare un numero il cui quadrato sia precisamente A, ossia una soluzione dell'equazione

$$x^2 = A .$$

Secondo il teorema fondamentale dell'algebra, questa equazione ha sempre due soluzioni (che possono essere coincidenti). In effetti, per $A > 0$ abbiamo $x = \pm\sqrt{A}$, per $A = 0$ abbiamo la soluzione doppia $x = 0$, e per $A < 0$ abbiamo $x = \pm i\sqrt{|A|}$.

Veniamo ora al caso di una radice di ordine arbitrario n del numero $A \neq 0$. Dobbiamo ora risolvere l'equazione

$$z^n = A ; \tag{6}$$

scrivendo z tramite la rappresentazione polare, questa diviene

$$R^n \exp[in\theta] = A .$$

Quanto ad A, possiamo assumere che anch'esso possa essere complesso; scriviamo in tal caso $A = ae^{i\alpha}$, col che la (6) diviene

$$R^n \exp[in\theta] = a \exp[i\alpha] . \tag{7}$$

(Per A reale positivo, $\alpha = 0$, per A reale negativo, $\alpha = \pi$.)

Ricordiamo che i numeri reali R ed a devono essere positivi (essi rappresentano il modulo dei numeri complessi z ed A rispettivamente).

Perché la (7) sia verificata è necessario (ma non sufficiente) che sia $R^n = a$, ossia

$$R = (a)^{1/n} . \tag{8}$$

---

[4] Cioè i termini $(z - z_i)$ apparire nella fattorizzazione del polinomio con un esponente $k_i \neq 1$.

tale radice esiste sempre (dato che a è reale e positivo). Per n dispari essa è unica, mentre per n pari sarebbe determinata a meno di un segno; ma essendo $R > 0$ per definizione, non dobbiamo preoccuparci di questa possibile doppia determinazione.

Come detto sopra, la (8) è condizione necessaria ma non sufficiente perché la (7) sia soddisfatta. Infatti, assumendo la (8), la (7) si riduce a

$$\exp[in\theta] = \exp[i\alpha] \, . \tag{9}$$

Dato che l'esponenziale di un numero complesso è periodico di periodo 2π, si veda nuovamente la (5), la (9) implica che sia

$$n\theta = \alpha + 2k\pi \, , \quad k \in \mathbf{Z} \, .$$

Dunque, θ è dato da

$$\theta = \frac{\alpha}{n} + \frac{k}{n}2\pi \tag{10}$$

per un qualsiasi k intero.

Può sembrare che la (10) fornisca infinite determinazioni di θ e quindi di z, ma non è così: infatti $k = k_0$ e $k = k_0 + n$ forniscono dei numeri θ_0 e θ_1 che differiscono di 2π, e quindi pur essendo $\theta_0 \neq \theta_1$, i loro esponenziali complessi coincidono, $\exp[i\theta_0] = \exp[i\theta_1]$, come si vede immediatamente usando ancora una volta la (5).

Abbiamo dunque ottenuto esattamente n determinazioni della radice ennesima di A: con R dato dalla (8), le radici sono

$$z_i = R \, \exp[i((\alpha/n) + 2\pi(k/n))] \, , \quad k = 1, ..., n \, .$$

Notiamo che tali numeri complessi corrispondono a punti del piano complesso che si trovano tutti sul cerchio di raggio R ad intervalli regolari (di angolo $2\pi/n$). Se A è reale, allora uno (per n dispari) o due (per n pari) di questi numeri complessi si trovano sull'asse reale (angolo 0 oppure π), mentre se A non è reale, e dunque $\alpha \neq 0, \pi$, nessuna delle radici è reale[5].

C.6 Esercizi

Proponiamo al lettore alcuni esercizi per assicurarsi di aver ben compreso il materiale di questo complemento matematico.

Esercizio 1. Scrivere i seguenti numeri complessi, forniti nella forma "cartesiana" $z = a + ib$, in forma "polare", ossia nella forma $z = Re^{i\theta}$:

$$z_1 = 3 + i; \quad z_2 = \sqrt{3} + i;$$
$$z_3 = \sqrt{3} - i; \quad z_4 = 1 + i;$$
$$z_5 = 5 - 5i \, .$$

---

[5] Come ovvio: tutte le potenze di un numero reale sono reali.

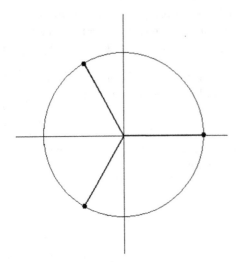

Figura C.3. Le radici cubiche di un numero reale positivo A nel piano complesso. La radice cubica ha tre determinazioni nel piano complesso; si tratta di numeri su di un cerchio di raggio $R = A^{1/3}$ con angoli polari $\theta = 0, \pi/3, 2\pi/3$.

Esercizio 2. Scrivere i seguenti numeri complessi, forniti nella forma "polare" $z = R\exp[i\theta] := Re^{i\theta}$, in forma "cartesiana", ossia nella forma $z = a + ib$:

$$z_1 = 5 \exp[i\pi/3]; \quad z_2 = 3 \exp[i2\pi/3];$$
$$z_3 = \exp[i(3/2)\pi]; \quad z_4 = 10 \exp[-i\pi/4] .$$

Esercizio 3. Calcolare i seguenti numeri complessi (nella rappresentazione "cartesiana" o "polare" a scelta)

$$z_1 = (8 + 3i)(7 + 5i); \qquad\qquad z_2 = (2 + 3i)^2;$$
$$z_3 = (4 - 5i)(5 - 6i); \quad z_4 = (8 - 3i)(8 + 3i) .$$

Esercizio 4. Calcolare i seguenti numeri complessi (nella rappresentazione "cartesiana" o "polare" a scelta)

$$z_1 = i^2 \cdot i; \qquad\qquad z_2 = i^3 \cdot i^2;$$
$$z_3 = (-i)^3(-i)^2; \qquad z_4 = (1 + i)^3;$$
$$z_5 = ((1 - i)/\sqrt{2})^{25} .$$

Esercizio 5. Calcolare le seguenti radici:

$$\sqrt{-81}; \qquad (-1)^{1/3};$$
$$(1)^{1/5}; \qquad (e^{i(3/2)\pi})^{1/3};$$
$$\sqrt{e^{i(3/2)\pi} + 1} .$$

Esercizio 6. Risolvere rispetto ad x le seguenti equazioni di secondo grado nel campo complesso:

$$x^2 + 25 = 0; \quad x^2 + 6x + 25 = 0;$$
$$x^2 = 6x - 18; \quad 2x + (6/x) = 5;$$
$$2x - 50 = x^2 \ .$$

Esercizio 7. Risolvere rispetto ad x le seguenti equazioni di secondo grado nel campo complesso:

$$x^2 + a^2 = 0; \quad x^2 + ax + 2a^2 = 0;$$
$$2x^2 = s(x + 3s); \quad x^2 + 2bx + 1 = 0;$$
$$ax^2 + bx + c = 0 \ .$$

Soluzioni

Per quanto riguarda l'esercizio 1, abbiamo

$$z_1 = \sqrt{10} \ \exp[\arctan(1/3)]; \ z_2 = 2 \ \exp[i\pi/6];$$
$$z_3 = 2 \ \exp[-i\pi/6]; \qquad z_4 = \sqrt{2} \ \exp[i\pi/4];$$
$$z_5 = 5\sqrt{2} \ \exp[-i\pi/4] \ .$$

La soluzione dell'esercizio 2 è

$$z_1 = 5/2 + i(5\sqrt{3}/2); \ z_2 = -3/2 + i(3\sqrt{3}/2);$$
$$z_3 = -i; \qquad z_4 = 5\sqrt{2} - i(5\sqrt{2}) \ .$$

Per quanto riguarda l'esercizio 3, in tutti questi casi è conveniente usare la forma cartesiana; il risultato è

$$z_1 = 41 + 61i; \quad z_2 = -5 + 12i;$$
$$z_3 = -10 - 49i; \ z_4 = 73 \ .$$

L'esercizio 4 è di semplice soluzione, pur di usare la forma esponenziale nel calcolo di z_5. Risulta

$$z_1 = -i = e^{-i\pi/2}; \qquad z_2 = i = e^{i\pi/2};$$
$$z_3 = -i = e^{-i\pi/2}; \qquad z_4 = -2 + 2i = 2\sqrt{2} \ e^{i(3/4)\pi};$$
$$z_5 = (1/\sqrt{2})(1 - i) = e^{-i\pi/4} \ .$$

Nell'esercizio 5, bisogna fare attenzione alle determinazioni multiple delle radici. Abbiamo

$$\sqrt{-81} = \pm 9i \ ;$$
$$(-1)^{1/3} = e^{i(k/3)\pi} \ (k = 0, 1, 2) = \{-1, e^{i\pi/3}, e^{i2\pi/3}\} \ ;$$
$$(1)^{1/5} = e^{(2k/5)\pi i} \ (k = 0, 1, 2, 3, 4) \ ;$$
$$(e^{i(3/2)\pi})^{1/3} = \exp[i(\pi/2 + (2k/3)\pi)] \ (k = 0, 1, 2) \ ;$$
$$\sqrt{e^{i(3/2)\pi} + 1} = \exp[i(3/4 + k)\pi] \ (k = 0, 1) \ .$$

L'esercizio 6 si riduce alla formula per la soluzione di equazioni di secondo grado e ad una applicazione del concetto di radice quadrata in campo complesso; abbiamo

$$x^2 + 25 = 0 \iff x = \pm 5i;$$
$$x^2 + 6x + 25 = 0 \iff x = -3 \pm 4i;$$
$$x^2 = 6x - 18 \iff x = 3 \pm 3i;$$
$$2x + (6/x) = 5 \iff x = (1/4)(5 \pm i\sqrt{23});$$
$$2x - 50 = x^2 \iff x = 1 \pm 7i \ .$$

Lo stesso vale per l'esercizio 7, che richiede solo di ricordare che la formula per la soluzione dell'equazione di secondo grado vale anche per coefficienti complessi.

$$x^2 + a^2 = 0 \implies x = \pm ia;$$
$$x^2 + ax + 2a^2 = 0 \implies x = -(1/2) \pm (\sqrt{7}/2)i;$$
$$2x^2 = s(x + 3s) \implies x = \{-s, -(3/2)s\};$$
$$x^2 + 2bx + 1 = 0 \implies x = -b \pm \sqrt{b^2 - 1};$$
$$ax^2 + bx + c = 0 \implies x = [-b \pm \sqrt{b^2 - 4ac}]/a \ .$$

D

Stabilità di una soluzione per una applicazione

In questo complemento consideriamo un'applicazione $f : I \to I$, dove $I \subseteq \mathbf{R}$; ossia consideriamo una mappa del tipo

$$x_{n+1} = f(x_n) \,. \tag{1}$$

D.1 Stabilità di soluzioni stazionarie

Se esiste un x_* tale che $f(x_*) = x_*$, esso rappresenta una soluzione stazionaria (o punto di equilibrio) per la (1).

La sua stabilità sotto piccole deviazioni del dato iniziale dalla posizione di equilibrio può essere analizzata come segue: consideriamo un punto a distanza δ da x_*, con $|\delta|$ piccolo ma maggiore di zero $(0 < |\delta| \ll 1)$:

$$x = x_* + \delta \,,$$

e vediamo se per l'azione della mappa (1) la distanza dal punto x_* aumenta o diminuisce. Abbiamo

$$f(x) = f(x_* + \delta) \simeq f(x_*) + f'(x_*)\delta = x_* + f'(x_*)\delta \,;$$

quindi siamo passati da una distanza $|\delta|$ ad una distanza $|f'(x_*)\delta|$. Essa è maggiore di $|\delta|$ se

$$|f'(x_*)\,\delta| \,>\, |\delta| \,;$$

ricordando le proprietà del valore assoluto, abbiamo quindi la condizione

$$|f'(x_*)| \cdot |\delta| \,>\, |\delta| \,.$$

Dato che δ non è zero, possiamo dividere per $|\delta|$, e la condizione diviene

$$|f'(x_*)| \,>\, 1 \,.$$

In questo caso la distanza da x_* cresce, ossia il punto di equilibrio è instabile.

Allo stesso modo, si vede che se

$$|f'(x_*)| < 1 \, ,$$

la distanza da x_* diminuisce, ossia il punto di equilibrio x_* è stabile, ed anzi attrattivo.

Naturalmente, le affermazioni sopra riportate sono a rigore dimostrate solo nel limite $|\delta| \to 0$, ossia valgono in un intorno sufficentemente piccolo del punto fisso x_*.

D.2 Stabilità di soluzioni periodiche

Se esiste un x_0 tale che $f^k(x_0) = x_0$ per qualche $k > 1$, allora la sequenza

$$X = \{x_0, x_1 = f(x_0), x_2 = f^2(x_0), ..., x_{k-1} = f^{k-1}(x_0)\} \tag{2}$$

rappresenta una soluzione periodica (di periodo k) per la (1).

Naturalmente se abbiamo una soluzione periodica di periodo k, essa fornisce immediatamente una soluzione di periodo Nk per ogni intero N: ripetendo N volte il ciclo X si ha ancora una soluzione periodica.

Se $f^m(x_0) \neq x_0$ per ogni m tale che $0 < m < k$, allora diciamo che la soluzione periodica X della (2) ha periodo minimo k.

La stabilità di una soluzione periodica si può analizzare allo stesso modo di quanto fatto per una soluzione stazionaria: infatti, se k è il periodo minimo della soluzione periodica, consideriamo la mappa F ottenuta iterando k volte la mappa f:

$$F := f \circ f \circ ... \circ f = f^k \, . \tag{3}$$

Per costruzione, x_0 (ed in effetti ogni $x_q = f^q(x_0)$ per qualche q intero) è un punto fisso della mappa F. Possiamo analizzare la sua stabilità come discusso nella sezione precedente: sappiamo che x_* è stabile se

$$|F'(x_0)| < 1$$

ed instabile se $|F'(x_0)| > 1$.

D'altra parte, la derivata di F si può esprimere in funzione della derivata di f ai punti facenti parte dell'orbita periodica usando la regola di derivazione di una funzione composta.

Consideriamo dapprima il caso $k = 2$. Allora $F(x) = f[f(x)]$, ed abbiamo

$$F'(x) = f'[f(x)] \cdot f'(x) \, ;$$

dunque in particolare

$$F'(x_0) = f'(x_1) \cdot f'(x_0) \, . \tag{4}$$

Nel caso di k generale possiamo procedere esattamente allo stesso modo, ottenendo

$$F'(x_0) = f'(x_{k-1}) \cdot f'(x_{k-1}) \cdot \ldots \cdot f'(x_1) \cdot f'(x_0) \; ;$$

ovvero, con una notazione più compatta,

$$F'(x_0) = \prod_{j=0}^{k-1} f'(x_j) \; .$$

La condizione di stabilità di una soluzione periodica $X = \{x_0, \ldots, x_{k-1}\}$ è dunque che sia

$$\left| \prod_{j=0}^{k-1} f'(x_j) \right| < 1 \; . \tag{5}$$

Si può mostrare (il lettore è invitato a farlo) che se $x_0 \in X$ è stabile (instabile) sotto F, allora anche tutti gli x_j con $j = 1, \ldots, k - 1$ sono stabili (instabili).

Esercizio 1. Determinare se esistono soluzioni stazionarie (in cui cioè sia $x_n = x_*$ per ogni n) non negative, e se sì determinare la loro stabilità a seconda del valore del parametro reale $A > 0$, per l'applicazione $f : \mathbf{R} \to \mathbf{R}$ identificata da

$$x_{n+1} = A x_n \exp[-x_n] \; .$$

Esercizio 2. Determinare se esistono soluzioni stazionarie non negative, e se sì determinare la loro stabilità a seconda del valore del parametro reale $A > 0$ per l'applicazione $f : \mathbf{R} \to \mathbf{R}$ identificata da

$$x_{n+1} = A x_n \left(1 - x_n^3\right) \; .$$

Esercizio 3. Determinare se esistono soluzioni stazionarie (in cui cioè sia $x_n = x_*$ per ogni n), e se sì determinare il valore di $f'(x_*)$, a seconda del valore dei parametri reali a, b, c per l'applicazione $f : \mathbf{R} \to \mathbf{R}$ identificata da

$$x_{n+1} = a \, \frac{(x_n + b)}{(c + x_n)} \; .$$

Soluzioni

Per l'esercizio 1, i punti fissi sono $x_* = 0$ e $x_* = \log(A)$. Quanto alla stabilità, abbiamo $f'(x) = Ae^{-x} - Axe^{-x} = (1 - x)Ae^{-x}$. Per $x = 0$, $f'(x) = A$, ossia $x_* = 0$ è stabile per $A < 1$; per $x = \log(A)$, $f'(x) = [1 - \log(A)]$, ossia $x_* = \log(A)$ è stabile per $1 < x < e^2$.

Per l'esercizio 2, i punti fissi sono $x_0 = 0$ e $x_k = [(A - 1)/a]^{1/3}(-1)^{4(k-1)/3}$ per $k = 1, 2, 3$. Queste possono essere complesse o negative; in particolare, x_1 è reale e positiva per $A > 1$ (consideriamo sempre $A > 0$), x_2 non è mai reale, e x_3 è reale per $0 < A < 1$, ma in questo caso $x_3 < 0$ e dunque non è accettabile.

La derivata di f è data da $f'(x) = A(1 - 4x^3)$. Abbiamo $f'(x_0) = A$, dunque x_0 è stabile per $A < 1$; $f'(x_1) = 4 - 3A$, e dunque il punto fisso (che esiste solo per $A > 1$) è stabile per $1 < A < 5/3$.

Per l'esercizio 3, i punti fissi sono $x = x_{\pm} := (1/2)[(a-c)\pm\sqrt{(c-a)^2 + 4ab}$; la derivata di $f(x)$ è $f'(x) = a(c-b)/(c+x)^2$. Calcolando questa in x_- risulta

$$f'(x_{\pm}) = -\frac{1}{2}\left((a - c - 2) \pm \Delta\right)\exp\left[-\frac{1}{2}\left((a - c) \pm \Delta\right)\right] ,$$

dove abbiamo scritto $\Delta = \sqrt{(a - c)^2 + 4ab}$; usando l'espressione per $x_{\pm}$ questa si riscrive come

$$f'(x_{\pm}) = x_{\pm}\,\exp\left(x_{\pm} + 1\right) .$$

I limiti di stabilità dipendono dai valori dei parametri, e non è possibile discuterli in modo semplice.

E

Equazioni differenziali

E.1 Equazioni differenziali in generale

Una equazione differenziale è una relazione tra una funzione incognita $u(x)$ e la sua derivata[1] $u'(x)$, eventualmente dipendente dalla variabile indipendente x e/o da parametri esterni λ; possiamo dunque scriverla nella forma

$$F[x, u, u'; \lambda] = 0 . \tag{1}$$

Data un'equazione differenziale ed una funzione $u(x)$, per verificare se $u(x)$ è soluzione dell'equazione differenziale è sufficiente calcolarne la derivata e verificare se la relazione suddetta è verificata.

Ad esempio, consideriamo l'equazione

$$F[x, u, u'; \lambda] := u'(x) - \lambda u(x) = 0 .$$

Sia data la funzione $v(x) = e^{kx}$; abbiamo $v'(x) = ke^{kx} = kv(x)$, e pertanto

$$F[x, v, v'; \lambda] := v'(x) - \lambda v(x) = (k - \lambda) e^{kx} ,$$

che si annulla se e solo se $k = \lambda$. Dunque $v(x) = e^{kx}$ è soluzione se e solo se $k = \lambda$.

Se la (1) si può scrivere in forma esplicita rispetto alla u', si dice che abbiamo una equazione in forma esplicita, che scriveremo come

$$u'(x) = f(x, u; \lambda) ; \tag{3}$$

nel seguito considereremo in particolare queste (e non scriveremo più esplicitamente la dipendenza da parametri costanti).

---

[1] Possiamo anche considerare equazioni differenziali di ordine superiore, in cui appaiono appunto derivate di ordine superiore.

E.2 Equazioni differenziali lineari

Particolare importanza hanno le equazioni differenziali lineari:

$$u'(x) \;=\; g(x)u(x) + f(x) \tag{3}$$

Se $f(x) \equiv 0$, parliamo di una equazione *omogenea*. Inoltre, quando il coefficiente di $u(x)$ (ossia $g(x)$ nella presente notazione) è una costante, parliamo di equazione *a coefficienti costanti*. Si dimostra che:

(a) Le soluzioni dell'equazione differenziale omogenea a coefficienti costanti

$$u'(x) \;=\; \lambda\, u(x)$$

sono date da

$$u(x) \;=\; u_0\, e^{\lambda x}$$

dove u_0 è una costante, che rappresenta il valore iniziale $u(0)$ di u per $x = 0$.

(b) Le soluzioni dell'equazione differenziale a coefficienti costanti con termine non omogeneo costante

$$u'(x) \;=\; \lambda\, u(x) + \mu \tag{4}$$

sono date, per $\lambda \neq 0$, da

$$u(x) \;=\; (u_0 + \mu/\lambda)\, e^{\lambda x} - (\mu/\lambda)\,,$$

e per $\lambda = 0$ da

$$u(x) \;=\; u_0 + \mu x$$

dove u_0 è una costante arbitraria, che rappresenta il valore iniziale $u(0)$ di u al tempo $x = 0$.

(c) Più in generale, se abbiamo un'equazione a coefficienti costanti non omogenea con un termine non omogeneo che non è costante nel tempo, abbiamo il risultato seguente.

Tutte le soluzioni dell'equazione differenziale a coefficienti costanti con termine non omogeneo generale

$$u'(x) \;=\; \lambda\, u(x) + f(x) \tag{5}$$

sono date dalla somma di una soluzione particolare[2] $v(x)$ dell'equazione completa e della più generale soluzione dell'equazione omogenea associata $u' = \lambda u$.

Dunque, per $\lambda \neq 0$, abbiamo

---

[2] Per determinare questa, la si cerca usualmente in una forma simile a quella della funzione "forzante" $f(x)$; si vedano gli esempi nel seguito. Nel caso precedente ($f(x) = \mu$) la soluzione particolare era $v(x) = -\mu/\lambda$.

$$u(x) \;=\; v(x) + u_0\,e^{\lambda x}\,,$$

e per $\lambda = 0$ risulta

$$u(x) \;=\; u_0 + v(x)$$

dove u_0 è una costante arbitraria, legata al valore iniziale $u(0)$ di u per $x = 0$ attraverso $u_0 = u(0) - v(0)$.

Esempio 1. Per l'equazione

$$u'(x) = \lambda u + \sin(x) \tag{6}$$

cerchiamo la soluzione particolare come

$$v(x) \;=\; a\sin(x) \;+\; b\cos(x)\;;$$

questo implica

$$v'(x) \;=\; a\cos(x) - b\sin(x)\,.$$

Sostituendo queste nella (6), abbiamo

$$[a - \lambda b]\,\cos(x) \;=\; [b + \lambda a + 1]\sin(x)\,.$$

Dato che seno e coseno sono funzioni indipendenti, questa equazione può essere verificata solo se i due membri si annullano separatamente, ossia se abbiamo

$$\begin{cases} a = \lambda b \\ b + \lambda a + 1 = 0 \end{cases}$$

Sostituendo la prima nella seconda, abbiamo

$$b + \lambda^2 b + 1 \;\equiv\; b(\lambda^2 + 1) + 1 = 0$$

ovvero

$$b = \frac{1}{1 + \lambda^2}\;;\; a = \frac{\lambda}{1 + \lambda^2}\,.$$

Quindi, la soluzione più generale della (6) risulta essere

$$u(x) \;=\; u_0\,e^{\lambda t} \;+\; \frac{\lambda}{1 + \lambda^2}\,\sin(x) \;+\; \frac{1}{1 + \lambda^2}\,\cos(x)\,.$$

Esempio 2. Per l'equazione

$$u' = \lambda u + e^{\lambda x} \tag{7}$$

una soluzione particolare è data da

$$v(x) \;=\; x\,e^{\lambda x}$$

e quindi la soluzione più generale sarà

$$u(x) \;=\; c\,e^{\lambda x} \;+\; x\,e^{\lambda x}\,. \tag{8}$$

Notiamo che in questo caso l'esponente selezionato dalla soluzione dell'equazione omogenea associata è lo stesso che appare nel termine forzante della (7).

E.3 Equazioni separabili

Più in generale, se l'equazione è nella forma (cosiddetta *separabile*)

$$u'(x) \equiv \frac{du}{dx} = \alpha(x) / \beta(u) \tag{9}$$

possiamo procedere come segue: riscriviamo l'equazione nella forma

$$\beta(u) \, du = \alpha(x)dx \tag{10}$$

ed integriamo ambo i membri. Sia $A(x)$ una primitiva[3] di $\alpha(x)$, e $B(u)$ una primitiva di $\beta(u)$. Allora la (10) diviene

$$B(u) = A(x) + c \; ;$$

con B^{-1} la funzione inversa[4] di B, abbiamo quindi

$$u = B^{-1} [A(x) + c] \; .$$

Esempio 3. Per la (4), procedendo in questo modo abbiamo

$$\frac{du}{\lambda u + \mu} = dx \; ,$$

ed integrando otteniamo

$$(1/\lambda) \, \log(\lambda u + \mu) = x + c_0 \; .$$

Per le proprietà dei logaritmi (e scrivendo $c_1 = \lambda^{-1} \exp(\lambda c_0)$ per semplicità di notazione) facendo l'esponenziale di ambo i membri otteniamo

$$\lambda u + \mu = \lambda c_1 \, e^{\lambda x}$$

ovvero, isolando la u a sinistra,

$$u = c_1 \, e^{\lambda x} - \mu/\lambda \; .$$

Esempio 4. Consideriamo l'equazione

$$du/dx = u^2 \; . \tag{11}$$

In questo caso, procedendo come sopra, abbiamo

---

[3] Cioè una funzione la cui derivata è $\alpha(x)$. Ricordiamo che questa è definita a meno di una costante arbitraria (costante di integrazione): le derivate di $A(x)$ e di $\widehat{A}(x) := A(x) + c$ sono uguali per c una qualsiasi costante.

[4] Ossia la funzione tale che $B^{-1}[B(u)] = u$ per ogni u.

$$\frac{du}{u^2} = dx$$

e quindi

$$-\frac{1}{u} = x + c$$

che porta infine a

$$u = -\frac{1}{x + c} \,.$$

Notiamo che per $x = 0$ abbiamo $u(0) = u_0 = -1/c$, ovvero che $c = -1/u_0$. Possiamo dunque riscrivere la formula precedente come

$$u(x) = \frac{u_0}{1 - u_0 x} \,. \tag{12}$$

In questo caso la soluzione è "esplosiva": infatti, diviene infinita in un tempo finito (per $x = 1/u_0$).[5]

Esercizio. Risolvere le seguenti equazioni differenziali, assumendo in ogni caso che al tempo $t_0 = 0$ sia $x(0) = x_0$.
(1) $dx/dt = x^k$ con $k > 0$;
(2) $dx/dt = x^{-k}$ con $k < -1$;
(3) $dx/dt = \sqrt{1 - x^2}$;
(4) $dx/dt = t\sqrt{1 - x^2}$;
(5) $dx/dt = \cos^2(x)/(1 + t)$.

Soluzione. Tutte le equazioni proposte si integrano per separazione delle variabili. Per le varie equazioni, risulta quanto segue:
(1) Per $k = 1$, $x(t) = x_0 e^t$; per $k \neq 1$,

$$x(t) = \left[\left(\frac{1}{1 - k} \right) \left(\frac{1}{t - c} \right) \right]^{[1/(k-1)]} = [(1 - k)(t - c)]^{[1/(1-k)]} \,.$$

(2) Dato che $k < -1$, scriviamo $k = -s$, ed abbiamo $dx/dt = x^s$ con $s > 1$: la soluzione è stata ottenuta sopra.
(3) Con un integrale elementare, $\arcsin(x) = t + c_0$, e quindi $x = \sin(t + c_0)$.
(4) Ora $\arcsin(x) = t^2/2 + c_0$, e quindi $x = \sin(t^2/2 + c_0)$.
(5) Separiamo l'equazione, ottenendo $dx/\cos^2(x) = dt/(1+t)$, che ha soluzione $\tan(x) = \log(1 + t) + c_0$; quindi

$$x = \arctan \left[\log(1 + t) + c_0 \right] \,.$$

---

[5] Lo stesso avviene per $u' = u^q$ con ogni $q > 1$.

F

Teoremi sulle soluzioni di equazioni differenziali

Data una equazione differenziale del primo ordine, $dx/dt = f(x,t)$, ed un dato iniziale (x_0, t_0), non è a priori evidente che ci sia una soluzione che soddisfa $x(t_0) = x_0$, e neanche che questa soluzione sia unica.

Il risultato che garantisce – sotto opportune condizioni – che ciò avvenga è il *teorema di esistenza e unicità* delle soluzioni.

Nel caso dell'equazione lineare $dx/dt = ax$, la soluzione si esprime in termini del dato iniziale come $x(t) = x_0 \exp[a(t - t_0)]$ e dunque è differenziabile non solo rispetto al tempo t ma anche rispetto al dato iniziale x_0; più in generale, supponiamo di avere una equazione differenziale e di saper determinare la sua soluzione generale $x(t)$, che dipenderà dal parametro x_0 che rappresenta il dato iniziale $x(0)$. Se vogliamo predire il valore di $x(t)$ a partire dal valore x_0 al tempo $t_0 = 0$, un errore δx_0 sulla determinazione di x_0 porterà ad un errore $\delta x(t)$ su $x(t)$, e per valutare quest'ultimo (nel caso $\delta x_0 \ll x_0$) possiamo ricorrere alla ben nota formula di propagazione degli errori studiata in Statistica:

$$\delta x(t) \approx \frac{dx(t)}{dx_0} \, \delta x_0 \ .$$

Naturalmente questa ha senso se e solo se $x(t)$ è differenziabile rispetto al dato iniziale x_0: dunque il problema della differenziabilità della soluzione rispetto al dato iniziale è centrale nell'uso di equazioni differenziali per descrivere dati sperimentali.

Anche per questo problema esiste – come sempre, sotto opportune condizioni – un risultato generale, che va sotto il nome di *teorema di differenziabilità rispetto al dato iniziale* delle soluzioni.

Questi risultati si basano su un teorema che garantisce (ancora una volta, sotto opportune condizioni) che nei punti "ordinari" si possa passare a variabili in cui l'equazione differenziale è particolarmente semplice, che va sotto il nome di *teorema di raddrizzamento del flusso*.[1]

---

[1] Il lettore non dovrebbe far troppo caso al fatto che non sia stato spiegato cosa sia il flusso, ed ancor meno cosa voglia dire raddrizzarlo: ciò non è necessario per

F.1 Raddrizzamento

Consideriamo una generale equazione differenziale

$$\frac{dx}{dt} = f(x,t) \ . \tag{1}$$

Diremo che il punto $p_0 = (x_0, t_0)$ è **regolare** per $f(x,t)$ se $f(x_0, t_0) \neq 0$ in un intorno di p_0. Il punto è **regolare di classe** k se $f(x,t)$ ha derivate di ordine fino a k continue in un intorno di p_0.

Se operiamo un cambio di coordinate $(x,t) \to (y,s)$, allora l'equazione differenziale (1) cambierà forma e si scriverà come

$$\frac{dy}{ds} = g(y,s) \ . \tag{2}$$

L'espressione della funzione $g(y,s)$ – che ovviamente dipende sia dalla funzione $f(x,t)$ che dal cambio di coordinate, con cui esprimiamo le vecchie coordinate come funzione delle nuove, $x = x(y,s)$, $t = t(y,s)$ può essere determinata esplicitamente, ma non la forniremo qui[2].

Abbiamo allora che vale il:

Teorema di raddrizzamento. *Se p_0 è regolare per $f(x,t)$, esiste un cambio di coordinate definito in un intorno di p_0 tale che nelle nuove coordinate la (1) si riduce alla (2) con $g(y,s) = 0$, ossia si riduce a*

$$\frac{dy}{ds} = 0 \ . \tag{3}$$

Come è facile immaginare, in realtà determinare quale sia il cambio di coordinate (locale) che opera questa semplificazione è altrettanto difficile che risolvere (localmente) l'equazione differenziale. Dunque, questo teorema non può in pratica essere usato per trovare la soluzione esplicita di un'equazione data. Esso è però alla base di altri risultati che garantiscono (sotto opportune condizioni, in cui il lettore riconoscerà l'impronta delle condizioni richieste da questo teorema) l'esistenza e unicità delle soluzioni di un'equazione differenziale.

In effetti, non c'è dubbio che per la (3) vi sia sempre una ed una sola soluzione che passa per un punto dato (y_0, s_0), ossia che soddisfi $y(s_0) = y_0$.

Più esplicitamente, le soluzioni della (3) sono evidentemente $y(s) = costante$, e dunque $y(s) = c_0$. Richiedendo $y(s_0) = y_0$, selezioniamo l'unica soluzione $y(s) = y_0$.

Il nome "raddrizzamento" è dovuto al fatto che il grafico delle soluzioni della (3) corrisponde a delle linee rette (appunto, le linee $y(s) = y_0$).

---

la comprensione del seguito, ma conoscere il nome del teorema può essere utile per non restare confusi leggendo un libro di Matematica che si occupi della teoria elementare delle equazioni differenziali.

[2] Anche perché sarebbe necessario considerare le *derivate parziali*, che non abbiamo ancora incontrato.

F.2 Esistenza e unicità delle soluzioni

Come detto in precedenza, l'equazione differenziale (1) non sempre ammette soluzioni con dato iniziale (x_0, t_0) arbitrario; inoltre, se anche una soluzione esiste, essa potrebbe non essere unica (si vedano gli esempi nel seguito). Una soluzione esiste sempre, ed è unica, se f è una funzione regolare.

Teorema di esistenza e unicità. *Se $f(x, t)$ è differenziabile nel punto $p_0 = (x_0, t_0)$, allora l'equazione differenziale (1) ammette una soluzione locale $x(t)$ che soddisfa $x(t_0) = x_0$; tale soluzione locale è unica.*

Per "soluzione locale" si intende una soluzione $x(t)$ definita per $t \in (t_0 - a, t_0 + b)$ con a e b numeri positivi e possibilmente piccoli, ma maggiori di zero.

In effetti il teorema afferma che la soluzione esiste, e sarà unica, finché non giunge vicino a dei punti non regolari per $f(x, t)$. E' forse opportuno sottolineare che il teorema fornisce delle condizioni sufficenti per garantire l'esistenza ed unicità, ma non afferma la loro necessarietà.

Un esempio semplice di equazione differenziale con soluzioni non uniche (per dato iniziale non regolare) è fornito dall'equazione con $f(x, t) = \sqrt{x}$, vale a dire

$$\frac{dx}{dt} = \sqrt{x} \ . \tag{4}$$

L'equazione è separabile, e la soluzione generale che si ottiene integrando

$$\frac{dx}{\sqrt{x}} = dt$$

è naturalmente

$$2(\sqrt{x} - \sqrt{x_0}) = (t - t_0) \ ,$$

ovvero

$$x(t) = x_0 + (1/2) \, (t - t_0) \ . \tag{5}$$

Consideriamo ora il dato iniziale $x(0) = 0$, ossia $p_0 = (x_0, t_0) = (0, 0)$; si noti che questo punto non è regolare per $f'(x, t)$, ossia che f non è differenziabile in p_0 (abbiamo $f' = 1/\sqrt{x}$).

La soluzione (5) con questo dato iniziale è semplicemente $x(t) = t/2$; in effetti è facile verificare che si tratta di una soluzione, per di più assolutamente regolare.

D'altra parte, anche $x(t) = 0$ è una soluzione della (4), e soddisfa la stessa condizione $x(0) = 0$ al tempo $t_0 = 0$: dunque per $p_0 = (0, 0)$, la soluzione della (4) *non è unica*.[3]

---

[3] Altri esempi sono costruiti facilmente sulla falsariga di questo, ossia scegliendo $f(x, t) = x^{p/q}$.

Notiamo anche che il teorema afferma che la soluzione esiste localmente; un esempio di equazione le cui soluzioni non esistono per ogni t ma solo per $(t - t_0) < T$ è dato dall'equazione

$$\frac{dx}{dt} = x^2 ; \tag{6}$$

separando le variabili otteniamo facilmente la soluzione generale

$$x(t) = \frac{1}{c_0 - t} ;$$

considerando la situazione al tempo $t = t_0 = 0$ abbiamo $c_0 = 1/x_0$, e quindi la soluzione con dato iniziale $(x_0, 0)$ è

$$x(t) = \frac{x_0}{1 - x_0 t} . \tag{7}$$

E' evidente che per $t = 1/x_0$ questa diviene singolare; dunque la soluzione (7) esiste solo per $t < 1/x_0$ quando $x_0 > 0$, ovvero per $t > -1/x_0$ quando $x_0 < 0$.

F.3 Dipendenza dal dato iniziale

Come detto in precedenza, in molti casi è essenziale per le applicazioni che le soluzioni di una data equazione dipendano in modo differenziabile dal dato iniziale.

Un esempio di equazione in cui questo non avviene è fornito da

$$\frac{dx}{dt} = |x| . \tag{8}$$

Per questa equazione abbiamo facilmente[4] la soluzione

$$x(t) = \begin{cases} x_0\, e^t & \text{quando } x_0 \geq 0 \\ x_0\, e^{-t} & \text{quando } x_0 < 0 \end{cases}$$

è chiaro che le soluzioni con $x_0 \approx 0$ sono molto diverse a seconda che x_0 sia positivo o negativo.

La "patologia" mostrata da questa equazione è legata alla non-differenziabilità del suo secondo membro $f(x, t) = |x|$. In generale, abbiamo il seguente risultato.

Sia data l'equazione (1), e denotiamo con $\Phi(t; x_0, t_0)$ la soluzione $x(t)$ che soddisfa $x(t_0) = x_0$.

Teorema di differenziabilità rispetto al dato iniziale. *Se $f(x, t)$ è differenziabile (di classe C^k), allora le soluzioni $\Phi(t; x_0, t_0)$ dell'equazione differenziale (1) dipendono in modo differenziabile (C^k) dal dato iniziale x_0.*

---

[4] La soluzione con $x_0 < 0$ si ottiene riscrivendo l'equazione come $dx/dt = -x$. Dato che la soluzione di questa con $x < 0$ resta sempre negativa o nulla nel limite $t \to \infty$, abbiamo senza difficoltà la soluzione cercata della (8).

F.4 Dipendenza da parametri

In molti casi, le equazioni differenziali che incontriamo nelle applicazioni dipendono da dei parametri esterni.[5]

Questi parametri non sono mai determinabili con precisione assoluta; dunque perché le soluzioni che troviamo siano significative – permettano delle predizioni sull'evoluzione del sistema – è necessario che un piccolo errore nel valore di questi parametri produca un piccolo errore nella soluzione dell'equazione.

Il lettore riconosce sicuramente in questa brevissima discussione una variante (o meglio una generalizzazione) di quella – altrettanto breve – condotta in precedenza riguardo al valore di un parametro molto particolare, ossia il valore iniziale x_0 della variabile x.

L'equazione differenziale si scriverà ora

$$\frac{dx}{dt} = f(x, t; \mu) \tag{9}$$

dove $\mu \in \mathbf{R}^n$ sono i parametri esterni, il cui valore è costante nel tempo ma non determinato.

Corrispondentemente, la soluzione della (9) con $\mu = \mu_0$ che soddisfa $x(t_0) = x_0$ si scriverà come $\Phi(t; x_0, t_0; \mu_0)$.

Teorema di differenziabilità rispetto ai parametri. *Se $f(x, t; \mu)$ è differenziabile (di classe C^k) rispetto ad x, t, ed ognuno dei parametri μ, allora le soluzioni $\Phi(t; x_0, t_0; \mu_0)$ dell'equazione differenziale (9) dipendono in modo differenziabile (C^k) dal valore μ_0 dei parametri μ.*

F.5 Sistemi di equazioni

Nel seguito studieremo anche dei *sistemi di equazioni differenziali*, ossia dei sistemi

$$\frac{dx_i}{dt} = f_i(x_1, ..., x_n, t) \quad (i = 1, ..., n) \ . \tag{10}$$

I teoremi che abbiamo enunciato in precedenza si estenderanno a questo ambito; la richiesta di differenziabilità della funzione f sarà ora sostituita dalla richiesta di differenziabilità di tutte le funzioni f_i rispetto a tutti i loro argomenti.

Il lettore desideroso di conoscere i dettagli di questa estensione può consultare qualsiasi testo dedicato alle equazioni differenziali, o di Analisi Matematica. Naturalmente, tra questi anche i testi dedicati ai Sistemi Dinamici menzionati in Bibliografia.

---

[5] Ad esempio, le equazioni che descrivono la crescita di una popolazione batterica in un esperimento di laboratorio dipenderanno dal nutrimento disponibile e dalla temperatura.

G

Vettori e matrici

In questa sezione introduciamo un linguaggio ed una notazione particolarmente convenienti per analizzare i sistemi di equazioni (non solo differenziali), ossia i problemi in dimensione $n \geq 2$.

G.1 Vettori

Supponiamo di avere a che fare con più di una variabile, e che lo stato del sistema biologico che stiamo considerando sia identificato dal valore di tutte queste variabili; chiameremo le variabili x, y, z... o, se sono in numero eccessivo o imprecisato, più semplicemente $x_1, x_2, \ldots$.. In quest'ultimo caso useremo anche la notazione x_i per indicare una delle possibili variabili; $i = 1, 2, \ldots$ significa che l'indice i può prendere tutti i valori interi da 1 ad infinito, mentre $i = 1, \ldots, n$ significa che i prende tutti i valori interi da 1 ad n (incluso).

E' anche comodo introdurre una notazione che faccia apparire tutti i numeri $(x_1, \ldots, x_n)$ come un unico oggetto – dopo tutto essi rappresentano lo stato di un sistema. E' abituale in questo caso indicare la stringa $(x_1, \ldots, x_n)$ con la lettera in grassetto che identifica le variabili a meno di indici, ossia

$$\mathbf{x} = (x_1, \ldots, x_n) \, . \tag{1}$$

Questa stringa è anche detta essere un **vettore**[1]; i numeri x_i sono detti essere le **componenti** del vettore $\mathbf{x}$, e quindi diciamo anche che $\mathbf{x}$ nella (1) è un vettore ad n componenti. A volte si scrive semplicemente x in luogo di $\mathbf{x}$, per "pigrizia tipografica".

Ad esempio, se x ed y sono le coordinate cartesiane di un punto nel piano, il vettore $\xi = (x, y)$ identifica la posizione del punto nel piano. Possiamo rappresentarlo come una freccia uscente dall'origine e con la punta in (x, y).

E' importante notare che questa notazione ci permette di scrivere in modo compatto – ed analizzare in maniera semplice – delle operazioni tra oggetti

---

[1] La parola ha un'origine geometrica e fisica che qui non è importante menzionare.

ad n componenti[2]. Se

$$\mathbf{x} = (x_1, ..., x_n) \; , \; \mathbf{y} = (y_1, ..., y_n) \; , \; \mathbf{z} = (z_1, ..., z_n) \; ,$$

allora la somma tra vettori è definita componente per componente

$$\mathbf{x} + \mathbf{y} = (x_1 + y_1, ..., x_n + y_n) \; ,$$

così come il prodotto di un vettore per un numero è definito moltiplicando ogni componente:

$$\alpha \mathbf{x} = (\alpha x_1, ..., \alpha x_n) \; .$$

Un'equazione tra vettori sarà, allo stesso modo, da intendersi componente per componente: ad esempio,

$$\mathbf{x} + \mathbf{y} = \mathbf{z} \quad \text{significa} \quad x_i + y_i = z_i \quad \text{per ogni } i = 1, ..., n$$

e più in generale

$$\mathbf{z} = \alpha \mathbf{x} + \beta \mathbf{y} \quad \text{significa} \quad z_i = \alpha x_i + \beta y_i \quad \text{per ogni } i = 1, ..., n \; . \qquad (2)$$

Esercizio 1. Dati i vettori 2-dimensionali $\mathbf{x} = (1, 1)$, $\mathbf{y} = (1, 3)$ e $\mathbf{z} = (2, 4)$, calcolare $\mathbf{x} + \mathbf{y}$, $\mathbf{x} - \mathbf{y} + 2\mathbf{z}$ e $2\mathbf{x} - 2\mathbf{z}$.

Esercizio 2. Dati i vettori 2-dimensionali $\mathbf{x} = (1, 1)$, $\mathbf{y} = (1, 3)$ e $\mathbf{z} = (2, 4)$, trovare numeri α e β tali che $\mathbf{z} = \alpha \mathbf{x} + \beta \mathbf{y}$.

Esercizio 3. Dati i vettori 2-dimensionali $\mathbf{x} = (1, 1)$, $\mathbf{y} = (1, 3)$ e $\mathbf{z} = (a, b)$, trovare numeri α e β tali che $\mathbf{z} = \alpha \mathbf{x} + \beta \mathbf{y}$.

Esercizio 4. Dati i vettori 2-dimensionali $\mathbf{x} = (1, 0)$, $\mathbf{y} = (0, 1)$ e $\mathbf{z} = (a, b)$, mostrare che esistono sempre numeri α e β tali che $\mathbf{z} = \alpha \mathbf{x} + \beta \mathbf{y}$.

E' opportuno avere una raffigurazione di queste operazioni riferendosi al caso sopra menzionato in cui i vettori rappresentano le coordinate di punti nel piano cartesiano.

Siano $\xi = (x_p, y_p)$ e $\eta = (x_q, y_q)$ le coordinate cartesiane di due punti p e q nel piano. Allora il vettore $\xi' = k\xi$ ha componenti $\xi' = (kx_p, ky_p)$: si tratta quindi di un punto p' che si trova sulla retta che unisce l'origine al punto p, ma ad una distanza dall'origine che è k volte[3] quella di p.

Notiamo che (teorema di Pitagora) la lunghezza della freccia è data dalla radice della somma dei quadrati delle componenti del vettore. Indicheremo con $|\xi|$ il modulo del vettore ξ, e quindi abbiamo $|\xi| = \sqrt{x_p^2 + y_p^2}$ e più in generale, per un vettore $\mathbf{x}$ a qualsiasi numero di componenti,

$$|\mathbf{x}| = \sqrt{x_1^2 + ... + x_n^2} \; . \qquad (3)$$

---

[2] Naturalmente, è per questo che ha senso introdurre questa nuova notazione.

[3] Un k negativo significa che p' è dalla parte opposta di p rispetto all'origine.

La somma $\mathbf{z} = \mathbf{x} + \mathbf{y}$ dei vettori $\mathbf{x}$ ed $\mathbf{y}$ avrà componenti $\mathbf{z} = (z_1, z_2) = (x_1 + y_1, x_2 + y_2)$. Se rappresentiamo $\mathbf{x}$ come una freccia basata nell'origine ed avente lunghezza x_1 lungo l'asse delle orizzontale ed x_2 lungo l'asse verticale[4], ed analogamente per $\mathbf{y}$, allora $\mathbf{z}$ è la freccia che si ottiene trasportando il punto di base di $\mathbf{y}$ nel punto di vertice di $\mathbf{x}$, come nella figura 1.

Questo implica che se $\mathbf{z} = \mathbf{x} + \mathbf{y}$, allora $|\mathbf{z}| = \sqrt{(x_1 + y_1)^2 + (z_2 + y_2)^2}$. Si mostra facilmente, ricordando nozioni apprese nel corso di matematica o semplicemente guardando la figura 1, che *la somma di due vettori non ha mai modulo superiore alla somma dei moduli*. Si tratta di una proprietà generale, che scriviamo quindi per vettori generici $\mathbf{x}$ e $\mathbf{y}$:

$$|\mathbf{x} + \mathbf{y}| \leq |\mathbf{x}| + |\mathbf{y}| \ . \tag{4}$$

In effetti, il segno di uguale vale solo quando $\mathbf{x}$ ed $\mathbf{y}$ sono multipli uno dell'altro, ossia esiste c per cui $\mathbf{y} = c\mathbf{x}$.

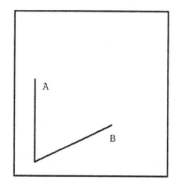 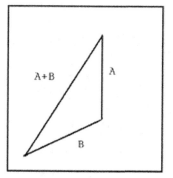

Figura G.1. Somma di vettori.

Oltre alla somma e moltiplicazione per un numero, esistono altre operazioni tra vettori che hanno un particolare interesse.

La prima tra queste è il *prodotto scalare* tra vettori: questo è un numero che si associa ad ogni coppia di vettori, o anche ad un singolo vettore quando i due vettori della coppia sono identici (prodotto scalare di un vettore con sé stesso). Questo è definito come la somma dei prodotti tra le componenti corrispondenti dei due vettori, ed è usualmente indicato come $\mathbf{x} \cdot \mathbf{y}$ o anche come $(\mathbf{x}, \mathbf{y})$:

$$\mathbf{x} \cdot \mathbf{y} = (\mathbf{x}, \mathbf{y}) = x_1 y_1 + ... + x_n y_n = \sum_{i=1}^{n} x_i y_i \ . \tag{5}$$

---

[4] Più precisamente queste "lunghezze lungo un asse" sono delle proiezioni su quest'asse.

Notiamo anche che il prodotto scalare è simmetrico: infatti dalla (5) segue ovviamente che

$$(\mathbf{x}, \mathbf{y}) = (\mathbf{y}, \mathbf{x}) \ . \tag{6}$$

Confrontando la (5) con la (3), vediamo subito che

$$(\mathbf{x}, \mathbf{x}) = |\mathbf{x}|^2 \ .$$

Notiamo anche che i vettori $\mathbf{x}$ ed $\mathbf{y}$ nel piano hanno prodotto scalare nullo se e solo se sono ortogonali tra di loro[5]. Generalizzando questa proprietà, diremo che $\mathbf{x}$ ed $\mathbf{y}$ sono **vettori ortogonali** se e solo se hanno prodotto scalare zero tra di loro.

Possiamo considerare anche vettori in uno spazio complesso $\mathbf{C}^n$; un tale vettore $\mathbf{z}$ avrà componenti $(z_1, ..., z_n)$, con $z_i \in \mathbf{C}$.

In questo caso definiremo il prodotto scalare tra due vettori $\mathbf{z} = (z_1, ..., z_n)$ e $\mathbf{w} = (w_1, ..., w_n)$ come

$$\mathbf{z} \cdot \mathbf{w} = (\mathbf{z}, \mathbf{w}) = z_1^* w_1 + ... + z_n^* w_n = \sum_{i=1}^{n} z_i^* w_i \ , \tag{7}$$

dove z^* denota il complesso coniugato[6] del numero complesso z. In questo caso la proprietà (6) si trasforma nella

$$(\mathbf{w}, \mathbf{z}) = (\mathbf{z}, \mathbf{w})^* \ . \tag{8}$$

G.2 Matrici, ed equazioni in $\mathbf{R}^n$

Consideriamo un sistema di equazioni (non differenziali)

$$\begin{cases} y_1 = a_{11}x_1 + ... + a_{1n}x_n \\ \dots\dots\dots\dots\dots\dots\dots\dots \\ y_n = a_{n1}x_1 + ... + a_{nn}x_n \end{cases} \tag{9}$$

dove a_{ij} sono dei numeri.

Allora possiamo introdurre la tabella (o **matrice**) dei coefficienti del sistema:

$$A = \begin{pmatrix} a_{11} & \dots & a_{1n} \\ \dots & \dots & \dots \\ a_{n1} & \dots & a_{nn} \end{pmatrix} \tag{10}$$

il cui elemento A_{ij} in posizione i, j (il primo indice indica la riga, il secondo la colonna) è $A_{ij} = a_{ij}$ (con $i, j = 1, ..n$)[7].

---

[5] Per controllare ciò, basta scegliere $\mathbf{x}$ nella direzione di un asse, o meglio ruotare gli assi coordinati in modo che uno di essi sia nella direzione di uno dei vettori.

[6] Ricordiamo che se $z = x + iy$ con x e y reali, allora $z^* = x - iy$.

[7] E' anche possibile considerare matrici in cui il numero di righe e di colonne non siano uguali. Noi non lo faremo, ricorrendo alla convenzione per cui se mai avessimo a che fare con matrici di tal fatta, le completeremmo a matrici quadrate inserendo righe o colonne fatte interamente di zeri.

E' possibile definire, come per i vettori, una somma tra matrici ed il prodotto di una matrice per un numero. Se A e B sono matrici di elementi $A_{ij} = a_{ij}$ e $B_{ij} = b_{ij}$, allora

$$A + B = \begin{pmatrix} a_{11} + b_{11} & ... & a_{1n} + b_{1n} \\ ... & ... & ... \\ a_{n1} + b_{n1} & ... & a_{nn} + b_{nn} \end{pmatrix} . \tag{11}$$

In altre parole, la somma di due matrici è una matrice che ha come elementi la somma dei corrispondenti elementi delle due matrici. Scriviamo allora $A + B = C$; questa relazione significa che, per ogni $i, j = 1, ..., n$, abbiamo $A_{ij} + B_{ij} = C_{ij}$.

Analogamente, il prodotto di una matrice per un numero è definito da

$$kA = \begin{pmatrix} ka_{11} & ... & ka_{1n} \\ ... & ... & ... \\ ka_{n1} & ... & ka_{nn} \end{pmatrix} : \tag{12}$$

moltiplicare una matrice per un numero significa moltiplicare per quel numero tutti i suoi elementi.

Una matrice notevole è la cosiddetta matrice identità (di dimensione n): si tratta di una matrice che ha tutti elementi unitari sulla diagonale e zero altrove. Usando la notazione della delta di Kronecker,

$$I_{ij} = \delta_{ij} .$$

Due importanti caratteristiche di una matrice sono la sua **traccia** ed il suo **determinante**. La traccia di A è la somma degli elementi sulla diagonale:

$$\mathrm{Tr}(A) := A_{11} + ... + A_{nn} . \tag{13}$$

La definizione del determinante è leggermente più complessa (ci sono dei segni che dipendono da permutazioni); nel caso di matrici due-dimensionali, abbiamo

$$\mathrm{Det} \begin{pmatrix} a & b \\ c & d \end{pmatrix} := ad - bc . \tag{14}$$

Nel seguito consideriamo per semplicità sopratutto matrici e vettori in dimensione due.

Il polinomio caratteristico di una matrice A è il determinante della matrice $(A - \lambda I)$, dove λ è una variabile (si tratta di un polinomio in λ).

Le radici del polinomio caratteristico, cioè i valori di λ per cui $\det(A - \lambda I) = 0$, sono detti **autovalori** di A.[8]

Se tutti gli autovalori sono diversi da zero, diciamo che la matrice è regolare, o non-singolare.

Si può anche mostrare che il determinante è uguale al prodotto degli autovalori; dunque una matrice è regolare se ha determinante diverso da zero.

---

[8] In generale supporremo che questi siano tutti diversi tra loro; se questo non è il caso, alcuni dei risultati enunciati nel seguito andrebbero modificati.

G.3 Prodotto di matrici

Possiamo definire il prodotto tra matrici come segue: la matrice AB ha elementi

$$(AB)_{ij} = \sum_{k=1}^{n} A_{ik} B_{kj} .\tag{15}$$

Questo si può anche descrivere come segue: l'elemento in posizione (i,j) è dato dal prodotto scalare tra il vettore corrispondente alla i-ima riga di A e quello dato dalla j-ima colonna di B. Si parla quindi di "prodotto righe per colonne".

Se $AB = I = BA$, diciamo che B è la matrice inversa di A, e scriviamo anche $B = A^{-1}$. Non è detto che una matrice abbia un'inversa. La condizione perché A^{-1} esista è che il determinante di A sia diverso da zero, e quindi che tutti gli autovalori di A siano non nulli.[9]

La definizione di prodotto di matrici soddisfa la proprietà associativa: ossia, possiamo effettuare il prodotto tra tre o più matrici scomponendolo come prodotti tra due matrici in qualsiasi modo, ottenendo sempre lo stesso risultato:

$$A(BC) = (AB)C .$$

D'altra parte, il prodotto tra matrici non è commutativo, ossia in generale

$$AB \neq BA .\tag{16}$$

Problema. Per A e B delle matrici due-dimensionali, mostrare che $\mathrm{Det}(AB) = [\mathrm{Det}(A)] \cdot [\mathrm{Det}(B)]$, e $\mathrm{Tr}(AB) = \mathrm{Tr}(BA)$.

Esercizio 5. Date le matrici

$$A = \begin{pmatrix} 0 & -1 \\ 1 & 0 \end{pmatrix} , \ B = \begin{pmatrix} 2 & 1 \\ 1 & 0 \end{pmatrix} , \ C = \begin{pmatrix} 2 & 3 \\ 1 & -1 \end{pmatrix}$$

calcolare le seguenti matrici:

$$A + B , \ 2A - 3B + \pi C , \ A^2 , \ AB , \ BA , \ ABC .$$

Esercizio 6. Data una matrice due-dimensionale

$$A = \begin{pmatrix} a & b \\ c & d \end{pmatrix}$$

con $\det(A) = \delta \neq 0$, mostrare che la sua inversa è

$$A^{-1} = \frac{1}{\delta} \begin{pmatrix} d & -b \\ -c & a \end{pmatrix}$$

[NB: è sufficiente mostrare che $AA^{-1} = I = A^{-1}A$.]

---

[9] E' proprio per questo che le matrici soddisfacenti questa condizione sono dette "regolari".

G.4 Azione di una matrice su un vettore

Possiamo definire l'azione di una matrice (di dimensione n) su un vettore (della stessa dimensione n), il cui risultato è un altro vettore, come segue:

$$\mathbf{y} = A\mathbf{x} \text{ significa } y_i = \sum_{j=1}^{n} A_{ij} x_j \text{ (per } i = 1, ..., n) . \tag{17}$$

E' utile vedere questo prodotto come segue: la componente i-ima del prodotto $A\mathbf{x}$ è il prodotto scalare tra la i-ima riga della matrice A ed il vettore $\mathbf{x}$.

Se scriviamo i vettori $\mathbf{x}$ ed $\mathbf{y}$ come "vettori colonna", allora riconosciamo la stessa regola di "prodotto righe per colonne" incontrata in precedenza.

Vediamo ora l'utilità di questa notazione. Se abbiamo un'equazione del tipo (9), in cui $\mathbf{y}$ è nota e $\mathbf{x}$ è l'incognita, possiamo subito esprimere (se A è regolare, nel qual caso ammette una inversa) la soluzione come

$$\mathbf{x} = A^{-1}\mathbf{y} . \tag{18}$$

D'altra parte, se nella (9) abbiamo $\mathbf{y} = 0$, ossia se vogliamo la soluzione del sistema lineare $A\mathbf{x} = 0$, esiste un risultato generale che afferma che esiste una soluzione non banale (cioè con $x \neq 0$) se e solo se la matrice A ha determinante nullo.

Esercizio 7. Dato il sistema di equazioni

$$\begin{cases} 25x_1 + 53x_2 = 7 \\ 12x_1 - 32x_2 = 6 \end{cases}$$

risolverlo nel modo usuale ed in questo modo (usando il risultato dell'esercizio 6 per determinare A^{-1}).

G.5 Autovettori

Supponiamo di aver determinato gli autovalori λ_i della matrice A. Ad essi sono associati gli **autovettori**, ossia dei vettori $\mathbf{v}_i$ per cui

$$A\mathbf{v}_i = \lambda_i \mathbf{v}_i . \tag{19}$$

Come ovvio trattandosi di una equazione lineare, gli autovettori sono sempre determinati a meno di una costante moltiplicativa: se $\mathbf{v}_i$ è autovettore di A con autovalore λ_i, anche $\hat{\mathbf{v}}_i = c\mathbf{v}_i$ lo è, per qualsiasi scelta della costante c.

In particolare, questo permette – se lo desideriamo – di scvegliere sempre autovettori di lunghezza unitaria.

Esercizio 8. Data la matrice

$$A = \begin{pmatrix} 0 & -1 \\ 1 & 0 \end{pmatrix}$$

calcolarne autovalori ed autovettori.

G.6 Diagonalizzazione di una matrice

Le matrici "normali"[10] sono tali che lo spazio n dimensionale in cui M agisce ammette una base di autovettori di M.

In questo caso, è possibile cambiando base di $\mathbf{R}^n$ (o di $\mathbf{C}^n$ se trattiamo con matrici complesse; per semplicità consideriamo il caso reale) portare la matrice a forma diagonale.

Infatti, sia Λ la matrice ottenuta scrivendo gli autovettori per colonna (il vettore $\mathbf{v}_i$ è la i-ima colonna di Λ), e Λ^{-1} la sua inversa. Allora, $D = \Lambda^{-1}A\Lambda$ è una matrice diagonale con elementi non nulli $D_{ii} = \lambda_i$.

Per mostrare (e ricordare) questo, notiamo che con $\Lambda = ((v_1), (v_2))$, abbiamo $M\Lambda = ((\lambda_1 v_1), (\lambda_2 v_2))$; dato che autovettori corrispondenti ad autovalori differenti sono tra loro ortogonali[11], e dunque Λ^{-1} è ottenuta scrivendo gli autovettori di modulo uno come righe della matrice, risulta subito che $\Lambda^{-1}(M\Lambda) = \mathrm{diag}(\lambda_1, \lambda_2)$. Lo stesso argomento si applica per matrici di dimensione arbitraria.

Se abbiamo l'equazione (9), possiamo cambiare base in $\mathbf{R}^n$: avremo

$$y = \Lambda \widehat{y}\,, \quad x = \Lambda \widehat{x}\,.$$

L'equazione stessa si riscrive ora come

$$\Lambda \widehat{y} = A \Lambda \widehat{x}\,;$$

ovvero (assumendo che esista Λ^{-1})

$$\widehat{y} = \Lambda^{-1} A \Lambda \widehat{x} = D\widehat{x}. \tag{20}$$

La soluzione sarà ovviamente $\widehat{x} = \widehat{x}_0 := D^{-1}\widehat{y}$; ovvero tornando alla base iniziale $x = \Lambda\widehat{x}_0$. Il vantaggio di questo procedimento è che l'inversa di una matrice diagonale è particolarmente facile da calcolare: se $D = \mathrm{diag}(\lambda_1, ..., \lambda_n)$, allora $D^{-1} = \mathrm{diag}(\lambda_1^{-1}, ..., \lambda_n^{-1})$.

E' opportuno sottolineare che una matrice reale può avere autovalori complessi: dunque la matrice diagonale D (e le matrici Λ, Λ^{-1}) potrebbero essere complesse anche nel caso si parta da una matrice reale A.

Esercizio 9. Si consideri nuovamente la matrice A dell'esercizio 8; utilizzando i risultati di quest'ultimo, portare A in forma diagonale.

G.7 Matrici e sistemi di equazioni differenziali lineari

La diagonalizzazione della matrice è anche una tecnica molto utile per calcolare le potenze della matrice stessa, e più ancora per risolvere sistemi di equazioni differenziali lineari (identificati dalla matrice).

---

[10] Nel senso di soddisfare una condizione di non-degenerazione che non discuteremo.

[11] Nel caso di autovalori multipli (cioè che ammettano diversi autovettori), bisogna scegliere autovettori tra loro ortogonali in corrispondenza ad ognuno di questi autovalori.

Infatti, consideriamo il sistema di equazioni differenziali (reali, per semplicità)

$$dx_i/dt = \sum_{j=1}^{n} M_{ij}\, x_j \quad (i = 1, ..., n) \ . \tag{21}$$

Se cambiamo base in $\mathbf{R}^n$ attraverso la matrice costante A, ossia se passiamo a variabili y_i attraverso le

$$x_i = A_{ij}\, y_j \tag{22}$$

con A una matrice invertibile, allora il sistema (21) si riscrive come

$$dy_i/dt = \sum_{i=1}^{n} (A^{-1}\, M\, A)_{ij}\, y_j \quad (i = 1, ..., n) \ . \tag{21}$$

D'altra parte, se A è proprio la matrice Λ descritta in precedenza, allora $(A^{-1}MA) = D = \mathrm{diag}(\lambda_1, ..., \lambda_n)$, e la (22) si riduce a $d\mathbf{y}/dt := \mathbf{y}'(t) = D\mathbf{y}$. Il sistema $\mathbf{y}'(t) = D\mathbf{y}$, che è semplicemente $y_i' = \lambda_i y_i$, ha ovviamente soluzione

$$y_i(t) = e^{\lambda_i t}\, y_i(0) \ ; \tag{23}$$

e d'altra parte le soluzioni del sistema

$$\frac{d\mathbf{x}}{dt} := \mathbf{x}'(t) = M\mathbf{x} \tag{24}$$

si ottengono a partire da queste attraverso le (22).

In questo modo, la soluzione di un sistema di equazioni differenziali lineari (associato ad una matrice M diagonalizzabile) si riduce alla soluzione di n equazioni differenziali lineari disaccoppiate.

Notiamo anche come questa discussione mostri che le soluzioni del sistema (21) saranno date (per M invertibile) da combinazioni di esponenziali in t, $e^{\lambda_i t}$, aventi ad esponente gli autovalori λ_i della matrice M. Un'altra tecnica di soluzione consisterà dunque nel cercare semplicemente le soluzioni nella forma

$$x_i(t) = \sum_{j=1}^{n} C_{ij}\, e^{\lambda_j t} \ . \tag{25}$$

Esempio. Consideriamo il sistema (lineare, autonomo) di equazioni differenziali

$$\begin{cases} dx/dt = 3x + 2y \\ dy/dt = 2x + 3y \end{cases} \ . \tag{26}$$

La matrice associata è

$$M = \begin{pmatrix} 3 & 2 \\ 2 & 3 \end{pmatrix} \ .$$

Iniziamo col cercarne gli autovalori; a tal fine calcoliamo le radici del polinomio

$$P(\lambda) = \mathrm{Det}(M - \lambda I) = (3 - \lambda)^2 - 4 .$$

Abbiamo $P(\lambda) = \lambda^2 - 6\lambda + 5$, e le radici sono

$$\lambda_1 = 1 , \quad \lambda_2 = 5 .$$

Per determinare gli autovettori corrispondenti, risolviamo le equazioni $M\mathbf{v}_1 = \mathbf{v}_1$ e $M\mathbf{v}_2 = 5\mathbf{v}_2$. Otteniamo facilmente che le soluzioni sono date da

$$\mathbf{v}_1 = b_1 \begin{pmatrix} 1 \\ -1 \end{pmatrix} , \quad \mathbf{v}_2 = b_2 \begin{pmatrix} 1 \\ 1 \end{pmatrix} ,$$

con b_1 e b_2 costanti arbitrarie. Per, ad esempio, $b_1 = b_2 = 1/\sqrt{2}$, otteniamo $|\mathbf{v}_1| = |\mathbf{v}_2| = 1$. Dunque otteniamo

$$\Lambda = \frac{1}{\sqrt{2}} \begin{pmatrix} 1 & 1 \\ -1 & 1 \end{pmatrix} ; \quad \Lambda^{-1} = \frac{1}{\sqrt{2}} \begin{pmatrix} 1 & -1 \\ 1 & 1 \end{pmatrix} .$$

In effetti, abbiamo ora

$$\Lambda^{-1} M \Lambda = D = \begin{pmatrix} 1 & 0 \\ 0 & 5 \end{pmatrix} .$$

Le soluzioni di $\mathbf{y}'(t) = D\mathbf{y}$ sono dunque

$$y_1(t) = k_1 e^t , \quad y_2(t) = k_2 e^{5t}$$

con k_1, k_2 costanti arbitrarie. Tornando alle variabili x_i tramite $\mathbf{x}(t) = \Lambda \mathbf{y}(t)$ abbiamo pertanto

$$x_1(t) = (k_1/\sqrt{2})e^t + (k_2/\sqrt{2})e^{5t} , \quad x_2(t) = -(k_1/\sqrt{2})e^t + (k_2/\sqrt{2})e^{5t} .$$

Dato che k_1 e k_2 sono costanti arbitrarie, possiamo anche riscrivere questa nella forma

$$x_1(t) = C_{11}e^t + C_{12}e^{5t} , \quad x_2(t) = C_{21}e^t + C_{22}e^{5t} , \qquad (27)$$

dove C_{ij} sono numeri che si ricavano facilmente dal confronto con la formula precedente; in particolare questi soddisfano, con c_1 e c_2 costanti arbitrarie,

$$C_{22} = C_{12} = c_1 , \quad C_{21} = -C_{11} = c_2 . \qquad (28)$$

Come detto più sopra, avremmo potuto utilizzare direttamente l'informazione sugli autovalori di M, e cercare le soluzioni nella forma (27). Inserendo questa nel sistema (26), quest'ultimo diviene

$$\begin{cases} 2\,e^{5t}\,(C_{12} - C_{22}) = 2\,e^t\,(C_{11} + C_{21}) , \\ 2\,e^{5t}\,(C_{12} - C_{22}) = -2\,e^t\,(C_{11} + C_{21}) ; \end{cases}$$

dunque otteniamo nuovamente la (28).

Esercizio 10. Si consideri ancora una volta la matrice A degli esercizi 8 e 9; si chiede di determinare le soluzioni dell'equazione differenziale associata $\mathbf{x}'(t) = A\mathbf{x}$.

H

Stabilità dell'origine per sistemi lineari

Consideriamo sistemi lineari a coefficienti costanti in due dimensioni, ossia sistemi della forma

$$\begin{cases} dx/dt = ax + by \\ dy/dt = cx + dy \end{cases} . \tag{1}$$

Per questi abbiamo sempre la soluzione banale $x(t) = y(t) = 0$.

E' utile per le applicazioni saper determinare la stabilità di questa: ossia, se abbiamo un dato iniziale (x_0, y_0) prossimo a $(0,0)$, ci chiediamo se al trascorrere del tempo la soluzione si avvicina o si allontana (o ancora, resta a distanza costante) dall'origine.

H.1 Classificazione dei comportamenti

Le soluzioni della (1) sono della forma

$$x(t) = a_1 e^{\lambda_1 t} + a_2 e^{\lambda_2 t} \ ; \ y(t) = b_1 e^{\lambda_1 t} + b_2 e^{\lambda_2 t} . \tag{2}$$

In questa formula, le a_i, b_i sono delle costanti.

Le λ_i possono essere determinate sostituendo le (2) nel sistema (1), e risultano essere gli autovalori della matrice dei coefficienti della (1), cioè di

$$M = \begin{pmatrix} a & b \\ c & d \end{pmatrix} .$$

(Si veda il complemento matematico J – o l'ultima sezione del complemento matematico G – per una giustificazione di questa affermazione). Questi autovalori potrebbero essere coincidenti, il che avviene per $ad - bc = 0$ nel sistema (1). Nel seguito supponiamo che questo non sia il caso.[1]

---

[1] Se lo fosse, ossia avendo autovalori di M dati da $\lambda_1 = \lambda_2 = \lambda$, la (2) andrebbe sostituita da $x(t) = a_1 e^{\lambda t} + a_2 t e^{\lambda t}$, $y(t) = b_1 e^{\lambda t} + b_2 t e^{\lambda t}$.

Notiamo che le λ_1, λ_2 (che sono le soluzioni di un'equazione di secondo grado) possono essere complesse, non necessariamente reali. Scriviamo quindi per maggior chiarezza

$$\lambda_j = \mu_j + i\,\omega_j \tag{3}$$

con μ ed ω dei numeri reali. Con questa notazione le (2) si riscrivono come

$$\begin{aligned}
x(t) &= a_1\,e^{i\omega_1 t}\,e^{\mu_1 t} + a_2\,e^{i\omega_2 t}\,e^{\mu_2 t}\,, \\
y(t) &= b_1\,e^{i\omega_1 t}\,e^{\mu_1 t} + b_2\,e^{i\omega_2 t}\,e^{\mu_2 t}\,,
\end{aligned} \tag{4}$$

in cui abbiamo separato i termini con esponenziali reali e quelli con esponenziali immaginari.

Ricordiamo che

$$e^{i\vartheta} = \cos(\vartheta) + i\,\sin(\vartheta)\,;$$

dunque i termini con esponenziali immaginari puri sono dei termini oscillanti.

E' chiaro dalla (3) che se μ_1, μ_2 sono ambedue negativi, $x(t)$ ed $y(t)$ andranno a zero per $t \to \infty$, cioè lo zero è attrattivo; d'altra parte, se almeno uno di μ_1, μ_2 è positivo, allora $|x(t)|$ ed $|y(t)|$ diventano illimitati per $t \to \infty$, e l'equilibrio in zero è instabile. Nel caso di autovalori con parte reale nulla, abbiamo un punto fisso stabile (in quanto soluzioni piccole restano piccole) ma non attrattivo.

Può essere utile conoscere una classificazione spesso usata (useremo la convenzione per cui $\mu_1 \le \mu_2$). Se ambedue gli autovalori sono reali ($\omega_1 = \omega_2 = 0$), abbiamo:

μ_1	μ_2	nome
-	-	pozzo
+	+	sorgente
-	+	punto di sella

Nel caso in cui $\mu_1 = \mu_2 = 0$, si parla di un *centro*: in questo caso il sistema ruota intorno all'origine; ad esempio, per $a = d = 0$, $b = -1$, $c = 1$ abbiamo rotazioni su cerchi di raggio costante con velocità angolare $\omega = 1$.

Nel caso di autovalori $\lambda_\pm = \mu \pm i\omega$ con parte reale e parte immaginaria ambedue non nulle, si parla di un *fuoco*, stabile o instabile a seconda del segno di μ.

μ	ω	nome
0	$\neq 0$	centro
-	$\neq 0$	fuoco stabile
+	$\neq 0$	fuoco instabile

H.2 Comportamento in termini dei coefficienti

La classificazione del comportamento può anche essere effettuata in termini dei coefficienti che appaiono nella (1). Infatti, abbiamo in generale che gli autovalori λ_ω della matrice associata sono dati da

$$\lambda_\pm = \frac{1}{2} \left[(a+d) \pm \sqrt{(a-d)^2 + 4bc} \right] . \tag{5}$$

Quindi abbiamo $\omega \neq 0$ per $(a-d)^2 + 4bc < 0$; in questo caso inoltre $\mu = (a+d)/2$. Dunque per $a = -d$ abbiamo un centro, per $a < -d$ un fuoco stabile, e per $a > -d$ un fuoco instabile.

Nel caso $(a-d)^2 + 4bc > 0$, per contro, si ha $\omega = 0$; in questo caso è conveniente riscrivere l'argomento della radice nella forma $(a-d)^2 + 4bc = (a+d)^2 - 4(ad-bc)$. In questo modo, abbiamo

$$\lambda_p m = \frac{(a+d)}{2} \left[1 \pm \sqrt{1 - K\,(ad-bc)} \right] ,$$

dove abbiamo scritto $K = 4/(a+d)^2 > 0$. L'argomento della radice – e quindi anche la radice – è dunque maggiore di uno per $(ad-bc) < 0$, minore di uno per $(ad-bc) > 0$. Nel primo caso i due autovalori hanno segno opposto, e dunque necessariamente si ha un punto di sella; nel secondo i due autovalori hanno segno uguale, determinato da $(a+d)$.

I

Linearizzazione di un sistema di equazioni

Quando abbiamo a che fare con sistemi di equazioni nonlineari, ad esempio

$$\begin{cases} dx/dt = f(x,y) \\ dy/dt = g(x,y) \end{cases} \tag{1}$$

con $f(x,y)$ e $g(x,y)$ funzioni nonlineari, non è in generale possibile determinarne la soluzione generale (cosa del resto impossibile anche quando abbiamo a che fare con una singola equazione differenziale nonlineare).

E' però possibile determinare – se esistono – le soluzioni stazionarie. Infatti, la stazionarietà significa $\dot{x} = \dot{y} = 0$, e dunque le soluzioni stazionarie si determinano risolvendo il sistema di equazioni (non differenziali)

$$\begin{cases} f(x,y) = 0 \\ g(x,y) = 0 \ . \end{cases}$$

Se esistono soluzioni stazionarie, diciamo con $(x,y) = (x_0, y_0)$, è naturale chiedersi se sono anche stabili – e dunque significative nello studio del sistema in esame – o se viceversa sono instabili e dunque non osservabili in pratica.

Più in generale, possiamo chiederci come si comportano le soluzioni del sistema (1) intorno al punto stazionario (x_0, y_0).

I.1 Linearizzazione

Essendo interessati a studiare cosa succede nella regione $x \approx x_0$, $y \approx y_0$, operiamo un cambio di variabili che tenga conto di questo nostro interesse: scriveremo

$$x = x_0 + \varepsilon\xi \ , \quad y = y_0 + \varepsilon\eta \ . \tag{2}$$

Naturalmente, in questa notazione si intende che $\varepsilon \ll 1$, mentre ξ ed η sono di ordine 1 quando siamo a distanza piccola (cioè di ordine ε) dal punto stazionario (x_0, y_0).

Dalla (2) abbiamo anche

$$dx/dt = \varepsilon(d\xi/dt) , \quad dy/dt = \varepsilon(d\eta/dt) . \tag{3}$$

Il sistema (1) si riscrive ora come

$$\begin{aligned}
\varepsilon\dot{\xi} &= f(x_0 + \varepsilon\xi, y_0 + \varepsilon\eta) = \\
&= f(x_0, y_0) + \varepsilon[(\partial f/\partial x)(x_0, y_0)]\xi + \varepsilon[(\partial f/\partial y)(x_0, y_0)]\eta + o(\varepsilon) , \\
\varepsilon\dot{\eta} &= g(x_0 + \varepsilon\xi, y_0 + \varepsilon\eta) = \\
&= g(x_0, y_0) + \varepsilon[(\partial g/\partial x)(x_0, y_0)]\xi + \varepsilon[(\partial g/\partial y)(x_0, y_0)]\eta + o(\varepsilon) .
\end{aligned} \tag{4}$$

Il simbolo "∂" denota una derivata parziale: ossia $(\partial f/\partial x)$ è la derivata di f rispetto ad x fatta considerando la y come costante, e così via; ad esempio, $(\partial x^2 y/\partial x) = 2xy$. La scrittura $[(\partial f/\partial x)(x_0, y_0)]$ indica che tale derivata va valutata nel punto (x_0, y_0); così ad esempio $[(\partial x^2 y/\partial x)(x_0, y_0)] = 2x_0 y_0$.

Torniamo alla (4): per definizione, (x_0, y_0) è tale che $f(x_0, y_0) = g(x_0, y_0) = 0$. Usando questa proprietà, la (4) si riduce a

$$\begin{aligned}
\varepsilon(d\xi/dt) &= \varepsilon[(\partial f/\partial x)(x_0, y_0)]\xi + \varepsilon[(\partial f/\partial y)(x_0, y_0)]\eta + o(\varepsilon), \\
\varepsilon(d\eta/dt) &= \varepsilon[(\partial g/\partial x)(x_0, y_0)]\xi + \varepsilon[(\partial g/\partial y)(x_0, y_0)]\eta + o(\varepsilon) .
\end{aligned} \tag{4'}$$

Possiamo ora dividere per ε. Ricordando che per definizione $o(\varepsilon)$ va a zero più velocemente di ε per $\varepsilon \to 0$, abbiamo che nel limite per $\varepsilon \to 0$ (ossia appunto nell'intorno del punto stazionario in esame) le (4) divengono

$$\begin{aligned}
\xi/dt &= [(\partial f/\partial x)(x_0, y_0)]\xi + [(\partial f/\partial y)(x_0, y_0)]\eta , \\
d\eta/dt &= [(\partial g/\partial x)(x_0, y_0)]\xi + [(\partial g/\partial y)(x_0, y_0)]\eta .
\end{aligned} \tag{5}$$

Ci siamo così ridotti a studiare un sistema *lineare*, che come già detto descrive il comportamento del sistema nonlineare (1) intorno al punto stazionario (x_0, y_0).

La soluzione di un tale sistema verrà discussa nel complemento matematico J. Sottolineamo che le soluzioni di queste forniranno un'approssimazione delle soluzioni del sistema (1) solo fintanto che dette soluzioni rimangano in un intorno di (x_0, y_0).

E' evidente che la discussione si estende nello stesso modo al caso di un sistema in un numero arbitrario di dimensioni.

I.2 Stabilità di una soluzione stazionaria

Resta da notare che il punto stazionario (x_0, y_0) corrisponde, nelle nuove coordinate (ξ, η), all'origine $\xi = 0, \eta = 0$.

Naturalmente, essendoci ridotti ad un sistema lineare avente un punto stazionario nell'origine, possiamo applicare la discussione del complemento matematico H al sistema (5), e determinare in tal modo la stabilità del punto (x_0, y_0) per il sistema (1).

La corrispondenza con la notazione del complemento matematico H si ha ponendo

$$a = [(\partial f/\partial x)(x_0, y_0)] \ , \quad b = [(\partial f/\partial y)(x_0, y_0)] \ ,$$
$$c = [(\partial g/\partial x)(x_0, y_0)] \ , \quad d = [(\partial g/\partial y)(x_0, y_0)] \ .$$

I.3 Soluzioni periodiche e loro stabilità

La teoria esposta qui sopra per una soluzione stazionaria di un sistema di equazioni differenziali ha un corrispettivo per soluzioni periodiche dello stesso. La trattazione di questo tema esula dagli obiettivi di questo testo, ed il lettore interessato è invitato a consultare i testi di Françoise, Glendinning e Verhulst citati in Bibliografia.

Diamo comunque le idee essenziali di questo approccio: se la soluzione periodica è $x = \overline{x}(t)$, $y = \overline{y}(t)$, effettuiamo il cambio di variabili dipendente dal tempo

$$x(t) = \overline{x}(t) + \varepsilon \xi(t) \ , \quad y(t) = \overline{y}(t) + \varepsilon \eta(t) \ .$$

Procedendo come nel caso stazionario, e conservando i soli termini di primo ordine in ε, arriviamo così ad un sistema non autonomo

$$\begin{cases} d\xi/dt = a(t)\xi + b(t)\eta \\ d\eta/dt = c(t)\xi + d(t)\eta \ . \end{cases} \tag{6}$$

Più precisamente, i coefficienti saranno funzione della soluzione periodica $\overline{x}(t)$, $\overline{y}(t)$, e dipenderanno dal tempo solo attraverso di essa. Vale a dire, abbiamo in realtà

$$a(t) \ = \ A[\overline{x}(t), \overline{y}(t)]$$

ed altrettanto per $b(t)$, $c(t)$, $d(t)$.

In particolare, questo implica che il sistema non-autonomo (6) è periodico in t (con lo stesso periodo della soluzione periodica intorno a cui stiamo studiando il comportamento del sistema originario).

In notazione matriciale, la (6) si riscrive come

$$d\varphi/dt \ = \ M(t)\,\varphi \tag{7}$$

dove abbiamo introdotto il vettore φ e la matrice M dati da

$$\varphi \ = \ \begin{pmatrix} \xi \\ \eta \end{pmatrix} \ , \quad M(t) \ = \ \begin{pmatrix} a(t) & b(t) \\ c(t) & d(t) \end{pmatrix} \ ; \tag{8}$$

naturalmente questa notazione si generalizza immediatamente ad un numero qualsiasi di dimensioni.

La soluzione della (7) si scrive formalmente

$$\varphi(t) \ = \ \exp\left(\int_0^t M(\tau)\,d\tau \right) \ \varphi(0) \ . \tag{9}$$

In particolare, se T è il periodo della soluzione periodica, abbiamo

$$\varphi(T) \ = \ Q\,\varphi(0) \ , \tag{10}$$

avendo indicato con Q la matrice

$$Q \ = \ \exp\left(\int_0^T M(\tau)\,d\tau\right) \ := \ \exp(F) \ . \tag{11}$$

Più in generale, essendo $M(t+T) = M(t)$ per ogni t, abbiamo

$$\varphi(t+T) \ = \ Q\,\varphi(t) \ . \tag{12}$$

Dunque, osservando il sistema (7) ad intervalli di tempo discreti di lunghezza T (pari al periodo, lo ripetiamo ancora, della soluzione periodica intorno a cui analizziamo il sistema complessivo), il comportamento di φ – in particolare, la sua stabilità od instabilità – sarà descritto dagli autovalori della matrice Q, o equivalentemente della matrice $F = \int_0^T M(\tau)d\tau$.

Rimandiamo ai testi di Françoise, Glendinning e Verhulst (citati in Bibliografia) per ulteriori dettagli.

J

Soluzione di sistemi lineari

Abbiamo visto in precedenza (complemento matematico H) come analizzare la stabilità di sistemi lineari; questo metodo è basato sulla ricerca di soluzioni del tipo $e^{\lambda t}$. In effetti, è possibile sapere quali sono le λ ammesse dal sistema senza calcolare alcuna derivata (ossia per effetto della posizione $x(t) \simeq e^{\lambda t}$, la ricerca di soluzioni si riduce ad un problema algebrico e non più differenziale), come spieghiamo brevemente qui di seguito.[1]

Per semplicità, ci limiteremo a considerare il caso di sistemi a due dimensioni, cioè due equazioni differenziali del primo ordine a coefficienti costanti per due variabili $x(t)$ ed $y(t)$; segnaliamo però che il metodo si estende a qualsiasi numero di dimensioni.

Consideriamo il sistema

$$\begin{cases} x' = ax + by + f(t) \\ y' = cx + dy + g(t) \end{cases} ; \tag{1}$$

a questo è associata la *matrice* dei coefficienti, che indicheremo con M:

$$M = \begin{pmatrix} a & b \\ c & d \end{pmatrix} . \tag{2}$$

J.1 Sistemi omogenei

Supponiamo dapprima che $f(t) = g(t) = 0$, cosicché abbiamo semplicemente

$$\begin{cases} x' = ax + by \\ y' = cx + dy \end{cases} ; \tag{3}$$

---

[1] Una giustificazione di questo modo di procedere è contenuta nell'ultima sezione del complemento matematico G, ma vogliamo qui ridiscutere la questione e fornire una giustificazione di questa procedura, senza far ricorso a proprietà generali delle matrici – anche se il risultato corrisponderà naturalmente agli autovalori della matrice dei coefficienti.

è evidente che in questo caso M contiene tutte le informazioni sul sistema.

Data una tabella 2×2, e con riferimento alla (2), vi sono due quantità importanti che si costruiscono a partire dai suoi coefficienti (introdotte nel complemento matematico G):

- La somma dei coefficienti "sulla diagonale", detta anche *traccia* di M; ossia $\mathrm{Tr}(M) = a + d$;
- La quantità $\mathrm{Det}(M) = ad - bc$, detta *determinante* di M.

Ad una tabella M associamo un polinomio in un parametro ausiliario λ (che sarà proprio la λ a cui siamo interessati, v. sopra), detto anche *polinomio caratteristico*, che è il determinante della matrice $M - \lambda I$, dove I è la matrice identità,

$$I = \begin{pmatrix} 1 & 0 \\ 0 & 1 \end{pmatrix} \;\; ; \;\; M - \lambda I = \begin{pmatrix} a - \lambda & b \\ c & d - \lambda \end{pmatrix} .$$

In altre parole, il polinomio caratteristico di M è

$$\pi(M) := (a - \lambda)(d - \lambda) - bc = \lambda^2 - (a + d)\lambda + (ad - bc) . \tag{4}$$

Notiamo che con la nomenclatura introdotta poco sopra, questo si scrive anche come

$$\pi(M) = \lambda^2 - [\mathrm{Tr}(M)]\lambda + \mathrm{Det}(M) . \tag{5}$$

Il polinomio (di secondo grado) $\pi(M)$ si annullerà per due valori (che possono essere distinti o coincidenti) di λ, dati dalla formula generale di soluzione delle equazioni di secondo grado:

$$\lambda_{\pm} = \frac{\mathrm{Tr}(M) \pm \sqrt{[\mathrm{Tr}(M)]^2 - 4\mathrm{Det}(M)}}{2} . \tag{6}$$

Vediamo immediatamente che la traccia è uguale alla somma delle due radici dell'equazione $\pi(M) = 0$: infatti la (6) implica che

$$\lambda_+ + \lambda_- = \mathrm{Tr}(M) . \tag{7}$$

D'altra parte, se consideriamo il prodotto delle due radici, abbiamo

$$\lambda_+ \cdot \lambda_- = \frac{[\mathrm{Tr}(M)]^2 - ([\mathrm{Tr}(M)]^2 - 4\mathrm{Det}(M))}{4} = \mathrm{Det}(M) . \tag{8}$$

Dunque, le radici del polinomio caratteristico di M si possono ottenere trovando due numeri la cui somma sia uguale alla traccia, ed il cui prodotto sia uguale al determinante, della matrice M.

La ragione per cui ci interessiamo a queste radici sta nel fatto che:
la condizione per cui si hanno soluzioni

$$x = \alpha e^{\lambda t} \;,\; y = \beta e^{\lambda t} \tag{9}$$

del sistema (3) è proprio che λ sia una radice del polinomio caratteristico.

Per mostrare questo fatto, notiamo che il sistema (3) diventa in questo caso, cioè per $x(t)$ ed $y(t)$ dati da (9),

$$\begin{cases} \alpha \lambda e^{\lambda t} = a\alpha e^{\lambda t} + b\beta e^{\lambda t} \ , \\ \beta \lambda e^{\lambda t} = c\alpha e^{\lambda t} + d\beta e^{\lambda t} \ ; \end{cases} \tag{10}$$

eliminando il fattore $e^{\lambda t}$ (sempre diverso da zero per t finito) abbiamo quindi

$$\begin{cases} \alpha \lambda = a\alpha + b\beta \ ; \\ \beta \lambda = c\alpha + d\beta \ . \end{cases}$$

Possiamo ad esempio (purché sia $c \neq 0$) usare la seconda equazione per esprimere α in termini di β e λ – oltre che ovviamente dei parametri che identificano il sistema – come

$$\alpha \ = \ \left(\frac{\lambda - d}{c}\right) \ \beta \ .$$

Inserendo questa nella prima equazione, che si scrive anche $\alpha(\lambda - a) = b\beta$, quest'ultima diviene

$$\left(\frac{\lambda - d}{c}\right) \ \beta \ (\lambda - a) \ = \ b \ \beta \ .$$

eliminando il fattore comune β e portando c a secondo membro, abbiamo che la condizione per avere soluzioni della forma ipotizzata è

$$(\lambda - d) \ (\lambda - a) \ = \ b \ c \ .$$

Portando ora bc a primo membro ed espandendo il prodotto, questa si scrive proprio

$$\lambda^2 \ - \ (a + d) \lambda \ + \ (ad - bc) \ = \ 0 \ . \tag{11}$$

Il membro di sinistra non è altri che $\pi(M)$, si veda la (4), e quindi la (9) è soluzione del sistema (3) se e solo se λ è soluzione di $\pi(M) = 0$, ossia una radice di $\pi(M)$.

Abbiamo quindi una formula generale (6) per determinare gli esponenti λ delle soluzioni di tipo esponenziale al sistema (1) quando questo è omogeneo, ossia nella forma (3).

Notiamo che se si verifica la condizione

$$\mathrm{Tr}(M) \ = \ 2 \ \sqrt{\mathrm{Det}(M)} \ ,$$

allora abbiamo $\lambda_+ = \lambda_-$; si veda anche la (5). In questo caso le soluzioni non saranno del tipo (9), ma avremo invece[2] (scrivendo $\lambda = \lambda_\pm$)

$$x = \alpha_0 e^{\lambda t} + \alpha_1 t e^{\lambda t} \ , \quad y = \beta_0 e^{\lambda t} + \beta_1 t e^{\lambda t} \ . \tag{12}$$

---

[2] Il lettore è invitato caldamente a controllare l'esattezza di questa affermazione, sostituendo queste espressioni nelle equazioni (3).

J.2 Il caso generale (non omogeneo)

Vediamo ora un metodo più generale, in grado di risolvere il sistema non omogeneo

$$\begin{cases} x' = ax + by + f(t) \\ y' = cx + dy + g(t) \end{cases} \tag{13}$$

Supporremo di avere $\text{Det}(M) \neq 0$.

Abbiamo visto come determinare le radici $\lambda_\pm$ del polinomio caratteristico $\pi(M)$, si veda la (6).

Risolveremo ora non le (13), ma un sistema di due equazioni disaccoppiate associato ad esse, vale a dire

$$\begin{aligned} d\xi/dt &= \lambda_- \xi + \varphi(t) \\ d\eta/dt &= \lambda_+ \eta + \psi(t) \end{aligned} \tag{14}$$

in cui φ e ψ sono costruite a partire dalla tabella M e dalle funzioni f e g come segue.

Associamo alla tabella M e ad ognuna delle $\lambda_\pm$ determinate in precedenza le equazioni (non differenziali, ma algebriche) nelle incognite (α, β)

$$a\alpha + b\beta = \lambda_\pm \alpha \ , \quad c\alpha + d\beta = \lambda_\pm \beta \ . \tag{15}$$

Indichiamo la soluzione delle equazioni (15) con $\lambda_\pm$ come $(\alpha_\pm, \beta_\pm)$. Definiamo ora

$$\varphi(t) = \frac{\beta_+ f(t) - \alpha_+ g(t)}{\alpha_- \beta_+ - \alpha_+ \beta_-} \quad ; \quad \psi(t) = \frac{-\beta_- f(t) + \alpha_- g(t)}{\alpha_- \beta_+ - \alpha_+ \beta_-} \ . \tag{16}$$

Questo ci fornisce una espressione per le φ e ψ che appaiono in (14).

Notiamo ora che le (14) sono equazioni lineari non omogenee, che sappiamo in linea di principio risolvere (complemento matematico E).

Supponiamo di aver trovato una soluzione particolare di queste, diciamo $\xi = u(t)$, $\eta = v(t)$. Allora la più generale soluzione di (14) sarà

$$\xi(t) = c_1 e^{\lambda_- t} + u(t) \quad ; \quad \eta(t) = c_2 e^{\lambda_+ t} + v(t) \ . \tag{17}$$

La soluzione più generale del sistema (13) è data in termini della soluzione più generale del sistema (14), ossia di (17); risulta che

$$x(t) = \alpha_- \xi(t) + \alpha_+ \eta(t) \quad , \quad y(t) = \beta_- \xi(t) + \beta_+ \eta(t) \ . \tag{18}$$

J.3 Esercizi

Proponiamo come al solito alcuni esercizi affinché il lettore possa sincerarsi di aver appreso la tecnica di soluzione illustrata in questo complemento matematico.

Esercizio 1. Si risolva il sistema (lineare, autonomo) di equazioni differenziali

$$\begin{cases} dx/dt = 3x - 2y \\ dy/dt = x + 2y \end{cases} .$$

Esercizio 2. Si risolva il sistema (lineare, autonomo) di equazioni differenziali

$$\begin{cases} dx/dt = 3x + 2y \\ dy/dt = 3x + 2y \end{cases} .$$

Soluzioni

Soluzione dell'Esercizio 1. Procedendo come indicato nel complemento matematico D, calcoliamo le radici del polinomio

$$P(\lambda) = (3 - \lambda)(2 - \lambda) + 2 .$$

Abbiamo

$$P(\lambda) = \lambda^2 - 5\lambda + 8$$

e dunque le radici sono

$$\lambda = \frac{5 \pm \sqrt{25 - 32}}{2} = \frac{5 \pm i\sqrt{7}}{2} .$$

Le soluzioni saranno dunque

$$x(t) = a_1 e^{\lambda_1 t} + a_2 e^{\lambda_2 t} \quad , \quad y(t) = b_1 e^{\lambda_1 t} + b_2 e^{\lambda_2 t} .$$

I coefficienti (a_1, b_1) e (a_2, b_2) non sono indipendenti: abbiamo infatti $\lambda_i a_i = 3a_i - 2b_i$, ossia

$$b_i = \frac{(3 - \lambda_i)}{2} a_i .$$

Inoltre, deve essere

$$a_1 + a_2 = x_0 \quad ; \quad b_1 + b_2 = y_0 .$$

Soluzione dell'Esercizio 2. E' evidente che $z = y - x$ soddisfa $dz/dt = 0$, ossia è costante. Possiamo quindi scrivere $y = x + z$, e risolvere la prima equazione, che si riduce così a

$$dx/dt = 5x + 2z .$$

Si tratta di un'equazione non omogenea, di cui una soluzione particolare (costante) è

$$\widehat{x}(t) = -(2/5)z .$$

La soluzione dell'omogenea associata è

$$x(t) = e^{5t}c_0$$

e quindi la soluzione generale è

$$x(t) = e^{5t}c_0 - (2/5)z \ . \tag{19}$$

Per quanto detto sopra, abbiamo

$$y(t) = x(t) + z = e^{5t}c_0 + (3/5)z \ . \tag{20}$$

In questa soluzione appaiono due costanti arbitrarie, ossia c_0 e z. Al tempo $t = 0$ abbiamo

$$x(0) = c_0 - (2/5)z \ ; \ \ y(0) = c_0 + (3/5)z \ .$$

Possiamo dunque scrivere

$$z = x_0 + y_0 \ ; \ \ c_0 = (3/5)x_0 + (2/5)y_0 \ .$$

Queste permettono di scrivere le (19) e (20) in termini del dato iniziale.

K

Equazioni differenziali lineari di ordine superiore.

Oltre alle equazioni differenziali del primo ordine, che esprimono delle relazioni tra una funzione incognita $x(t)$ e la sua derivata prima $dx(t)/dt$, esistono equazioni differenziali di ordine superiore, che descrivono delle relazioni tra la funzionce incognita $x(t)$ e le sue derivate di ordine superiore (ad esempio derivate seconde oltre che le derivate prime).

Quando tali equazioni sono **lineari**, esiste un metodo generale per determinare le loro soluzioni. Tale metodo è concettualmente uguale qualunque sia l'ordine dell'equazione differenziale (cioè l'ordine della derivata di ordine più alto che appare in essa), e dunque faremo riferimento al caso generale, anche se – per le applicazioni considerate in questo corso – avremo in concreto bisogno solo della formula per equazioni del secondo ordine.[1]

K.1 Equazioni lineari omogenee e non omogenee

Una generale equazione differenziale lineare di ordine n sarà scritta come

$$a_0 \frac{d^n x}{dt^n} + a_1 \frac{d^{n-1} x}{dt^{n-1}} + ... + a_{n-1} \frac{dx}{dt} + a_n x = f(t) . \qquad (1)$$

Quando la funzione $f(t)$ non è presente, diciamo che l'equazione (1) è omogenea. Quando la $f(t)$ è presente, l'equazione che si ottiene dalla (1) cancellando la sua parte non-omogenea, ossia ponendo $f(t) = 0$,

$$a_0 \frac{d^n x}{dt^n} + a_1 \frac{d^{n-1} x}{dt^{n-1}} + ... + a_{n-1} \frac{dx}{dt} + a_n x = 0 , \qquad (2)$$

---

[1] Inoltre, come illustrato al termine di questo complemento matematico, ogni equazione differenziale (lineare) di ordine superiore può essere ricondotta ad un sistema di equazioni differenziali (lineari) del primo ordine. Dunque quanto illustrato nel complemento matematico J permette di risolvere anche equazioni – o sistemi di equazioni – di ordine superiore. D'altra parte spesso, in particolare per equazioni del secondo ordine, risulta più comodo discutere direttamente il caso di un'equazione di ordine superiore anziché ricondursi al caso generale dei sistemi.

è detta l'*equazione omogenea associata* (o semplicemente *omogenea associata*) alla (1).

Come nel caso di ogni equazione lineare non omogenea – e dunque come per le equazioni del primo ordine – la più generale soluzione della (1) si può scrivere come la somma di una data soluzione particolare della (1) e della più generale soluzione dell'omogenea associata (2).

Per vedere che ciò è vero, supponiamo di aver determinato una soluzione $\xi(t)$ della (1), e scriviamo

$$x(t) = \xi(t) + y(t) . \tag{3}$$

Dato che la derivata (di ogni ordine) di una somma è la somma delle derivate, abbiamo

$$\frac{d^k x}{dt^k} = \frac{d^k \xi}{dt^k} + \frac{d^k y}{dt^k} \tag{4}$$

per ogni $k = 0, ..., n$.

Inserendo la (4) nella (1), e scrivendo per semplicità di notazione

$$\xi^{(k)} := \frac{d^k \xi}{dt^k} \quad , \quad y^{(k)} := \frac{d^k y}{dt^k} \quad ,$$

otteniamo immediatamente

$$a_0 \left(\xi^{(n)} + y^{(n)} \right) + a_1 \left(\xi^{(n-1)} + y^{(n-1)} \right) + ... + a_n \left(\xi + y \right) = f(t) ; \tag{5}$$

raccogliendo i termini in ξ e quelli in y, abbiamo

$$\left(a_0 \, \xi^{(n)} + a_1 \, \xi^{(n-1)} + ... + a_n \, \xi \right) + \left(a_0 \, y^{(n)} + a_1 \, y^{(n-1)} + ... + a_n \, y \right) = f(t) . \tag{6}$$

D'altra parte, abbiamo supposto che $\xi(t)$ sia soluzione della (1), cosicché il termine nella prima parentesi del membro sinistro della (6) è per ipotesi uguale ad $f(t)$. Usando questo fatto, la (6) si riduce precisamente alla (2). La più generale soluzione $y(t)$ di quest'ultima fornisce inoltre, attraverso la (3), la più generale soluzione della (1).

K.2 Soluzioni particolari dell'equazione non omogenea

Per determinare le soluzioni di un'equazione generale (1) dobbiamo dunque innanzitutto determinare una sua qualche soluzione particolare $\xi(t)$.

Per far ciò, si ricorre allo stesso approccio usato nel caso delle equazioni del primo ordine, ossia si cerca ξ nella stessa forma funzionale della f: se questa è un polinomio di grado k, si pone $\xi(t)$ in forma polinomiale (dello stesso grado k) generale con coefficienti da determinare; se f è una somma di seno e coseno con frequenza ω, si cerca $\xi(t)$ della stessa forma (nuovamente con coefficienti da determinare); e così via.

Esempio 1. Ad esempio, sia data l'equazione (qui e nel seguito usiamo la notazione abbreviata $x'(t) := dx/dt$, $x''(t) = d^2x/dt^2$)

$$x''(t) - x(t) = \sin(\omega t) ,$$

con ω una costante reale. Cercheremo una soluzione $x = \xi(t)$ nella forma

$$\xi(t) = A\cos(\omega t) + B\sin(\omega t) ;$$

in questo caso la derivata seconda è data da

$$\xi''(t) = -A\omega^2 \cos(\omega t) - B\omega^2 \sin(\omega t) .$$

Sostituendo queste formule nell'equazione differenziale (e cambiando il segno di ambo i membri), abbiamo

$$A\left(1 + \omega^2\right) \cos(\omega t) + B\left(1 + \omega^2\right) \sin(\omega t) = -\sin(\omega t) ;$$

raccogliendo ora i termini in seno e quelli in coseno, abbiamo

$$A\left(1 + \omega^2\right) \cos(\omega t) = -[B\left(1 + \omega^2\right) + 1] \sin(\omega t) .$$

Questa equazione può essere verificata per ogni t se e solo se i coefficienti del seno e del coseno si annullano separatamente, e dunque abbiamo le due equazioni

$$\begin{cases} A\left(1 + \omega^2\right) = 0 \\ B\left(1 + \omega^2\right) + 1 = 0 \end{cases}$$

che ovviamente hanno soluzione

$$A = 0 ; \quad B = -\frac{1}{(1 + \omega^2)} .$$

La soluzione cercata è dunque

$$\xi(t) = -\frac{1}{(1 + \omega^2)} \sin(\omega t) .$$

K.3 Equazioni omogenee

Quando $f = 0$ nella (1), ovvero (come discusso sopra) dopo aver determinato la sua soluzione particolare $\xi(t)$, dobbiamo cercare la soluzione più generale dell'equazione omogenea (2).

La cercheremo nella forma

$$x(t) = c\, e^{\alpha t} \tag{7}$$

con c una costante[2] che sarà arbitraria data la linearità dell'equazione, ed α un'altra costante il cui valore è da determinare come segue.

Dalla (7) segue che

$$\frac{d^k x}{dt^k} = c \alpha^k e^{\alpha t} = \alpha^k x .$$ (8)

Sostituendo questa nella (2) otteniamo

$$a_0 \alpha^n x + a_1 x^{n-1} x + ... + a_{n-1} \alpha x + a_n x = 0 ;$$

possiamo naturalmente raccogliere x e riscrivere questa equazione come

$$\left(a_0 \alpha^n + a_1 x^{n-1} + ... + a_{n-1} \alpha + a_n\right) x = 0 .$$ (9)

Sottolineamo che così facendo non abbiamo più a che fare con un'equazione differenziale.

Notiamo ora che $x(t)$ definito dalla (7) con $c \neq 0$ (ma per $c = 0$, x è identicamente nullo e dunque questo caso non ci interessa) non è mai nullo, e possiamo quindi dividere per x nella (9). Così facendo, arriviamo ad un'equazione algebrica di grado n per α:

$$P_n(\alpha) := a_0 \alpha^n + a_1 \alpha^{n-1} + ... + a_{n-1} \alpha + a_n = 0 .$$ (10)

Secondo il teorema fondamentale dell'algebra (si veda il complemento matematico C) questa equazione ha sempre n soluzioni, in generale complesse. Infatti, il polinomio $P_n(\alpha)$ ammette la fattorizzazione

$$P_n(\alpha) = a_0 (\alpha - \alpha_1) ... (\alpha - \alpha_n) ,$$ (10')

con $\alpha_i \in \mathbf{C}$ e non necessariamente distinte. Le soluzioni della (10) saranno proprio $\alpha = \alpha_i$, $i = 1, ..., n$.

Corrispondentemente avremo delle soluzioni $x_i(t)$ per la (2), date da

$$x_i(t) = c_i e^{\alpha_i t} \quad (i = 1, ..., n)$$ (11)

dove le c_i sono delle costanti arbitrarie.

Va notato che essendo la (2) lineare ed omogenea, date due (o più) sue soluzioni, la loro somma è ancora soluzione. Dunque la somma di soluzioni della forma (11), in particolare la somma di n soluzioni corrispondenti a $i = 1, ..., n$, è ancora soluzione. Una tale soluzione si scrive come

$$x(t) = \sum_{i=1}^{n} x_i(t) = \sum_{i=1}^{n} c_i e^{\alpha_i t} .$$ (12)

---

[2] In seguito considereremo una sovrapposizione delle soluzioni così determinate con coefficienti arbitrari; possiamo quindi a tutti gli effetti anche porre $c = 1$ a questo stadio della discussione.

Assumiamo ora che le n costanti complesse α_i siano tutte distinte; in questo caso la (11) forniscono n soluzioni indipendenti e la (12) è la più generale soluzione della (2).

Le n costanti arbitrarie c_i sono determinate dai dati iniziali al tempo $t = t_0$, ossia dai valori di $x(t_0) = x_0$ e delle derivate di ordine $k < n$ allo stesso tempo.

Quando alcune delle α_i sono coincidenti, è necessaria una variazione di questo metodo. Se una radice della (10) ha molteplicità s (diciamo per concretezza $\alpha_1 = \alpha_2 = ... = \alpha_s = \omega$), allora le s soluzioni $x_1, ..., x_s$ determinate dalla (11) sarebbero tutte coincidenti. In questo caso vanno in loro vece considerate le s soluzioni (ovviamente indipendenti)

$$x_r = c_r \, t^{r-1} \, e^{\omega t} \quad (r = 1, ..., s) \ .$$

Altrettanto va fatto ove vi siano altre radici multiple per la (10).

La soluzione più generale della (2) sarà ancora data da una sovrapposizione delle soluzioni indipendenti così determinate.

Esempio 2. Consideriamo l'equazione

$$\frac{d^4 x}{dt^4} - 3 \frac{d^2 x}{dt^2} - 4\,x = 0.$$

Ponendo $x = e^{\alpha t}$ questa diviene

$$(\alpha^4 - 3\alpha^2 - 4)\,x = 0 \ ;$$

il polinomio $P_4(\alpha) = (\alpha^4 - 3\alpha^2 - 4)$ si fattorizza come

$$P_4(\alpha) = (x^2 + 1)\,(x^2 - 4) = (x + i)\,(x - i)\,(x + 2)\,(x - 2) \ .$$

La soluzione generale avrà dunque la forma

$$x(t) = c_1\,e^{-it} + c_2\,e^{-it} + c_3\,e^{-2t} + c_4\,e^{2t} \ ,$$

con c_1—c_4 costanti arbitrarie.

Esempio 3. Consideriamo l'equazione

$$\frac{d^3 x}{dt^3} - 3 \frac{dx}{dt} - 2\,x = 0.$$

Ponendo $x = e^{\alpha t}$ questa diviene

$$(\alpha^3 - 3\alpha - 2)\,x = 0 \ ;$$

il polinomio $P_3(\alpha) = (\alpha^3 - 3\alpha - 2)$ si fattorizza come

$$P_4(\alpha) = (x^2 + 2x + 1)\,(x - 2) = (x + 1)^2\,(x - 2) \ .$$

La soluzione generale avrà dunque la forma

$$x(t) = (c_1 + c_2\,t)\,e^t + c_3\,e^{2t} \ ,$$

con c_1—c_3 costanti arbitrarie.

K.4 Equazioni omogenee del secondo ordine

Consideriamo in dettaglio il caso delle equazioni omogenee del secondo ordine, sia per la loro importanza nelle applicazioni che per avere un esempio della teoria generale esposta in precedenza.

La più generale equazione differenziale lineare ed omogenea del secondo ordine si scrive come

$$a\,x''(t)\ +\ b\,x'(t)\ +\ c\,x(t)\ =\ 0\ . \tag{13}$$

Ponendo $x = e^{\alpha t}$ (si vedano la (7) e la nota immediatamente successiva), la (13) diviene

$$a\,\alpha^2\ +\ b\,\alpha\ +\ c\ =\ 0\ , \tag{14}$$

con soluzioni

$$\alpha_{\pm}\ =\ \frac{-b\ \pm\ \sqrt{b^2 - 4ac}}{2a}\ . \tag{15}$$

Discriminante positivo

Quando il discriminante $\Delta = b^2 - 4ac$ è positivo, nel qual caso possiamo scrivere $\Delta = \delta^2$, le radici

$$\alpha_{\pm}\ =\ \frac{-b\ \pm\ \delta}{2a}\ :=\ \mu \pm \nu$$

sono reali e distinte. Abbiamo quindi la soluzione generale

$$x(t)\ =\ c_1\,e^{\alpha_- t}\ +\ c_2\,e^{\alpha_+ t}\ .$$

Notiamo che con questa

$$x'(t)\ =\ c_1\alpha_-\,e^{\alpha_- t}\ +\ c_2\alpha_+\,e^{\alpha_+ t}\ ;$$

al tempo iniziale $t = 0$ queste relazioni divengono

$$\begin{aligned}
x(0)\ &=\ c_1 + c_2\ ;\\
x'(0)\ &=\ c_1\alpha_- + c_2\alpha_+\ =\\
&=\ c_1(\mu - \nu)\ +\ c_2(\mu + \nu)\ .
\end{aligned}$$

Queste equazioni esprimono la relazione tra il dato iniziale $x(0) = x_0$, $x'(0) = v_0$ e le costanti c_1, c_2 che appaiono nelle soluzioni.

Discriminante nullo

Se nella (15) il discriminante è nullo, $\Delta = b^2 - 4ac = 0$, risulta $\alpha_{\pm} = -b/2 :=$ μ; con la procedura descritta in precedenza abbiamo la soluzione generale

$$x(t) = (c_1 + c_2\,t)\,e^{\mu t}\ .$$

In questo caso

$$x'(t) = (c_1\mu + c_2\mu\,t + c_2)\,e^{\mu t}\ ;$$

al tempo $t = 0$ abbiamo

$$x(0) = c_1\ ;$$
$$x'(0) = c_1\mu + c_2\ .$$

Queste equazioni esprimono la relazione tra il dato iniziale $x(0) = x_0$, $x'(0) = v_0$ e le costanti c_1, c_2 che appaiono nelle soluzioni.

Discriminante negativo

Infine, consideriamo il caso in cui nella (15) il discriminante Δ è negativo; in questo caso possiamo scrivere $\Delta = -\delta^2$. La (15) fornisce ora

$$\alpha_\pm = \frac{-b \pm \sqrt{-\delta^2}}{2a} = \frac{-b \pm i\delta}{2a} := \mu + i\nu\ .$$

La soluzione generale sarà quindi

$$x(t) = c_1\,e^{(\mu+i\nu)t} + c_2\,e^{(\mu-i\nu)t}\ .$$

Ricordando che l'esponenziale di una somma è il prodotto degli esponenziali, e raccogliendo il fattore comune $e^{\mu t}$, questa diviene

$$x(t) = e^{\mu t}\left(c_1\,e^{i\nu t} + c_2\,e^{-i\nu t}\right)\ . \tag{16}$$

Gli esponenziali complessi possono essere riscritti come (si veda il complemento matematico C)

$$e^{\pm i\nu t} = \cos(\pm\nu t) + i\,\sin(\pm\nu t) = \cos(\nu t) \pm i\,\sin(\nu t)\ .$$

Usando questo fatto, la (16) si riscrive come

$$x(t) = e^{\mu t}\left[(c_1 + c_2)\cos(\nu t) + i\,(c_1 - c_2)\sin(\nu t)\right]\ . \tag{17}$$

In questo caso,

$$\begin{aligned}
x'(t) = {}& \mu\,e^{\mu t}\left((c_1 + c_2)\cos(\nu t) + i\,(c_1 - c_2)\sin(\nu t)\right) + \\
& + e^{\mu t}\left(-(c_1 + c_2)\nu\sin(\nu t) + i\,(c_1 - c_2)\nu\cos(\nu t)\right)\ .
\end{aligned} \tag{18}$$

Al tempo iniziale $t = 0$ abbiamo quindi

$$\begin{aligned}
x(0) &= (c_1 + c_2)\ ; \\
x'(0) &= \mu\,(c_1 + c_2) + i\,(c_1 - c_2)\nu\ .
\end{aligned} \tag{19}$$

Dato che stiamo lavorando nel campo complesso, le costanti c_1, c_2 devono essere considerate in generale come numeri complessi; scriveremo

$$c_j = a_j + i\, b_j \; ;$$

in questo modo le (19) divengono

$$
\begin{aligned}
x(0) &= (a_1 + a_2) + i\,(b_1 + b_2) \; ; \\
x'(0) &= \mu\,[(a_1 + a_2) + i(b_1 + b_2)] + i\,[(a_1 - a_2) + i(b_1 - b_2)]\,\nu = \\
&= [\mu\,(a_1 + a_2) - \nu\,(a_1 - a_2)] + i\,[\mu\,(b_1 + b_2) + \nu\,(a_1 - a_2)] \; .
\end{aligned}
$$

Se il dato iniziale è $x(0) = x_0 \in \mathbf{R}$, $x'(0) = v_0 \in \mathbf{R}$, queste equazioni divengono

$$
\begin{aligned}
(a_1 + a_2) + i\,(b_1 + b_2) &= x_0 \; ; \\
(\mu\,(a_1 + a_2) - \nu\,(b_1 - b_2)) + i\,(\mu\,(b_1 + b_2) + \nu\,(a_1 - a_2)) &= v_0 \; .
\end{aligned}
\tag{20}
$$

Dato che x_0 e v_0 sono reali, le parti immaginarie dei numeri complessi che appaiono nei membri a sinistra di queste due equazioni devono essere nulle; in altre parole, abbiamo

$$
\begin{aligned}
(b_1 + b_2) &= 0 \; ; \\
\mu\,(b_1 + b_2) + \nu\,(a_1 - a_2) &= 0 \; .
\end{aligned}
$$

La prima di queste equazioni impone $b_2 = -b_1$; inserendo questa nella seconda otteniamo inoltre $a_2 = a_1$. Sottolineamo che $\nu \neq 0$ per ipotesi (stiamo infatti trattando il caso in cui $\Delta < 0$); la costante $\mu = -b/2$ potrebbe essere zero, ma ciò non ha alcuna conseguenza sulla nostra discussione.

Inserendo $a_2 = a_1$ e $b_2 = -b_1$ nelle (20), otteniamo le equazioni

$$
\begin{aligned}
2\,a_1 &= x_0 \; ; \\
2\,(\mu\,a_1 - \nu\,b_1) &= v_0 \; .
\end{aligned}
\tag{21}
$$

Queste hanno soluzione

$$a_1 = \frac{x_0}{2} \; ; \quad b_1 = \left(\frac{\mu x_0 - v_0}{2\nu}\right) \; . \tag{22}$$

E' importante notare che sebbene la (17) appaia fornire una $x(t)$ complessa, in realtà fornisce una soluzione reale. Infatti ricordando $c_j = a_j + ib_j$, la (17) si riscrive come

$$
\begin{aligned}
x(t) = e^{\mu t} \,[&((a_1 + a_2)\cos(\nu t) - (b_1 - b_2)\sin(\nu t)) + \\
&+ i\,((a_1 - a_2)\sin(\nu t) + (b_1 + b_2)\cos(\nu t))] \; .
\end{aligned}
\tag{23}
$$

Ricordando ora che risulta[3] $a_2 = a_1$ e $b_2 = -b_1$, si vede che il termine immaginario nella (23) si annulla identicamente, e la soluzione si scrive (in forma evidentemente reale) come

$$x(t) = 2\,e^{\mu t}\,[(a_1 \cos(\nu t) - b_1 \sin(\nu t))] \; . \tag{24}$$

Ricordiamo infine che le costanti a_1 e b_1 sono fornite dalla (22).

---

[3] E' opportuno notare che queste relazioni sono state ottenute a partire dalla sola condizione che il dato iniziale (x_0, v_0) corrispondesse a numeri reali.

K.5 Equazioni di ordine superiore e sistemi del primo ordine

In effetti, esiste anche un approccio alternativo allo studio di equazioni differenziali di ordine superiore: una tale equazione può sempre essere ridotta ad un sistema del primo ordine introdeucendo opportune variabili ausiliarie (in luogo delle derivate di ordine superiore).

Un esempio chiarirà immediatamente cosa si intende con ciò. Consideriamo l'equazione del secondo ordine

$$\frac{d^2x}{dt^2} + \alpha \frac{dx}{dt} + \beta x = \gamma . \tag{25}$$

Introducendo la variabile ausiliaria

$$y := dx/dt ,$$

col che si ha anche

$$d^2x/dt^2 = dy/dt ,$$

l'equazione si riscrive come

$$\frac{dy}{dt} + \alpha y + \beta x = \gamma ; \tag{26}$$

più precisamente, abbiamo sostituito ad una equazione del secondo ordine (25) un sistema di due equazioni del primo ordine:

$$\begin{cases} dx/dt = y \\ dy/dt = \gamma - \beta x - \alpha y \end{cases} \tag{27}$$

E' evidente che questo stesso approccio permette di trasformare qualsiasi equazione (non necessariamente lineare!) di ordine n in un sistema di n equazioni del primo ordine. Pertanto – in linea di principio – la nostra trattazione dei sistemi del primo ordine permette anche di affrontare equazioni (e sistemi di equazioni) di qualsiasi ordine.

K.6 Esercizi

Esercizio 1. Determinare la soluzione generale dell'equazione

$$x'' - 5x' + 6x = 0 .$$

Esercizio 2. Determinare la soluzione generale dell'equazione

$$x'' + 2x' + x = 0 .$$

Esercizio 3. Determinare la soluzione generale dell'equazione

$$x'' + 4x' + 13x = 0 .$$

Esercizio 4. Determinare la soluzione dell'equazione

$$x'' - 5x' + 4x = 0$$

che soddisfa la condizione iniziale $x(0) = 5$, $x'(0) = 8$.

Esercizio 5. Determinare la soluzione dell'equazione

$$x'' + 2x' = 0$$

che soddisfa le condizioni iniziali $x(0) = 1$, $x'(0) = 0$.

Esercizio 6. Determinare la soluzione generale dell'equazione

$$x'' - x = \cos(t) .$$

Esercizio 7. Determinare la soluzione generale dell'equazione

$$x'' - 4x' + 4x = t^2 .$$

Esercizio 8. Determinare la soluzione dell'equazione

$$x'' + 4x = \sin(t)$$

che verifica la condizione iniziale $x(0) = 1$, $x'(0) = 1$.

Soluzioni

Tutti gli esercizi si risolvono applicando direttamente le procedure descritte in questo complemento matematico.

Soluzione dell'Esercizio 1. Abbiamo $P_2(\alpha) = (\alpha - 2)(\alpha - 3)$ e quindi $x(t) = c_1 e^{2t} + c_2 e^{3t}$.

Soluzione dell'Esercizio 2. Il polinomio in α risulta essere $P_2(\alpha) = (\alpha + 1)^2$ e dunque $x(t) = c_1 e^{-t} + c_2 t e^{-t}$.

Soluzione dell'Esercizio 3. Le radici di $P_2(\alpha)$ risultano essere $\alpha_{p}m = -2 \pm 3i$, e quindi $x(t) = e^{-2t}[c_1 \cos(3t) + c_2 \sin(3t)$.

Soluzione dell'Esercizio 4. In questo caso $P_2(\alpha) = (\alpha-1)(\alpha-4)$ e quindi la soluzione generale è $x = c_1 e^t + c_2 e^{4t}$. Imponendo le condizioni iniziali, che ora forniscono $c_1 + c_2 = 5$ e $c_1 + 4c_2 = 8$, otteniamo $c_1 = 4$, $c_2 = 1$. Pertanto la soluzione cercata è $x(t) = 4e^t + e^{4t}$.

Soluzione dell'Esercizio 5. Abbiamo $P_2(\alpha) = \alpha(\alpha + 2)$; quindi la soluzione generale è $x(t) = c_1 + c_2 e^{-2t}$. Le condizioni iniziali forniscono $c_1 + c_2 = 1$ e $c_2 = 0$; quindi la soluzione cercata è $x(t) = 1$.

Soluzione dell'Esercizio 6. La soluzione generale dell'omogenea associata è $x_g(t) = c_1 e^t + c_2 e^{-t}$. Per determinare una soluzione particolare dell'equazione completa, la si cerca nella forma $x_p(t) = a \sin(t) + b \cos(t)$, che fornisce $x_p = -(1/2) \cos(t)$. La soluzione generale dell'equazione proposta è quindi

$$x(t) = x_g(t) + x_p(t) = c_1 e^t + c_2 e^{-t} - (1/2) \cos(t) \ .$$

Soluzione dell'Esercizio 7. Abbiamo (con la stessa notazione che per l'esercizio precedente) $x_g(t) = c_1 e^{2t} + c_2 t e^{2t}$; la soluzione particolare va cercata ponendo $x_p = a_0 + a_1 t + a_2 t^2$, e risulta essere $x_p = t^2/4 + t/2 + 3/8$. La soluzione generale dell'equazione completa è quindi

$$x(t) = c_1 e^{2t} + c_2 t e^{2t} + (t^2/4 + t/2 + 3/8) \ .$$

Soluzione dell'Esercizio 8. La soluzione generale dell'omogenea associata risulta essere $x_g(t) = c_1 \cos(2t) + c_2 \sin(2t)$; la soluzione particolare va cercata nella forma $x_p = a \sin(t) + b \cos(t)$, che fornisce $x_p = (1/3) \sin(t)$. La soluzione generale dell'equazione completa è quindi $x(t) = c_1 \cos(2t) + c_2 \sin(2t) + (1/3) \sin(t)$. Questa fornisce $x(0) = c_1$, $x'(0) = 2c_2 + 1/3$; imponendo le condizioni iniziali abbiamo quindi la che soluzione richiesta risulta essere

$$x(t) = \cos(2t) - (1/6) \sin(2t) + (1/3) \sin(t) \ .$$

L

Oscillatori liberi, forzati, smorzati

Tra le equazioni di secondo ordine, hanno particolare importanza quelle che descrivono gli *oscillatori*, incontrate nelle più diverse applicazioni. In questo complemento matematico le discutiamo in dettaglio.

Consideriamo l'equazione differenziale

$$m x''(t) = -k\, x(t) - r\, x'(t) + f(t) \; ; \qquad (1)$$

questa descrive ad esempio il moto di una particella di massa $m > 0$ in un potenziale armonico $V(x) = (1/2)kx^2$, in cui supponiamo $k > 0$, sottoposta ad un attrito proporzionale alla velocità (con costante di proporzionalità $r \geq 0$) e ad un termine forzante esterno $f(t)$. Siamo particolarmente interessati al caso in cui f è un termine periodico in t, con periodicità semplice; in questo caso possiamo – scegliendo opportunamente l'origine della variabile t – sempre scrivere $f(t) = \sin(\nu t)$. Dividendo la (1) per m otteniamo l'equazione

$$x''(t) + \rho\, x'(t) + \omega^2 x(t) = \varphi(t) \qquad (2)$$

in cui ovviamente abbiamo scritto $\rho = r/m \geq 0$, $\omega^2 = k/m > 0$, e $\varphi(t) = (1/m)f(t)$; nel seguito sceglieremo ω come la determinazione positiva della radice $\sqrt{k/m}$, ossia assumeremo per semplicità di discussione $\omega > 0$. La (2) è una equazione differenziale lineare ma non-omogenea.

L.1 Oscillatore libero

Nel caso $f(t) = 0$ si parla di oscillatore libero. In tal caso la (2) si riduce alla omogenea associata

$$x''(t) + \rho\, x'(t) + \omega^2 x(t) = 0 \qquad (3)$$

La soluzione generale di questa si determina, in conformità alla procedura generale, come sovrapposizione di termini $e^{\alpha_\pm t}$, dove le $\alpha_\pm$ si determinano come le radici del polinomio

$$P_2(\alpha) \ := \ \alpha^2 + \rho\alpha + \omega^2 \ . \tag{4}$$

Nel caso non vi sia attrito, $\rho = 0$, questa si riduce a $\alpha^2 + \omega^2 = 0$, e dunque $\alpha = \pm i\omega$; la soluzione generale è dunque

$$x(t) \ = \ c_1 e^{i\omega t} + c_2 e^{-i\omega t} \ = \ k_1 \cos(\omega t) \ + \ k_2 \sin(\omega t) \ . \tag{5}$$

Per $\rho \neq 0$, seguiamo la procedura generale: abbiamo evidentemente

$$\alpha_\pm \ = \ \frac{-\rho \pm \sqrt{\rho^2 - 4\omega^2}}{2} \ = \ -\frac{\rho}{2}\left[1 \mp \sqrt{1 - 4\frac{\omega^2}{\rho^2}}\right] \ . \tag{6}$$

La radice è reale per $\rho^2 > 4\omega^2$, ossia (ricordando che $\rho > 0$ e $\omega > 0$) per $\rho > 2\omega$, immaginario per $\rho < 2\omega$. Quando la radice è reale, essa è sempre minore di uno (in quanto lo è il suo argomento).

Dunque, per $\rho > 2\omega$ abbiamo $\alpha_\pm \in \mathbf{R}$, $\alpha_p m < 0$. La soluzione generale

$$x(t) \ = \ c_1 \, e^{\alpha_- t} \ + \ c_2 e^{\alpha_+ t} \tag{7}$$

soddisfa

$$\lim_{t \to \infty} x(t) \ = \ 0 \tag{8}$$

e dunque la soluzione $x(t)$ tende a zero per qualsiasi condizione iniziale.

Per $\rho < 2\omega$, le due radici sono complesse coniugate, $\omega_p m \ = \ \mu \pm i\sigma$, con parte reale negativa $\mu = -\rho/2 < 0$; la parte immaginaria sarà $\pm\sigma = \pm(\rho/2)\sqrt{1 - 4\omega^2/\rho^2}$. Dunque abbiamo ora soluzione generale

$$x(t) \ = \ e^{-(\rho/2)t} \left[c_1 \cos(\sigma t) + c_2 \sin(\sigma t)\right] \ . \tag{9}$$

Nuovamente, essa soddisfa la (8) e dunque qualsiasi soluzione $x(t)$ tende a zero, qualunque sia la condizione iniziale del sistema.[1]

La differenza tra i due casi (7) e (9) è che nel primo caso $x(t)$ tende "direttamente" all'origine (in modo esponenziale), mentre nel secondo caso l'approccio alla quiete si ha atraverso una serie di oscillazioni di ampiezza via via più piccola.

L.2 Oscillatore forzato periodicamente con attrito

Passiamo ora a considerare il caso in cui si ha un termine forzante periodico,

$$\varphi(t) \ = \ A \sin(\nu t) \ . \tag{10}$$

---

[1] Ciò non è certo sorprendente: l'attrito causa una dissipazione dell'energia. Dunque, in assenza di un termine forzante esterno che possa fornire energia al sistema, è evidente che esso deve pervenire ad uno stato di quiete.

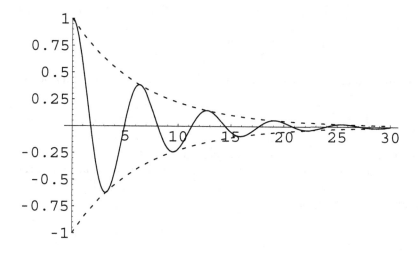

Figura L.1. Oscillatore libero con attrito, nel caso $\rho < 2\omega$. In questo grafico, abbiamo illustrato la soluzione (9) per $x(0) = 1$, $x'(0) = 0$ avendo scelto $\omega = 1$, $\rho = 0.3$. La soluzione (curva continua) tende a zero oscillando e restando sempre limitata tra le curve (tratteggiate) $x = \pm e^{-(\rho/2)t}$.

In questo caso avremo che la soluzione generale della (2) è data dalla somma $x(t) = x_g(t) + x_p(t)$ della soluzione generale $x_g(t)$ della omogenea associata (3), determinata nella sezione precedente, e di una soluzione particolare $x_p(t)$ dell'equazione completa. Abbiamo visto che per $\rho > 0$, $x_g(t) \to 0$, e quindi sappiamo a priori che per grandi t la soluzione $x(t)$ si ridurrà proprio alla soluzione particolare $x_p(t)$.

Conformemente alla tecnica generale per determinare quest'ultima, la cercheremo nella forma[2]

$$x_p(t) \;=\; b_1 \sin(\nu t) + b_2 \cos(\nu t) \;. \tag{11}$$

Segue da questa che

$$dx_p/dt = b_1 \nu \cos(\nu t) - b_2 \nu \sin(\nu t) \;,$$
$$d^2 x_p/dt^2 = -b_1 \nu^2 \sin(\nu t) - b_2 \nu^2 \cos(\nu t) \;=\; -\nu^2 x_p(t) \;. \tag{12}$$

Sostituendo queste nella (2) con $\varphi(t)$ dato dalla (10) otteniamo

$$\left[b_2(\omega^2 - \nu^2) + b_1 \nu \rho \right] \cos(\nu t) \;=\; \left[A - b_1(\omega^2 - \nu^2) + b_2 \nu \rho \right] \sin(\nu t) \;;$$

---

[2] Sottolineamo che questa è valida quando $\rho \neq 0$. Per $\rho = 0$ si avrebbe una situazione speciale – per cui questa posizione non è valida – in caso di coincidenza tra la frequenza ω della soluzione $x_g(t)$, data in questo caso dalla (5), e la frequenza ν del termine forzante.

Per l'indipendenza di seno e coseno, questa può essere verificata per ogni t solo se si ha

$$\begin{cases} b_2(\omega^2 - \nu^2) + b_1\nu\rho = 0 \, , \\ A - b_1(\omega^2 - \nu^2) + b_2\nu\rho = 0 \, ; \end{cases} \qquad (13)$$

questo sistema d'altra parte ha soluzione (come il lettore è invitato a verificare)

$$b_1 = A \frac{\omega^2 - \nu^2}{(\omega^2 - \nu^2)^2 + \nu^2\rho^2} \, , \quad b_2 = -A \frac{\nu\rho}{(\omega^2 - \nu^2)^2 + \nu^2\rho^2} \, . \qquad (14)$$

La soluzione $x_p(t)$ si ottiene inserendo questa nella (11).

E' interessante considerare il massimo $M(A, \omega, \nu)$ della funzione $x_p(t)$, che rappresenta l'ampiezza delle oscillazioni una volta esaurito l'influsso delle condizioni iniziali, o ancor più

$$\beta(\omega, \nu) := M(A, \omega, \nu) / A \, ,$$

che rappresenta la *risposta* del sistema al termine forzante $\varphi(t)$. In questo caso risulta

$$\beta(\omega, \nu) = \frac{1}{\sqrt{(\omega^2 - \nu^2)^2 + \nu^2\rho^2}} \, . \qquad (15)$$

La risposta è dunque tanto più grande quanto più le frequenze ω e ν sono vicine tra di loro.[3] Questo fenomeno è noto come *risonanza*.

Notiamo inoltre che per $\nu \to \infty$, la funzione risposta $\beta(\omega, \nu)$ tende a zero: se l'oscillatore viene forzato con un termine di frequenza troppo alta, esso ha una risposta praticamente nulla.

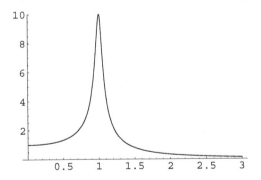

Figura L.2. Picco di risonanza. Si grafica la risposta $\beta(\omega, \nu)$ descritta dalla (12) per $\omega = 1$ e $\rho = 0.1$, al variare di ν.

---

[3] Oltre che, naturalmente, quanto più piccolo è il termine di attrito ρ.

M

Cammini casuali

In questa appendice considereremo un approccio per ottenere le formule (esatte) per il cammino casuale, si veda il capitolo 16, senza far ricorso a proprietà generali studiate nel corsi di Probabilità e Statistica. Inoltre, otterremo un'estensione delle formule ricavate nel capitolo 16 per dimensione uno, al caso di dimensione arbitraria.

M.1 Cammino casuale

Ricordiamo innanzitutto cosa si intende per cammino casuale. Nel caso uno-dimensionale, consideriamo una variabile discreta $x(i) \in \mathbf{Z}$, $i \in \mathbf{N}$; se $x(i) = k$, allora $x(i+1)$ può assumere, con certe probabilità che supponiamo indipendenti da k, i valori $\{k+1, k, k-1\}$. Questo problema descrive il moto aleatorio di una particella su un reticolo regolare unidimensionale, assumendo che la particella possa spostarsi solo tra primi vicini.

Nel caso multi-dimensionale, ancora con un reticolo regolare e probabilità di transizione indipendenti dal valore assunto da $x(i)$ avremo $x(i) \in \mathbf{Z}^m$, $i \in \mathbf{N}$; se $x(i) = (k_1, ..., k_m)$ allora $x(i+1)$ può assumere – con certe probabilità – valori $(\widehat{k}_1, ...\widehat{k}_m)$ per cui al più uno dei $\widehat{k}_j$ differisca dal corrispondente k_j. Questo problema descrive il moto aleatorio di una particella su un reticolo regolare n-dimensionale, assumendo che la particella possa spostarsi solo tra primi vicini.

Trattandosi di processi stocastici (casuali), possiamo solo fornire una descrizione probabilistica della $x(i)$. In particolare, trattandosi di processi ad incrementi $(\delta x)_i = [x(i+1) - x(i)]$ indipendenti (e nel caso in cui ci siamo posti, anche identicamente distribuiti), sappiamo che i grande la distribuzione di $x(i)$ tenderà ad una gaussiana. Ci poniamo quindi il problema di determinare i parametri che caratterizzano questa gaussiana – cioè media e dispersione – a partire dalle probabilità di transizione per la $x(i)$.

M.2 Dimensione uno: caso simmetrico

Iniziamo col considerare il caso simmetrico $p = q = 1/2$. Questo ci farà capire come procedere anche nel caso più generale.

Vogliamo innanzi tutto determinare il valore di aspettazione $\langle x(N) \rangle$ di $x(N)$. E' chiaro che ogni sequenza di risultati $S = (s_1, s_2, ..., s_N)$ con $s_i = \pm 1$ ha una sequenza speculare $\widetilde{S} = (\widetilde{s}_1, \widetilde{s}_2, ..., \widetilde{s}_N)$ con $\widetilde{s}_i = -s_i$, e che ha la stessa probabilità (dato che abbiamo supposto $p = q = 1/2$). Quindi il valore di aspettazione di $x(N)$ deve essere zero per simmetria,

$$A \; = \; < x(N) > \; = \; \sum_{k=-\infty}^{+\infty} k \cdot P(k;N) \; = \; 0 \; . \tag{1}$$

Con ciò abbiamo determinato il primo dei due parametri necessari per caratterizzare la distribuzione di probabilità (nella approssimazione gaussiana) che stiamo considerando.

Vediamo ora $\langle x^2(N) \rangle$. Abbiamo $x(N) = x(N-1) + s_N$, dove $s_N = \pm 1$ è il passo N. Per il quadrato abbiamo

$$|x(N)|^2 = |x(N-1)|^2 + |s_N|^2 + 2(x(N-1) \cdot s_N) \; . \tag{2}$$

Consideriamo ora il valore di aspettazione dei diversi termini nella (2), risordando che $s_N = \pm 1$ con uguali probabilità: risulta

$$\langle x^2(N) \rangle = \langle |x(N)|^2 \rangle \; = \; \langle |x(N-1)|^2 \rangle + 1 \; . \tag{3}$$

Infatti, nel calcolare il valore di aspettazione del termine $(x(N-1) \cdot s_N)$, i termini con $s_N = 1$ e con $s_N = -1$ si eliminano l'un l'altro. Inoltre, abbiamo ovviamente $x(0) = x_0 = 0$ con probabilità uno. La (3) ci dice pertanto che

$$D \; = \; \langle x^2(N) \rangle \; = \; N \; , \tag{4}$$

col che abbiamo determinato i due parametri necessari[1]. Abbiamo inoltre

$$\langle |x(N)| \rangle \; = \; \sqrt{N} \; . \tag{5}$$

M.3 Dimensione uno: caso generale

Vogliamo ora considerare il caso asimmetrico, ossia $p \neq q$; per fissare le idee, diciamo con $p > q$ (il caso $q > p$ è analogo, e corrisponderà a scambiare "destra" e "sinistra" nei risultati). In questo caso, per ogni passo abbiamo

---

[1] Avremmo potuto anche procedere allo stesso modo per calcolare $\langle x(N) \rangle$: abbiamo $x(N) = x(N-1) + s_N$ e quindi $\langle x(N) \rangle = \langle x(N-1) \rangle$, cioè $\langle x(N) \rangle = \langle x(0) \rangle = 0$, confermando il calcolo precedente.

$$\langle s_i \rangle = (p - q) = \nu > 0 \ .$$

Per quanto riguarda $x(N)$ abbiamo ancora $x(N) = x(N-1) + s_N$, da cui

$$\langle x(N) \rangle = \langle x(N-1) \rangle + \langle s_N \rangle = \langle x(N-1) \rangle + \nu \ ;$$

quindi, ricordando che $x(0) = 0$,

$$\langle x(N) \rangle = \nu N \ . \tag{6}$$

Sempre da $x(N) = x(N-1) + s_N$, abbiamo anche

$$\langle x^2(N) \rangle = \langle x^2(N-1) \rangle + \langle s_N^2 \rangle + 2 \langle (x(N-1) \cdot s_N) \rangle \ .$$

Ovviamente $< s_N^2 >= 1$. Nel termine prodotto, notiamo che s_N è indipendente dai passi precedenti e quindi da $x(N-1)$: le variabili casuali s_N e $x(N-1)$ sono indipendenti. Pertanto, il valore di aspettazione del loro prodotto è uguale al prodotto dei valori di aspettazione:

$$\begin{aligned}
\langle x^2(N) \rangle &= \langle x^2(N-1) \rangle + 1 + 2 \langle x(N-1) \rangle \cdot \langle s_N \rangle = \\
&= \langle x^2(N-1) \rangle + 1 + 2 \left[\nu(N-1) \right] \nu = \\
&= \langle x^2(N-1) \rangle + 1 + 2 \nu^2 (N-1) \ .
\end{aligned} \tag{7}$$

La formula (7) ci dice come passare da $\langle x(N-1) \rangle$ a $\langle x(N) \rangle$; ma dato che conosciamo il dato iniziale $\langle x(0) \rangle = 0$, possiamo calcolare $\langle x(N) \rangle$. Partendo da zero, la (7) dice che al passo k dobbiamo aggiungere $[1 + 2\nu^2(k-1)]$, e ciò fino al passo N: quindi,

$$\langle x^2(N) \rangle = \sum_{k=1}^{N} [1 + 2\nu^2(k-1)] = N + 2\nu^2 \sum_{k=0}^{N-1} k \ .$$

Usando la formula di Gauss per la somma dei primi n interi,

$$\sum_{k=1}^{n} k = 1 + 2 + \ldots + n - 1 + n = n(n+1)/2 \ ,$$

abbiamo immediatamente

$$\langle |x(N)|^2 \rangle = N + 2\nu^2 \frac{N(N-1)}{2} = N \left[1 + \nu^2 (N-1) \right] \ . \tag{8}$$

Notiamo che per $\nu = 0$ si ottiene nuovamente la (4), come deve essere.

Possiamo ora calcolare la varianza di $x(N)$, ossia

$$D(N) := \langle (x(N) - \langle x(N) \rangle)^2 \rangle = \langle |x(N)|^2 \rangle - (\langle x(N) \rangle)^2 \ .$$

Dalle formule precedenti per $\langle x(N) \rangle$ e $\langle |x(N)|^2 \rangle$ abbiamo

$$D(N) = N[1 + \nu^2(N-1)] - [\nu N]^2 \ ;$$

sviluppando il prodotto otteniamo infine

$$D(N) = N \left(1 - \nu^2 \right) \ ; \tag{9}$$

nuovamente questa si riduce al risultato per il caso simmetrico ponendo $\nu = 0$.

M.4 Più dimensioni: caso simmetrico

Consideriamo ora il cammino casuale su un reticolo ad m dimensioni, i cui punti sono rappresentati da m numeri interi $k = (k_1, ..., k_m)$.

In ogni passo, il sistema può restare nello stato in cui si trova oppure passare dallo stato $k = (k_1, ..., k_m)$ a tutti i punti $h = (h_1, ..., h_m)$ con $h_i = k_i$ per ogni $i = 1, ..., m$, $i \neq j$; e $h_j = k_j \pm 1$, dove j è uno qualsiasi di $j = 1, ..., m$. In altre parole, k e h sono *primi vicini*, $h = k + \ell$ dove solo una delle componenti di ℓ è diversa da zero, ed uguale a ± 1.

Un cammino casuale in m dimensioni è completamente simmetrico se la probabilità di transizione da k ad uno dei suoi primi vicini è uguale per tutti i primi vicini, e simmetrico in ogni direzione se la probabilità di passare da k a $h = k + \ell$ è la stessa che per passare a $h = k - \ell$. Ora x sarà una stringa di m numeri interi, e altrettanto s (però in s tutti i numeri tranne al più uno saranno zero, e il numero diverso da zero è ± 1).

Scriviamo ancora $x(n) = x(n-1) + s_n$, e quindi $\langle x(n) \rangle = \langle x(n-1) \rangle + \langle s_n \rangle$. Per un cammino simmetrico in ogni direzione, $\langle s_n \rangle = 0$ e quindi $\langle x(n) \rangle = 0$.

Quanto a $\langle |x(n)|^2 \rangle$, abbiamo $|x(n)|^2 = |x(n-1)|^2 + |s_n|^2 + (x(n-1) \cdot s_n)$. Qui $|s_n| = 1$, e s_n è indipendente da $x(n-1)$; dunque, dato che nel termine $(x(n-1) \cdot x_n)$ i contributi di $s_n = \ell$ and $s_n = -\ell$ si elidono avendo la stessa probabilità, $\langle |x(n)|^2 \rangle = \langle |x(n-1)|^2 \rangle + 1$. Risulta pertanto

$$\langle |x(n)|^2 \rangle = n \;\; ; \;\; < |x(n)| > = \sqrt{n} \; .$$

M.5 Più dimensioni: caso generale

La discussione del caso generale segue anch'essa quella del caso uno-dimensionale. Scriviamo ancora $< s > = \nu$, dove ora ν è una stringa di m numeri (corrispondenti a $p_i - q_i$ nelle diverse direzioni). Procedendo come nel caso uno-dimensionale, otteniamo ancora $\langle x(n) \rangle = n \, \nu$.

L'estensione è anche immediata per quanto riguarda $\langle |x(n)|^2 \rangle$. Infatti, otteniamo $\langle |x(n)|^2 \rangle = \langle |x(n-1)|^2 \rangle + \langle |s_n|^2 \rangle + 2 (\langle x(n-1) \rangle \cdot \langle s_n \rangle)$; e da questa

$$\langle |x(n)|^2 \rangle = \langle |x(n-1)|^2 > + 1 + 2 (n-1) (\nu \cdot \nu)$$
$$= \langle |x(n-1)|^2 \rangle + 1 + 2 (n-1) |\nu|^2 \quad .$$

Partendo da $x(0)$ e procedendo per ricorrenza, otteniamo

$$\langle |x(n)|^2 \rangle = \langle |x(0)|^2 \rangle + \sum_{k=1}^{n} [1 + 2|\nu|^2 (k-1)] = \langle |x(0)|^2 \rangle + \left[n + |\nu|^2 n(n-1) \right] \; .$$

Per la varianza abbiamo infine

$$D(n) = \langle |x(n)|^2 \rangle - (\langle k(n) \rangle)^2 = n + |\nu|^2 n(n-1) - n^2 |\nu|^2$$

che si semplifica come

$$D(n) = n \left(1 - |\nu|^2 \right) \; .$$

Indici e Riferimenti

Riferimenti bibliografici

1. J. Aguirre e S.C. Manrubia, "Out-of-equilibrium competitive dynamics of quasispecies", *Europhysics Letters* **77** (2007), 38001
2. P. Ao, "Laws in Darwinian evolutionary theory", *Physics of Life Reviews* **2** (2005), 117-156
3. R. Axelrod, *The complexity of cooperation*, Princeton University Press 1997
4. E. Batschelet, *Introduction to Mathematics for life scientists*, Springer 1979
5. R. Burger, *The mathematical theory of selection, recombination, and mutation*, Wiley 2000
6. V. Capasso, *Mathematical structures of epidemic systems*, Springer 1993
7. A.H. Cohen e P. Wallen, *Experimental Brain Research* **41** (1980), 11-18
8. A.H. Cohen, P.J. Holmes and R.R. Rand, "The nature of the coupling between segmental oscillators of the lamprey spinal generator for locomotion: A mathematical model" *Journal of Mathematical Biology* **13** (1982), 345-369
9. A.H. Cohen, S. Rossignol and S. Grillner eds., *Neural control of rhythmic movements in invertebrates*, Wiley 1988
10. J.J. Collins and I.N. Stewart, "Coupled nonlinear oscillators and the symmetries of animal gaits", *Journal of Nonlinear Science* **3** (1993), 349-392
11. M. Golubitsky, I. Stewart, P.L. Buono and J.J. Collins, "Symmetry in locomotor central pattern generators and animal gaits", *Nature* **401** (1999), 693-695
12. Ch. Darwin, *L'origine delle specie*, Newton Compton 2004
13. R. Dawkins, *Il gene egoista*, Mondadori 1995
14. O. Diekmann and J.A.P. Heesterbeek, *Mathematical epidemiology of infectious diseases*, Wiley 2000
15. J.P. Eckmann e D. Ruelle, "Ergodic theory of chaos and strange attractors", *Reviews of Modern Physics*, **57** (1985), 617-656; *Addendum*, 1115
16. L. Edelstein-Keshet, *Mathematical models in Biology*, SIAM 2005
17. M. Eigen, "Selforganization of matter and the evolution of biological macromolecules", *Naturwissenschaften* **58** (1971), 465-523
18. M. Eigen, J. McCaskill and P. Schuster, "The molecular quasi-species", *Advances in Chemical Physics* **75** (1989), 149-263
19. I. Ekeland, *A caso. La sorte, la scienza e il mondo*, Boringhieri 1992
20. S.P. Ellner and J. Guckenheimer, *Dynamic models in Biology*, Princeton University Press 2006
21. R.A. Fisher, *The genetical theory of natural selection*, Clarendon Press (1930)

22. R.A. Fisher, "The wave of advantage of an advantageous gene", *Annals of Eugenics* **7** (1937), 355-369

23. J.P. Françoise, *Oscillations en Biologie. Analyse qualitative et modèles*, Springer 2005

24. G.J.M. Garcia and J. Kamphorst Leal da Silva, "Interspecific allometry of bone dimensions: A review of the theoretical models", *Physics of Life Reviews* **3** (2006), 188-209

25. J. Kamphorst Leal da Silva, G.J.M. Garcia and L.A. Barbosa, "Allometric scaling laws of metabolism", *Physics of Life Reviews* **3** (2006), 229-261

26. S. Gavrilets, *Fitness landscape and the origin of species*, Princeton University Press 2004

27. J.H. Gillespie, *The causes of molecular evolution*, Oxford University Press 2005

28. L. Glass and M.C. Mackey, *From clocks to chaos. The rhythms of life*, Princeton University Press 1988

29. J. Gleick, *Caos*, Rizzoli 1989

30. P. Glendinning, *Stability, instability and chaos: an introduction to the theory of nonlinear differential equations*; Cambridge University Press 1994

31. N.S. Goel, S.C. Maitra and E.W. Montroll, *Nonlinear models of interacting populations*, Academic Press 1971

32. S. Graffi e M. Degli Esposti, *Fisica Matematica Discreta*, Springer Italia 2003

33. D. Ho et al., "Rapid turnover of plasma virions and CD4 lymphocytes in HIV-1 infection", *Nature* **373** (1995), 123-126

34. J. Hofbauer and K. Sigmund, *Evolutionary games and population dynamics*, Cambridge University Press 1998

35. F.C. Hoppensteadt, *Mathematical methods of population Biology*, Cambridge University Press 1982

36. J. Istas, *Mathematical modelling for the life sciences*, Springer 2005

37. J. Keener and J. Sneyd, *Mathematical physiology*, Springer 1998

38. W.O. Kermack and A.G. McKendrick, "Contributions to the mathematical theory of epydemics" (I-III) *Proceedings of the Royal Society of London – A* **115** (1927), 700-721; **138** (1932), 55-83; e **141** (1933), 94-122

39. M. Kimura, "Evolutionary rate at the molecular level", *Nature* **217** (1968), 624-626

40. M. Kimura, *The Neutral Theory of Molecular Evolution*, Cambridge University Press 1983

41. A. Kolmogorov, I. Petrovski e N. Piskunov, "Etude de l'équation de la diffusion avec croissance de la quantité de matière et son application à un probl'eme biologique", *Moscow University Bulletin – Mathematics* **1** (1937), 1-25

42. M. Lassig, F. Tria e L. Peliti, "Evolutionary games and quasispecies", *Europhysics Letters* **62** (2003), 446-451

43. R.C. Lewontin, "Evolution and the theory of games", *Journal of Theoretical Biology* **1** (1961), 382-403

44. R.C. Lewontin, *The genetic basis of evolutionary change*, Columbia University Press (1974)

45. A.J. Lotka, *Elements of Mathematical Biology*, Dover 1956

46. S.C. Manrubia and E. Lázaro, "Viral evolution", *Physics of Life Reviews* **3** (2006), 65-92

47. R. May, "Simple mathematical models with very complicated dynamics", *Nature* **261** (1976), 459-467

48. J. Maynard Smith, *Mathematical ideas in Biology*, Cambridge University Press 1968

49. J. Maynard-Smith, *Evolution and the theory of games*, Cambridge University Press 1982

50. J. Maynard Smith, *Evolutionary genetics*, Oxford University Press 1989

51. J. Maynard Smith, *La teoria dell'evoluzione*, Newton Compton 2005 (edizione originale: *The theory of evolution*, Penguin 1975)

52. J.D. Murray, *Mathematical Biology. I: An Introduction*, Springer (Berlino) 2002 (terza edizione)

53. J.D. Murray, *Mathematical Biology. II: Spatial models and biomedical applications*, Springer 2002

54. J.H. Northrop, M. Kunitz and R.M. Herriot, *Crystalline enzymes*, Cambridge University Press 1948

55. T. Ohta and J.H. Gillespie, "Development of Neutral and Nearly Neutral Theories", *Theoretical Population Biology* **49** (1996), 128-142

56. E. Ott, "Strange attractors and chaotic motions of dynamical systems", pubblicato su *Reviews of Modern Physics* vol. **53** (1981), pp. 655-671

57. L. Peliti, "Fitness landscape and evolution", in T. Riste and D. Sherrington eds., *Fluctuations, selfassembly and evolution*, Kluwer 1996

58. L. Peliti, *Introduction to the statistical theory of Darwinian evolution*, disponibile al sito `http://babbage.sissa.it/pdf/cond-mat/9712027`

59. L. Peliti, "Quasispecies evolution in general mean-field landscapes", *Europhysics Letters* **57** (2002), 745-751

60. L. Peliti, *Appunti di meccanica statistica*, Boringhieri 2003

61. A.S. Perelson and P.W. Nelson, "Mathematical models of HIV-1 dynamics in vivo", *SIAM Reviews* **41** (1999), 3-44

62. C.M.A. Pinto and M. Golubitsky, "Central pattern generators for bipedal locomotion", *Journal of Mathematical Biology* **53** (2006), 474-489

63. Y.A. Rozanov, *Probability theory: a concise course*, Dover 1977

64. S.I. Rubinow, *Introduction to Mathematical Biology*, Wiley (1975); ristampato da Dover (2002)

65. D. Ruelle, *Caso e Caos*, Boringhieri 1992

66. S. Salsa, *Equazioni a derivate parziali*, Springer Italia 2004

67. V.I. Smirnov, *Corso di matematica superiore – vol. II*, Editori Riuniti 2004

68. I. Stewart, T. Elmhirst and J. Cohen, "Symmetry breaking as an origin of species", in J. Buescu, S. Castro, A.P. Dias and I. Laboriau eds., *Bifurcation, symmetry and patterns*, Kluwer 2003

69. E. Tannenbaum e E.I. Shakhnovich, "Semiconservative replication, genetic repair, and many-gened genomes: extending the quasispecies paradigm to living systems", *Physics of Life Reviews* **2** (2005), 290-317

70. F. Verhulst, *Nonlinear differential equations and dynamical systems*, Springer 1996

71. A. Vulpiani, *Determinismo e Caos*, Carocci 2004

72. J. Weibull, *Evolutionary game theory*, MIT Press 1996

Indice degli autori

Indice analitico

SAGGIO - CAMPIONE GRATUITO
SE PRIVO DI TALLONCINO

ISBN 978-88-470-0691

€ 25,00

Finito di stampare nel mese di giugno 2007